中国轻工业"十三五"规划教材

普通高等教育电子信息类专业系列教材

EDA技术基础教程

（Verilog HDL版）

张俊涛　陈晓莉　编著

西安交通大学出版社
XI'AN JIAOTONG UNIVERSITY PRESS

内 容 简 介

本书共分为 8 章。第 1~3 章为基础篇，首先介绍 EDA 的基本概念和实现要素，然后重点讲述 Verilog HDL 硬件描述语言以及在 Quartus II 开发环境下进行 EDA 设计的基本流程、仿真方法和测试方法；第 4~6 章为应用篇，讲述常用数字功能电路的逻辑描述，Quartus II 中宏功能模块的应用以及 Verilog HDL 中的状态机描述方法，并通过多个典型的设计实践项目强化应用；第 7~8 章为提高篇，讲述 HDL 代码的编写规范、FPGA 的设计原则、综合与优化设计问题以及 Verilog HDL 中的数值运算，最后讲述可编程片上系统软硬件设计的流程和方法，以适应电子设计竞赛以及嵌入式系统设计的需要。

本书可作为高等学校电子信息类、自动化类及计算机类本科 EDA 课程教材，电子技术课程设计以及电子设计竞赛培训资料，也可以作为自学 EDA 技术的参考用书。

图书在版编目（CIP）数据

EDA 技术基础教程：Verilog HDL 版 / 张俊涛，陈晓莉编著 . —西安：西安交通大学出版社，2020.7
ISBN 978 - 7 - 5693 - 1726 - 8

Ⅰ.① E··· Ⅱ.①张··· ②陈··· Ⅲ.①电子电路—电路设计—计算机辅助设计—教材 Ⅳ.① TN702.2

中国版本图书馆 CIP 数据核字（2020）第 079334 号

书　　名	EDA 技术基础教程：Verilog HDL 版	
编　　著	张俊涛　陈晓莉	
策划编辑	郭鹏飞	
责任编辑	郭鹏飞	
责任校对	陈　昕	

出版发行	西安交通大学出版社
	（西安市兴庆南路 1 号　邮政编码 710048）
网　　址	http://www.xjtupress.com
电　　话	（029）82668357　82667874（发行中心）
	（029）82668315　（总编办）
传　　真	（029）82668280
印　　刷	西安日报社印务中心

开　　本	787mm×1092mm　1/16	印张　22.25	字数　556 千字		
版次印次	2020 年 7 月第 1 版　　2020 年 7 月第 1 次印刷				
书　　号	ISBN 978-7-5693-1726-8				
定　　价	49.00 元				

前言

随着集成电路制造工艺水平的提高，可编程逻辑器件的密度越来越大，基于可编程逻辑器件的电子系统设计方法已经成为通信系统和数字信号处理等许多应用领域系统设计的主流方法。应用 FPGA 硬核或软核处理器片上系统能够将原来的电路板级产品集成为芯片级产品，从而能够有效地减小电子产品的体积，降低系统功耗，提高系统的工作速度和可靠性。

编者从事 EDA 课程教学近二十年，组织并指导大学生电子设计竞赛和 EDA/SOPC 电子设计专题竞赛多年，深切地体会到 EDA 技术在通信工程、信息产业、集成电路设计以及仪器仪表等领域的重要性。为突出 EDA 技术的应用，以及在新工科背景下，以学生为中心，以产出为导向，注重学生工程应用能力的培养要求，编者在教学过程中一直试图编写一本系统性强、结合实际应用，适合于高校 EDA 课程教学和学生课外自学 EDA 技术的教材。

本书共分为 8 章。第 1～3 章为基础篇，首先介绍 EDA 的概念和实现要素，然后重点讲解 Verilog HDL 的语言要点以及在 Quartus II 集成开发环境下进行 EDA 设计的基本流程、仿真分析和在线测试方法。

第 4～6 章为应用篇，描述常用数字逻辑器件和典型应用电路，讲述 Quartus II 宏功能模块的应用以及状态机设计方法，并且通过多个典型设计项目加强应用能力。

第 7～8 章为提高篇，讲述 HDL 代码的编写规范，介绍 FPGA 的设计原则，讨论综合与优化设计问题，然后重点讲述片上系统软硬件设计的流程和方法，以适应电子技术课程设计、电子设计竞赛等嵌入式系统开发之需要，为进一步学习微机原理和计算机体系结构课程，以及嵌入式硬核系统设计打实基础。

本书的编写力求突出三个特点：

（1）注重基础　以数字电子技术为基础，简要分析学习 EDA 技术的必要性和应用 EDA 技术的要素，结合数字基本功能电路的描述，由浅入深，逐步递进，讲述硬件描述语言的应用要点和集成开发环境的应用；

（2）紧贴实际　通过对数字电路中功能器件的描述，以及典型应用系统的设计，使学生能够理论联系实际，迅速理解和掌握 EDA 技术；

（3）突出应用　以数字频率计设计为主线，以提高设计效率和提升频率计的性能为目标，讲述在不同的资源背景下不同的设计方法，举一反三，循序渐进，同时配合许多经典的应用项目和习题，培养学生学以致用的能力。

本书陆续编写了七八年，在成稿过程中，许多章节内容和应用项目在本校 EDA 课程教学中已使用并逐步完善。

本书可作为高等学校电子信息类、自动化类和计算机类本科专业 EDA 课程教材以及数字电路课程设计和电子设计竞赛培训资料，也可以作为自学 EDA 技术的参考用书。

全书由张俊涛编写，陈晓莉老师在教材的编写过程中提出了许多建设性建议，绘制了教材中的插图，并帮助进行了多次审核和校对。

在多年的电子技术和 EDA 课程教学以及电子设计实践中，编者参阅了大量国内外相关教材和资料，无法一一尽述，在此向相关作者表示感谢。鉴于编者的水平，书中难免有疏漏、不妥甚至是错误之处，恳请读者提出批评意见和改进建议。

编　者
2019 年 12 月

目录

EDA 技术简介

1

EDA（Electronic Design Automation，电子设计自动化）是 20 世纪 90 年代初发展起来的，以可编程逻辑器件（Programmable Logic Device，PLD）为实现载体、以硬件描述语言（Hardware Description Language，HDL）为主要设计手段、以 EDA 工具软件为设计平台、以 ASIC（Application Specific Integrated Circuits，专用集成电路）或者 SoC（System on-Chip，片上系统）为目标器件，面向电子系统设计和集成电路设计的一门新技术。

应用 EDA 技术，设计者可以从系统的功能需求、算法或者协议开始，用硬件描述语言分层描述电路模块，然后应用 EDA 工具软件完成编译、综合和优化，以及针对特定可编程逻辑器件进行编程与配置，直至实现整个电子系统。

千里之行，始于足下。本章简要分析学习 EDA 技术的必要性，然后重点讲述 EDA 技术的应用要素，介绍 EDA 技术的主要应用领域以及 EDA 网络学习资源。

1.1 为什么需要学习 EDA 技术？

数字逻辑器件可分为通用逻辑器件和 ASIC 两大类。从理论上讲，应用通用逻辑器件（如 4000 系列和 74HC 系列）可以设计出任何数字系统。但是，通用逻辑器件的规模比较小，而且功能固定，在设计复杂数字系统时需要使用大量的芯片，这会导致系统的体积难以缩小、功耗难以降低，同时受到器件传输延迟和器件间布线延迟的影响，使得数字系统的工作速度难以有效提高。

下面结合数字频率计的设计进行分析。

频率是指周期信号在单位时间内的变化次数。频率计用于测量周期信号的频率。数字频率计有直接测频、测周期和等精度测频三种方法。

主要使用直接测频法的原理电路如图 1-1（a）所示，其中与门称为控制门，两个输入端分别接被测信号 F_x 和门控信号 G（Gate signal），输出作为计数器的时钟。由门控信号 G 控制计数器在固定的时间范围内统计被测信号的脉冲数，如图 1-1（b）所示，脉冲数与时间的比值即为被测信号的频率值。当门控信号 G 的作用时间为 1 秒时，计数器的计数值即为被测信号的频率值。

直接测频法能够测量信号频率的范围与门控信号 G 的作用时间和计数器的容量有关。当门控信号的作用时间为 1 秒时，如果需要测量频率为 0~10 kHz 信号时，则要求计数器的容量为 10^4，基于中、小规模通用逻辑器件实现时用 4 片十进制计数器 74HC160 级联扩展实现。如果需要将测频范围扩展为 0~100 MHz，在门控信号的作用时间同样为 1 秒的情况下，则要求计数器的容量为 10^8，这就需要用 8 片 74HC160 级联扩展实现。一般地，在门控信号作用时间固定的情况下，需要测量信号的频率范围越大，计数所需要的芯片越多，因而电路也就越复杂。

(a) 原理电路　　　　　　　　　(b) 工作波形

图 1-1　直接测频法

当计数器的容量固定时，虽然可以通过缩短门控信号的作用时间来扩展频率测量范围，但会降低频率测量的精度。这是因为，在直接测频法中，门控信号 G 的作用时间不一定与被测脉冲 F_X 同步，在计数过程中可能会存在 1 个脉冲的计数误差。

直接测频法产生计数误差的原因分析如图 1-2 所示，其中被测信号 F_{X1}、F_{X2} 和 F_{X3} 的频率相同，设门控信号 G 与 F_{X1} 同步，计数器在时钟脉冲的上升沿工作。当测量信号 F_{X1} 的计数值为 N 时，则测量信号 F_{X2} 的计数值为 $N-1$，而测量信号 F_{X3} 的计数值为 $N+1$。因此，门控信号的作用时间为 1 秒时，直接测频率法的分辨率为 1 Hz；当门控信号的作用时间为 0.1 秒时，则分辨率降低为 10 Hz。

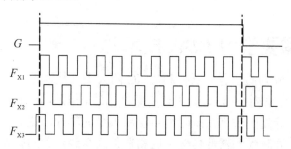

图 1-2　直接测频法误差成因分析

另外，基于中、小规模通用逻辑器件设计频率计还存在一个问题：频率计的测频范围受到计数器性能的限制。查阅国家半导体公司（National Semiconductor Corporation）的器件资料可知，74HC160 从时钟到输出（clock to Q）的传输延迟时间为 18 ns，典型工作频率为 40 MHz（$V_{DD}=5$ V 时），极限工作频率为 43 MHz。同时，用多片 74HC160 级联扩展计数容量时，还需要考虑器件与器件之间布线传输延迟时间的影响，因此，虽然用 8 片 74HC160 级联能够扩展出 10^8 进制计数器，但实际上却无法测量 40 MHz 以上信号的频率。

直接测频法的原理简单，但由于理论上存在一个脉冲的计数误差，所以被测信号的频率越低，直接测频法的相对误差就越大，存在测量实时性和测量精度之间的矛盾。例如，当门控信号的作用时间为 1 秒，被测信号的频率为 1000 Hz 时，理论上的测频误差为 0.1%，而被测信号的频率为 10 Hz 时，测频的相对误差则高达 10%。

应用直接测频法虽然可以通过增加门控信号的作用时间来减小测频误差，但是，对于频率为 10 Hz 的信号，若要求测量误差不超过 0.1%，则门控信号的作用时间最短为 100 秒。显然，这么长的测量时间是无法接受的，所以直接测频法不适合于测量低频信号的频率。

从图 1-2 可以看出，如果能够控制门控信号（G）始终与被测信号（F_{X1}）同步，那么就可以消除计数误差，因而从理论上讲，无论被测信号的频率为多少，测量误差均为 0。

等精度测频法就是通过控制门控信号与被测信号同步来消除测量误差的，测频原理电路如图 1-3 所示，其中门控信号 G 作为边沿 D 触发器的输入，被测信号 F_X 作为 D 触发器的时钟脉冲。

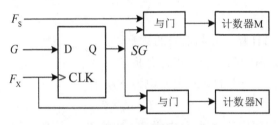

图 1-3　等精度测频法原理电路

等精度测频法的工作原理是：当门控信号 G 跳变为高电平时，只有在被测信号 F_X 的上升沿到来时，D 触发器输出的新门控信号 SG（Synchronous Gate signal）才能跳变为高电平；当门控信号 G 跳变为低电平时，同样只有在被测信号 F_X 的上升沿到来时，D 触发器输出的新门控信号 SG 才能跳变为低电平，因此通过 D 触发器能够保证新门控信号 SG 与被测信号 F_X 严格同步，从而能够消除计数误差。但是，由于新门控信号 SG 的作用时间受被测信号 F_X 的影响，与原门控信号 G 的作用时间不同，因此，还需要再增加一个控制门和计数器，在新门控信号 SG 的作用时间内同时对一个标准信号 F_s 进行计数，利用两个计数器的计数时间相同推算出被测信号的频率值。

等精度测频法被测信号频率的计算原理如图 1-4 所示。若将新门控信号 SG 的作用时间记为 T_D，标准信号的周期记为 T_s，被测信号的周期记为 T_X，在 T_D 时间内对标准信号和被测信号的计数值分别记为 N_s 和 N_X，则门控信号 SG 的作用时间 T_D 可精确地表示为

$$T_D = N_X \times T_X$$

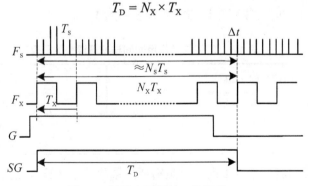

图 1-4　等精度测频法工作波形

虽然新门控信号 SG 受被测信号的控制，与被测信号 F_X 严格同步，但不一定与标准信号 F_s 同步，所以从理论上讲，在 SG 作用的时间内对标准信号进行计数，仍然会存在一个脉冲的计数误差。因此，若用 $N_s \times T_s$ 表示 T_D 时，则

$$T_D \approx N_S \times T_S$$

当标准信号的频率非常高，即 T_S 远远小于 T_D 时，用 $N_S \times T_S$ 表示 T_D 的计时误差非常小，因此

$$N_S \times T_S \approx N_X \times T_X \tag{1-1}$$

若将标准信号和被测信号的频率分别用 f_S 和 f_X 表示，并将 $T_S=1/f_S$ 和 $T_X=1/f_X$ 代入式（1-1）整理可得：

$$f_X = \frac{f_S}{N_S} \times N_X \tag{1-2}$$

通过式（1-2）即可计算出被测信号的频率值。

下面对等精度测频法的测量误差进行分析。

设用 $N_S \times T_S$ 表示 T_D 产生的计时误差记为 Δt，则

$$\Delta t = T_D - N_S \times T_S$$

设被测信号频率的精确值为 f_{X0}。由于 $T_D = N_X \times T_{X0}$，所以 $f_{X0} = N_X/T_D$，因此频率测量的相对误差 δ 可表示为

$$\begin{aligned}
\delta &= (f_X - f_{X0})/f_{X0} = f_X/f_{X0} - 1 \\
&= (f_S \times N_X/N_S) / (N_X/T_D) - 1 \\
&= T_D/(T_S \times N_S) - 1 = (T_D - T_S \times N_S)/(T_S \times N_S) \\
&= \Delta t/(T_S \times N_S) = \Delta t/(T_D - \Delta t)
\end{aligned}$$

由于 Δt 最大为一个标准信号的周期，而当标准信号的周期 T_S 远远小于 T_D 时，$T_D - \Delta t \approx T_D$，所以频率测量的相对误差可以近似表示为

$$\delta \approx T_S/T_D \tag{1-3}$$

由式（1-3）可以看出，等精度测频法的测量误差与被测信号的频率无关，只取决于标准信号周期 T_S 与门控信号作用时间 T_D 的比值。因此，取标准信号的频率越高，或者门控信号的作用时间越长，则测频的相对误差就越小。采用 100 MHz 标准信号时，门控信号的作用时间 T_D 与测量误差 δ 之间的关系如表 1-1 所示。从表中可以看出，当门控信号 SG 的作用时间为 1 秒时，频率测量的相对误差约为 10^{-8}。

表 1-1　门控信号作用时间与测量误差关系表

门控时间 T_D /s	测量误差 δ/%
0.01	0.0001
0.1	0.00001
1	0.000001

等精度测频法的测量精度很高，但是需要用乘除法来计算被测信号的频率值。取门控信号 G 的作用时间为 1 秒、标准信号的频率为 100 MHz 时，如果要求测量信号的频率范围为 0~100 MHz，则需要用 27 位二进制计数器进行计数（因为 $2^{26} < 10^8 < 2^{27}$），这就需要用 27 位二进制乘法器和 54 位二进制除法器来计算频率值。若应用 74 系列中、小规模通用逻辑器件来实现 27 位乘法器和 54 位除法器，其电路的复杂程度是难以想象的。

那么，如何能够实现等精度频率测量呢？有两种推荐方案：

1. 基于单片机实现

用单片机如 MCS-51、MSP430 和 STM32 等，计算乘除法很方便。但是，如果应用单片机内部的计数/定时器来统计被测信号和标准信号的计数值，则会受到计数/定时器性能的限制，很难有效测量 MHz 级信号的频率。如果在单片机外围扩展计数器，通过 I/O 口读取被测信号和标准信号的计数值，不但外围电路很复杂，而且同样会受计数器性能的限制，测频范围也难以有效扩展。

2. 基于 EDA 技术，用 FPGA 实现

应用 EDA 技术实现等精度频率计时，可以直接用硬件描述语言描述所需要的计数器，在可编程逻辑器件中实现，这不但不会受具体器件功能的限制，而且计数器的最高工作频率能够远超 100 MHz。可通过调用 EDA 软件中的宏功能模块来实现乘除法运算，然后计算得到的二进制频率值转换为 BCD 码显示即可。

1.2　应用 EDA 技术的三个要素

应用 EDA 技术涉及硬件、软件和语言三个方面。可编程逻辑器件是硬件实现的载体，EDA 软件为设计平台，而硬件描述语言是描述设计思想的主要工具。

1.2.1　可编程逻辑器件

集成电路按照其应用领域可分为通用集成电路和专用集成电路两大类，如图 1-5 所示。通用集成电路不面向特定的应用，而是直接添加到应用系统中完成其相应的功能，如微处理器或者微控制器（如 MCS-51、DSP 或 ARM）、通用逻辑电路（如 4000 系列和 74HC 系列）以及 A/D 和 D/A 转换器等。

专用集成电路（Application Specific Integrated Circuits，ASIC）是为特定应用而设计的集成电路，按照功能要求在单芯片上实现整个系统，与通用集成电路相比，具有体积小、功耗低、可靠性高等优点。

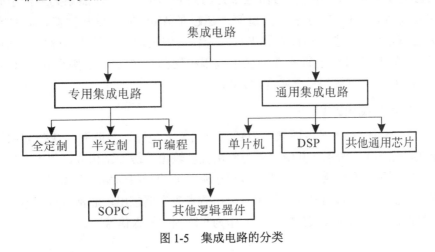

图 1-5　集成电路的分类

专用集成电路根据其设计方式又可以分为全定制集成电路、半定制集成电路和可编程逻辑器件三类。全定制集成电路（Full-Custom ASIC）是应用集成电路最基本的设计方法完成所有晶体管和互连线而得到设计版图。半定制集成电路（Semi-Custom ASIC）是通过使用已经设计好的标准单元，如门电路、译码器、数据选择器和存储器等，通过组合完成系统设计。无论是全定制集成电路还是半定制集成电路，都涉及芯片的布局布线和实现工艺问题，一旦投产后就不可更改，因而开发周期长，成本高。

可编程逻辑器件是在存储器基础上发展而来的，是按照通用器件进行设计的，逻辑功能由用户编程定义的新型 ASIC 器件。

可编程逻辑器件产生于 20 世纪 70 年代，最初开发的目的是用来替代种类繁多的中、小规模通用逻辑器件，以简化电路设计。在其后 40 多年的发展历程中，可编程逻辑器件经历了从 PROM、EPROM、E²PROM 到 FPLA、PAL、GAL、EPLD 以及目前广泛应用的 CPLD 和 FPGA 的历程，在结构、工艺、功耗、规模和速度等方面都得到了重大发展。

可编程逻辑器件的发展历程大致可分为四个阶段。

第一阶段从 20 世纪 70 年代初到 70 年代中期，这一阶段的器件主要有 PROM、EPROM 和 E²PROM 三类。这些器件结构简单、规模小，主要作为存储器件使用，只能够实现一些简单的组合逻辑电路。

第二阶段从 20 世纪 70 年代中期到 80 年代中期，出现了结构上稍微复杂的 PAL 和 GAL 器件。这类器件内部由"与－或阵列"组成，同时又集成了少量的触发器，能够实现较为复杂的功能电路，并正式命名为 PLD。

第三阶段从 20 世纪 80 年代中期到 90 年代末期，Altera 公司和 Xilinx 公司分别推出了 CPLD（Complex PLD，复杂可编程逻辑器件）和 FPGA（Field Programmable Gate Array，现场可编程门阵列）。在这一阶段，CPLD/FPGA 在制造工艺和性能上取得了长足的发展，达到了 0.18 μm 工艺和数百万门的规模，其中 FPGA 具有结构灵活、集成度高等优点，成为产品原型设计的首选。

第四阶段从 20 世纪 90 年代末至今，随着半导体制造工艺达到了纳米级，可编程逻辑器件的密度越来越大，出现百万门至千万门的 FPGA。许多产品系列内嵌了硬件乘法器、硬核处理器和 Gbits 差分串行接口等，超越了 ASIC 的规模和性能，同时也超越了传统意义上 FPGA 的概念，不仅能够支持软硬件协同设计，而且还能够实现高速与灵活性的完美结合，使可编程逻辑器件的应用范围扩展到系统级，出现了 SOPC（System On Programmable-Chip，可编程片上系统）技术。

1. 基于乘积项结构的 PLD

传统的 PLD 由 ROM 发展而来，内部主要由输入电路、与阵列、或阵列和输出电路四部分组成，如图 1-6 所示，其中输入电路由互补输出的缓冲器构成，用于产生互补的输入变量；与阵列用于产生乘积项，或阵列用于将需要的乘积项相加而实现逻辑函数，而输出电路用于提供不同的输出模式，如组合输出或者寄存器输出，通常带有三态控制，同时将输出信号通过内部通道反馈到输入端，作为与阵列的输入信号。

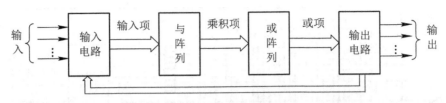

图 1-6　传统 PLD 的基本结构

FPLA（Field Programmable Logic Array，现场可编程逻辑阵列）是早期设计的可编程逻辑器件，内部电路如图 1-7 所示，由一个可编程的与阵列和一个可编程的或阵列构成。FPLA 与 ROM 的结构类似，不同的是，ROM 的与阵列为地址译码器，功能固定，而 FPLA 的与阵列是可编程的，用于产生所需要的乘积项，然后由或阵列将产生的乘积项相加实现逻辑函数。因此，应用 FPLA 设计组合逻辑电路时，比 ROM 具有更高的资源利用率。

PAL（Programmable Array Logic）是 20 世纪 70 年代末期由 MMI 公司推出的可编程逻辑器件，采用双极型工艺、熔丝（fuse）编程方式。PAL 由可编程的与阵列和固定的或阵列构成，以简化 PLD 内部电路结构，如图 1-8 所示。由于 PAL 器件采用熔丝工艺，只能编程一次（One-time Programmable，OTP），因而不能满足产品研发过程中经常修改电路的需要。

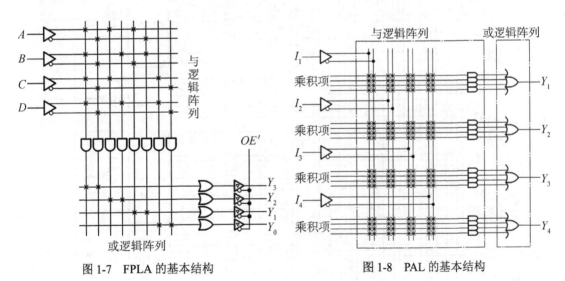

图 1-7　FPLA 的基本结构　　　　　　　　　　图 1-8　PAL 的基本结构

为了克服 PAL 只能编程一次的缺点，Lattice 公司于 1985 年推出了里程碑式的可编程逻辑器件——GAL（Generic Array Logic，通用阵列逻辑）。GAL 采用了 E^2PROM 工艺，实现了电擦除和重写，而且采用了可编程输出逻辑宏单元 OLMC，通过编程将 OLMC 配置成不同的输出模式，增强了 GAL 器件的通用性。GAL16V8 的内部结构如图 1-9 所示。

输出逻辑宏单元 OLMC 的结构框图如图 1-10 所示，由或门、异或门、D 触发器、数据选择器和其他门电路构成，其中 $AC0$、$AC1(n)$、$XOR(n)$ 用于控制 OLMC 的工作模式。

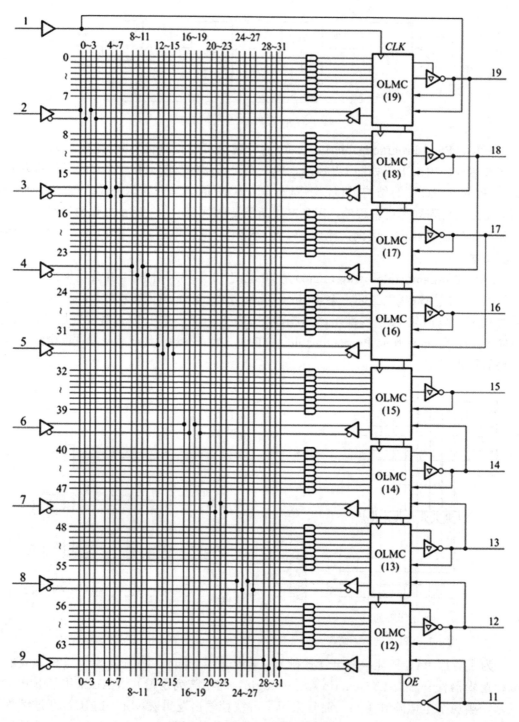

图 1-9　GAL16V8 内部电路结构

GAL16V8 中的 OLMC 的结构控制字格式如图 1-11 所示，其中 (n) 表示 OLMC 的编号，与相连的 I/O 编号一致。$XOR(n)$ 用于控制输出数据的极性，当 $XOR(n)=0$ 时，异或门的输出与或门的输出同相，当 $XOR(n)=1$ 时，异或门的输出与或门的输出反相。

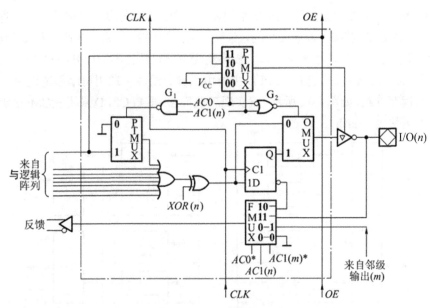

图 1-10　OLMC 结构框图

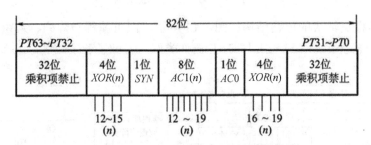

图 1-11　OLMC 结构框图

OLMC 有 5 种工作模式，如表 1-2 所示，由结构控制字中 SYN、$AC0$、$AC1(n)$、$XOR(n)$ 的状态控制 4 个数据选择器实现。

表 1-2　OLMC 工作模式

SYN	$AC0$	$AC1(n)$	$XOR(n)$	输出模式	输出极性	说　　　明
1	0	1	—	专用输入	—	1 和 11 脚为数据输入，三态门被禁止
1	0	0	0	专用组合输出	低电平有效	1 和 11 脚为数据输入，三态门被选通
			0		高电平有效	
1	1	1	0	反馈组合输出	低电平有效	1 和 11 脚为数据输入，三态门选通信号为第一乘积项，反馈信号取自于 I/O 口
			1		高电平有效	
0	1	1	0	时序电路中的组合输出	低电平有效	1 脚接 CLK，11 脚 OE'，至少另有一个 OLMC 为寄存器输出
			1		高电平有效	
0	1	0	0	寄存器输出	低电平有效	1 脚接 CLK，11 脚 OE'
			1		高电平有效	

FPLA、PAL 和 GAL 这些早期 PLD 结构相对简单，只能实现一些规模较小的逻辑电路。

CPLD 是在 GAL 基础上发展而来的，延续 GAL 的结构，但密度更高，内部结构更紧凑。CPLD 的集成度可达万门，适用于中、大规模逻辑电路设计。不同厂商的 CPLD 产品在结构上都有各自的特点，但概括起来，CPLD 主要由三部分组成：通用可编程逻辑块、输入/输出块和可编程互连线，如图 1-12 所示。就实现工艺而言，多数 CPLD 采用 E^2CMOS 编程工艺，也有少数采用快闪（Flash）工艺的。

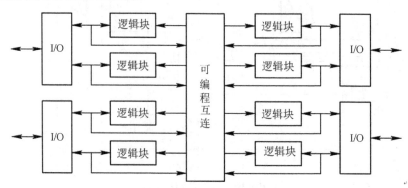

图 1-12　CPLD 的一般结构

通用可编程逻辑块的电路结构如图 1-13 所示，由可编程与阵列、乘积项共享的或阵列和 OLMC 三部分组成，结构上与 GAL 器件类似，又做了若干改进，组态时具有更大的灵活性。

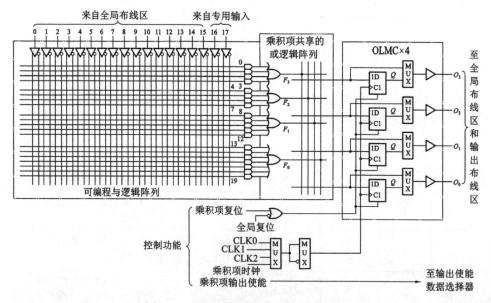

图 1-13　通用可编程逻辑块的电路结构

乘积项结构的 PLD 一般是采用熔丝、E^2PROM 或快闪工艺制造的，加电后就能工作，断电后信息也不会丢失。另外，由于乘积项结构的 PLD 采用结构规整的与-或阵列结构，从输入到输出的传输延迟时间是可预期的，因此不易产生竞争-冒险，常用于接口电路设计中。

2. 基于查找表结构的 FPGA

FPGA 的内部不再是由"与阵列"和"或阵列"构成,其基本逻辑单元称为查找表(Look-Up-Table,LUT),用户通过配置查找表对其逻辑功能进行定义。

基于查找表实现逻辑电路的原理是:任意 n 变量逻辑函数共有 2^n 个取值组合,如果将 n 变量逻辑函数的函数值预先存放在一个 $2^n \times 1$ 位的存储器中,然后根据输入变量的取值组合查找存储器中相应存储单元中的函数值,就可以实现任意 n 变量逻辑函数。用户通过配置 FPGA 查找表中存储器的数据,就可以用相同的电路结构实现不同的逻辑函数。例如,实现 4 变量逻辑函数的通用公式为

$$Y = D_0 m_0 + D_1 m_1 + D_2 m_2 + D_3 m_3 + \cdots + D_{14} m_{14} + D_{15} m_{15}$$

其中 $m_0,\cdots,m_{15}$ 为 4 变量逻辑函数的全部最小项。因此,要实现 3 变量逻辑函数

$$Y_1 = AB' + A'B + BC' + B'C$$

时,由于 Y_1 可表示为

$$Y_1 = m_1 + m_2 + m_3 + m_4 + m_5 + m_6$$

因此,将 16×1 位的存储器中的数据配置成"0111_1110_0000_0000"即可实现。

若实现 4 变量逻辑函数

$$Y_2 = A'B'C'D + A'BD' + ACD + AB'$$

时,由于 Y_2 可表示为

$$Y_2 = m_1 + m_4 + m_6 + m_8 + m_9 + m_{10} + m_{11} + m_{15}$$

因此,将 16×1 位的存储器中的数据配置成"0100_1010_1111_0001"即可实现。

应用 4 变量查找表实现 4 输入与门电路的原理如表 1-3 所示。

表 1-3　4 输入与门电路的实现

输入	输出	地址	RAM 存储内容
0000	0	0000	0
0001	0	0001	0
...	0	...	0
1111	1	1111	1

目前 FPGA 中使用 4/6 变量查找表。4 变量的查找表可以实现任意 4 变量(及以下)逻辑函数。当需要实现 4 变量以上逻辑函数时,可以通过多个查找表的组合来实现。这种方式好像"滚雪球"一样,变量数越多,所用的 LUT 越多。

Xilinx 公司 Spartan-II 系列 FPGA 的内部结构如图 1-14 所示,主要由可配置逻辑模

块 CLB（Configurable Logic Block）、输入 / 输出模块 IOB（Input/Output Block）、存储器模块（Block RAM）和数字延迟锁相环 DLL（Delay-Locked Loop）组成，其中 CLB 用于实现 FPGA 的大部分逻辑功能，IOB 用于提供封装管脚与内部逻辑之间的接口，BlockRAM 用于实现 FPGA 内部数据的随机存取，DLL 用于 FPGA 内部的时钟控制和管理。

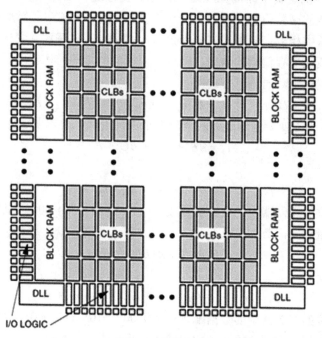

图 1-14　Spartan-II 系列 FPGA 内部结构

CLB 是 Xilinx FPGA 的基本单元，不仅可以实现组合逻辑电路、时序逻辑电路，还可以配置为分布式 RAM 或 ROM。CLB 的数量和特性依据器件类型和型号的不同而不同。Spartan-II 系列产品中每个 CLB 含有两个 Slice（Xilinx 定义的 FPGA 基本逻辑单位），每个 Slice 包括两个 LC（Logic Cell，逻辑单元），每个 LC 由查找表、进位和控制逻辑以及触发器组成，如图 1-15 所示。除了两个 LC 外，在 CLB 模块中还包括附加逻辑和运算逻辑。CLB 模块中的附加逻辑可以将 2 个或 4 个函数发生器组合起来，用于实现更多输入变量的逻辑函数。

由于 LUT 采用 SRAM 工艺，而 SRAM 基于 D 锁存器实现，因此断电后 FPGA 内部的数据会丢失，所以在实际应用时，FPGA 需要外接 Flash 配置器件（如 Altera 公司的 EPCS 系列 Flash 存储器）以保存设计信息，因而会带来一些附加成本。在上电时，FPGA 自动将 EPCS 配置器件中的设计信息加载到 FPGA 内部查找表的 SRAM 中，完成后硬件电路就正常工作了。

LUT 占用芯片的面积很小，因此 FPGA 具有很高的集成度，目前单芯片 FPGA 的规模从几十万门到上千万门。同时，基于 LUT 结构的 FPGA 比基于"与－或阵列"结构的 CPLD 具有更高的资源利用率，所以特别适合用于实现大规模和超大规模数字系统。

但是，由于 FPGA 基于查找表、采用"滚雪球"的方式实现逻辑函数，因此对于多输入－多输出的逻辑电路，从输入到输出的传输延迟时间是不可预期的，所以基于 FPGA 实现的数字系统时容易产生竞争－冒险现象，设计时尽量采用同步时序电路以避免竞争－冒险。

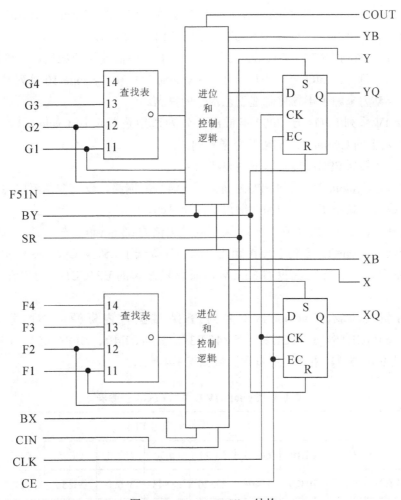

图 1-15　Spartan-II Slice 结构

FPGA 是作为 ASIC 领域中的一种半定制电路出现的，既克服了 ASIC 的不足，又克服了"与－或阵列"结构 PLD 资源利用率低的缺点。FPGA 将 ASIC 集成度高和可编程逻辑器件使用灵活、重构方便的优点结合在一起，特别适合用于产品原型设计或者小批量产品研发。应用 FPGA 设计能够缩短研发周期，降低研发风险，并且容易转向由 ASIC 实现，成为现代复杂数字系统设计的实现载体。

3. Intel 可编程逻辑器件

Altera 公司是专业从事设计、生产和销售高性能、高密度可编程逻辑器件及相应开发工具的半导体公司，是世界上最大的可编程逻辑器件供应商之一。

Altera 公司成立于 1990 年，一直在行业中保持领先地位。2015 年被 Intel 公司收购，成为 Intel 公司的可编程事业部。

Intel 公司的可编程逻辑器件产品主要有 FPGA 系列及其配置器件、CPLD 和 HardCopy ASIC 系列。其中 FPGA 器件又分为面向中低端应用的 Cyclone 系列，适合于高性能计算的 Arria 系列和面向高性能应用的 Stratix 系列。

目前，Intel 公司的主流产品有 MAX II/V/10 系列 CPLD，Cyclone II/III/IV/V/10 系列 FPGA，Arria II/V/10 系列 FPGA 和 Straix II//III/IV/10 系列 FPGA。

（1）Cyclone 系列 FPGA。Cyclone 系列 FPGA 面向中低端设计应用，是价格敏感型应用的最佳选择。目前，Intel 公司先后推出了 Cyclone I~V 和 Cyclone 10 系列产品，产品升级换代的主要动力来源于半导体制造工艺水平的提高。

Cyclone IV 系列 FPGA 于 2009 年推出，分为通用逻辑应用 Cyclone IV E 和集成了 3.125Gb/s 收发器的 Cyclone IV GX 两个子系列。

Cyclone IV 系列 FPGA 具有以下主要特点：

①低成本。Cyclone IV 系列 FPGA 简化了电源分配网络，仅需要两路电源供电，降低了芯片设计成本，减小了芯片面积，缩短了设计时间。

②低功耗。Cyclone IV 系列 FPGA 采用经过优化的 60 nm 低功耗工艺，降低了内核电压。与前一代 Cyclone III 系列 FPGA 相比，总功耗降低了 25%。Cyclone IV E 系列 FPGA EP4CE 在 85℃时的静态功耗只有 38 mW，而容量最大的 EP4CE115 的静态功耗也只有 163 mW。

③内片资源丰富。Cyclone IV E 系列 FPGA 根据片内资源的不同分为 EP4CE6、EP4CE10、EP4CE15、EP4CE22、EP4CE30、EP4CE40、EP4CE55、EP4CE75 和 EP4CE115 共 9 种类型，主要内部资源数量如表 1-4 所示。

表 1-4　Cyclone IV E 系列 FPGA 资源表

资源	型号 EP4								
	CE6	CE10	CE15	CE22	CE30	CE40	CE55	CE75	CE115
逻辑单元（LE）	6272	10320	15408	22320	28848	39600	55856	75408	114480
存储资源 /Kb	270	414	504	594	594	1134	2340	2745	3888
18×18 乘法器	15	23	56	66	66	116	154	200	266
通用 PLL	2	2	4	4	4	4	4	4	4
全局时钟网络	10	10	20	20	20	20	20	20	20
用户 I/O 块	8	8	8	8	8	8	8	8	8
最大 I/O 口数量	179	179	343	153	532	532	374	426	528

④丰富的产品型号。Cyclone IV E 系列 FPGA 每种类型又根据 I/O 口数量和封装形式的不同分出不同的产品型号，如 EP4CE6E144、EP4CE6F256、EP4CE6F484 和 EP4CE6F780 等，如表 1-5 所示，以适应不同应用场合对资源的需求。同时，每种芯片型号又有不同的速度等级，如 EP4CE6F484 就有 C6、C7、C8 和 I7 四种速度，其中 C 表示商业级芯片，I 表示工业级芯片。

表 1-5　Cyclone IV E 系列 FPGA 封装矩阵

器件封装	E144	M164	U256	F256	U484	F484	F780
	用户 I/O	用户 I/O	用户 I/O	用户 I/O	用户 I/O	用户 I/O	用户 I/O
EP4CE6	91	—	179	179	—	—	—
EP4CE10	91	—	179	179	—	—	—
EP4CE15	81	89	165	165		343	—
EP4CE22	79		153	153			—
EP4CE30	—	—	—	—	—	328	532
EP4CE40	—	—	—	—	328	328	532
EP4CE55	—	—	—	—	324	324	374
EP4CE75	—	—	—	—	292	292	426
EP4CE115	—	—	—	—	—	280	528

另外，Intel 公司还提供了 EPCS 系列串行 Flash 存储器，用于存储 FPGA 的配置信息，因此，习惯上称之为 EPCS 配置器件。EPCS 配置器件配合 Cyclone 系列 FPGA，能够以最低的价格实现可编程片上系统。

部分 EPCS 配置器件的型号和参数如表 1-6 所示。

表 1-6　EPCS 配置器件

型号	容量 /Mb	电压 /V	常用封装
EPCS4	4	3.3	8 脚 SOIC
EPC16	16	3.3	16 脚 SOIC
EPCS64	64	3.3	16 脚 SOIC

（2）MAX 系列 CPLD。MAX 系列是业界突破性的、基于查找表结构的低成本 CPLD，包括 MAX II、MAX V 和 MAX10 三个子系列。MAX 系列 CPLD 用于替代由 FPGA、ASSP 和标准逻辑器件所实现的多种应用，适合于接口桥接、电平转换、I/O 扩展和模拟 I/O 管理等应用场合。

MAX II 系列的型号和特性如表 1-7 所示。

表 1-7　MAX II 系列 CPLD 的特性

特性	EPM240/G/Z	EPM570/G/Z	EPM1270/G/Z	EPM2210/G/Z
逻辑单元（LE）	240	570	1270	2210
等价宏单元	192	440	980	1700
最大用户 I/O 口	80	160	212	272
闪存比特数	8192	8192	8192	8192

1.2.2　硬件描述语言

传统的数字系统设计基于中、小规模逻辑器件实现，采用原理图方式描述设计思想。在设计数字系统时，先从原理图库中调出器件和元件，然后进行连线构成系统。若进行板级电路设计，则器件取自标准逻辑器件（如 74 系列等）的符号库；若进行 ASIC 设计，则器件取自 ASIC 库的专用宏单元库。例如，采用原理图设计方法实现 10^4 进制计数器时，需要从原理图符号库中调用 4 个十进制计数器 74160 级联构成，扩展为 10^8 进制计数器时，需要再添加 4 片 74160 重新连线画图。

随着系统复杂度的逐步提高，传统的原理图设计方法不但效率低下，而且可重用性差，已经满足不了现代复杂数字系统的设计要求，因此需要借助更先进的设计方法，提高设计效率。在这里，可重用性（Re-usable）是指可以重复使用以前设计好的模块，或者从专业设计公司提供的 IP 核（Intellectual Property core，知识产权核），通过参数定制和模块组合来完成系统设计。

EDA 技术的发展使得数字系统的设计方法发生了革命性的变化，应用硬件描述语言设计数字系统的方法逐渐取代了传统的原理图设计方法。

硬件描述语言是用形式化方法来描述数字电路行为与结构的计算机语言。数字电路和系统的设计者可以应用这种语言从上到下逐层描述自己的设计思想，用一系列分层次的模块来表示复杂的数字系统，利用 EDA 工具逐层进行仿真验证，再综合到门级网表，然后应用布局布线工具转换成在可编程逻辑器件中能实现的应用电路。例如，将 10^4 进制计数器扩展为 10^8 进制计数器时，对于应用硬件描述语言描述计数器模块时，只需要将参数由 10^4 改为 10^8，重新进行编译和综合即可实现。

应用硬件描述语言设计数字系统的主要优点是：

（1）用 HDL 描述电路的行为或结构，实现细节由软件自动完成，从而减少了工作量，缩短了设计周期；

（2）硬件描述与具体的实现工艺无关，因而代码重用（Code-Reuse）率比原理图设计方法高。

另外，硬件描述语言用于描述硬件电路，具有程序语言不具有的三个特性：

（1）并发性。硬件电路的本质是并行的，因此硬件描述语言具有描述同时发生动作的机制。

（2）时间表示。硬件电路的功能实现需要消耗时间，因此硬件描述语言具有描述时间消逝的机制。

（3）结构表示。复杂的硬件系统通常由若干个功能模块组成，因此硬件描述语言具有描述模块之间连接关系的功能。

硬件描述语言至今已有 30 多年的历史，已经成功地应用于数字系统的建模、仿真和综合等各个阶段。随着 EDA 软件功能的提高，用综合工具将 HDL 模块转换成具体电路实现的技术发展非常迅速，大大提高了复杂数字系统的设计效率。

目前，应用广泛的硬件描述语言有 Verilog HDL 和 VHDL 两种，以及在普及和推广中的 SystemVerilog 和 SystemC。

1. Verilog HDL

1983 年，GDA（Gateway Design Automation）公司的 Phil Moorby 首创了 Verilog HDL。1984—1985 年，Moorby 设计出第一个关于 Verilog HDL 的仿真器。1986 年，Moorby 提出了用于快速门级仿真的 Verilog HDL-XL 算法。随着 XL 算法的成功，Verilog HDL 得到迅速发展。

1987 年 Synopsys 公司开始使用 Verilog HDL 作为综合工具的输入。1989 年 Cadence 公司收购了 GDA 公司，Verilog HDL 成为 Cadence 公司的资产。1990 年初，Cadence 把 Verilog HDL 和 Verilog HDL-XL 分开，并公开发布了 Verilog HDL，随后成立的 OVI（Open Verilog HDL International）组织，负责促进 Verilog HDL 的发展。1993 年，几乎所有 ASIC 厂商都开始支持 Verilog HDL。同年，OVI 推出 2.0 版本的 Verilog HDL 规范，IEEE（美国电气电子工程学会）则将 OVI 的 Verilog HDL 2.0 作为 IEEE 标准的提案。

1995 年，IEEE 为 Verilog HDL 发布了 IEEE Std 1364™—1995（简称 Verilog—1995）标准。2001 年，IEEE 发布了 IEEE Std 1364™—2001（简称 Verilog—2001）标准，对 Verilog 进行扩充和修订，提高了系统级建模能力和可综合性能。

2. VHDL

VHDL（Very-High-Speed Integrated Circuit Hardware Description Language，超高速集成电路硬件描述语言）是美国国防部于 20 世纪 80 年代后期，出于军事工业的需要而主持开发的硬件描述语言，经 IEEE 标准化后，推出了 IEEE Std 1076—1987 标准。此后，又经过多次修订，先后推出了 IEEE Std 1076—1993、2000、2002 和 2008 等多个版本。现在，VHDL 已经成为广泛应用的硬件描述语言之一，得到了众多 EDA 公司的支持。

Verilog HDL 和 VHDL 同为 IEEE 标准的硬件描述语言，两者有着共同的特点：

（1）能够形式化抽象地描述电路的行为和结构；

（2）支持层次化描述；

（3）借用高级语言来描述电路的行为；

（4）具有电路仿真与验证机制以测试设计的正确性；

（5）支持电路描述由高层次到低层次的综合转换；

（6）硬件描述和实现工艺无关；

（7）便于文档管理；

（8）易于理解和重用。

由于 Verilog HDL 和 VHDL 起源不同，两者也有其各自的特点：

（1）Verilog HDL 在 C 语言基础上发展而来，语法相对自由，而 VHDL 基于 ADA 语言开发，语法严谨；

（2）Verilog HDL 易学易用，具有广泛的设计群体，如果有 C 语言基础，就可以短期内掌握 Verilog HDL；

（3）Verilog HDL 和 VHDL 在行为级抽象建模的覆盖范围方面有所不同。一般认为，Verilog HDL 在系统级描述方面比 VHDL 略差一些,而在门级、开关级电路描述方面强得多。但是，随着 SystemVerilog 的产生和发展，Verilog HDL 在系统级描述方面的能力大大增强。

有关 Verilog HDL 和 VHDL 硬件描述语言的 IEEE 标准可参看 EDA 工业工作组（EDA Industry Working Groups）官网 www.eda.org 提供的 IEEE 相关文档信息。

3. SystemVerilog 和 SystemC

随着高密度 FPGA 的出现以及嵌入式软核及硬核微处理器的发展，电子系统的软/硬件协同设计变得越来越重要。传统意义上的硬件设计越来越倾向于硬件设计和软件设计的结合。为适应新的趋势，硬件描述语言也在迅速发展，出现了 SystemVerilog 和 SystemC 等功能更强大的硬件描述语言。

2005 年，IEEE 发布了 IEEE Std 1364™—2005（简称 SystemVerilog）标准。System Verilog 在 Verilog HDL 的基础上，进一步扩展了 Verilog HDL 语言的功能，提高了 Verilog 的抽象建模能力。不但使 Verilog 的可综合性能和系统仿真性能有大幅度的提高，而且在 IP 重用方面也有重大的突破。SystemVerilog 的另一个显著特点是能够和芯片验证方法学结合在一起，作为实现方法学的一种语言工具，大大增强模块复用性、提高芯片开发效率，缩短开发周期。

SystemC 是由 Synopsys 公司、CoWare 公司和 Frontier Design 公司合作开发的软/硬件协同设计语言。SystemC 使用 C++ 语法，扩展了硬件类和仿真核形成的硬件描述语言，由于 SystemC 结合了面向对象编程和硬件建模机制原理两方面的优点，使得 SystemC 能够在不同级的抽象层次上进行系统设计。系统硬件部分可以用 SystemC 类来描述，其基本单元是模块（Model），模块内可包含子模块、端口和过程，模块之间通过端口和信号进行连接和通信。随着通信系统复杂性的不断增加，电子工程师将更多地面对使用 SystemC 来描述复杂的 IP 核或者系统，而 SystemC 具有良好的软/硬件协同设计能力这一特点，将会使其应用更加广泛。

1.2.3 EDA 软件

EDA 工具根据功能和应用对象不同，大致可分两大类：第一类是 PLD 厂商针对自己公司的器件提供的集成开发环境，第二类是 EDA 软件公司提供的仿真、综合和时序分析等工具软件。

1. 集成开发环境

集成开发环境（Integrated Development Environment，IDE）是可编程逻辑器件厂商，如 Intel、Xilinx、Lattice 和 Actel 等，针对自己公司的器件提供的集成开发环境，支持从设计输入、编译、综合与适配，到编程与配置等开发流程的全部工作。

Intel 公司的集成开发环境有原 Altera 公司早期的 MAX+plus II 和目前广泛使用的 Quartus II。MAX+plus II 曾是最优秀的 EDA 开发软件之一，Quartus II 是 MAX+plus II 的升级版，功能更为强大，支持 SOPC 及 SoC 设计。

Intel 的官方网站为 www.intel.cn，提供 Intel 公司旗下原 Altera 公司的最新产品信息、器件资料、技术支持、开发软件和解决方案等。

Xilinx 公司是 FPGA 的发明者，其产品系列有早期的 XC9500/9500XL 和 Coolrunner-II 等 CPLD，和目前主流的 Spartan、Virtex 和 Kintex 系列 FPGA，以及 Zynq 系列等 SoC

器件，其中 Virtex-II Pro 器件规模已达到 800 万门。Xilinx 公司的集成开发环境有广泛使用的 ISE 和支持"All Programmable"概念的新版软件 Vivado。Xilinx 公司的中文官方网站为 china.xilinx.com，提供 Xilinx 的最新产品信息、器件资料、技术支持、开发软件和解决方案等。

Intel 公司和 Xilinx 公司的 PLD 占有 60% 以上的市场份额。除 Intel 公司和 Xilinx 公司之外，Lattice-Vantis 和 Actel 等公司的产品也有一定市场份额。原 Lattice 公司是 ISP（In-System Programmability，在系统可编程）技术的发明者，其中、小规模产品比较有特色，大规模 PLD 的竞争力相对较弱。Actel 公司反熔丝（Anti-fuse）工艺的 PLD 具有抗辐射、耐高低温、功耗低和速度快等优良品质，产品在军工和宇航领域有较大优势。

2. 仿真软件

仿真软件用于对 HDL 设计进行仿真测试，以检查逻辑设计的正确性，包括布局布线前的功能仿真和布局布线后的、包含了门延时和布线延时等信息的时序仿真。目前广泛应用的仿真软件有 Mentor 公司的 Modelsim 和 Aldec 公司的 Active-HDL 等。

ModelSim 是 Mentor Graphics 子公司 Mentor Technology 开发的，具有个性化的图形界面和用户接口，为用户加快调试提供了强有力的手段，是 FPGA/ASIC 设计首选的仿真软件。

ModelSim 不仅支持 Verilog HDL 仿真和 VHDL 仿真，而且支持 Verilog HDL 和 VHDL 混合仿真。ModelSim 支持在代码执行的任何步骤、任何时刻查看信号 / 变量的当前值，或者在 Dataflow 窗口查看工具某一模块或单元输入 / 输出信号的连续变化。

ModelSim 有 SE、PE 和 LE 多种版本，最高版本为 ModelSim SE，支持 Windows、UNIX 和 Linux 平台。除了 ModelSim SE 之外，Mentor Technology 公司还专门为 Intel 公司和 Xilinx 公司等提供了 OEM 版 ModelSim，包含相应公司产品的库文件，所以应用 OEM 版 ModelSim 仿真时不需要编译库文件了。

目前，多数 PLD 厂商提供的 IDE 支持第三方仿真工具，例如，在 Intel 公司的 Quartus II 集成开发环境中，可以调用 Modelsim 或者 Active-HDL 进行仿真分析。

3. 综合工具

综合工具用于将 HDL 或者其他方式描述的设计电路转换成能够在可编程逻辑器件或者 ASIC 中实现的网表文件，是由软件设计转换成硬件实现的关键环节。

目前，业界流行的 FPGA 综合工具有 Synplicity 公司（已经被 Synopsys 公司收购）的 Synplify Pro 以及 Intel 公司的 Quartus II 和 Xilinx 公司的 XST，ASIC 综合工具有 Synopsys 公司的 Design Compiler II 和 Candence 公司的 RTL Compiler。

Synplify Pro 采用先进的时序驱动和行为级提取综合技术（Behavior Extraction Synthesis Technology）算法，在综合策略和优化手段上有较大幅度的提高，其综合出的电路占用资源少、工作速度快，因而在业界广泛应用。

为了优化设计结果，在进行复杂数字系统设计时，推荐使用专业的综合工具进行综合。目前，多数 PLD 厂商提供的 IDE 支持第三方综合工具，例如，Intel 公司的用户可以在 Quartus II 集成开发环境中调用 Synplify Pro 或者 Design Compiler 进行综合。

对于复杂数字系统的设计，推荐采用多种 EDA 工具软件协同工作，集各家之所长来完成系统设计。

1.3　EDA 技术的应用领域

EDA 技术是 20 世纪 90 年代初发展起来的数字系统设计新技术，是当今电子系统设计的发展方向，在通信工程、信息产业、半导体工业、消费类电子工业以及仪表工业等领域的电子系统设计中应用广泛。

1. 通信领域

有线和无线通信领域需要大量数字信号处理。虽然 ASIC 与 FPGA 相比有成本优势，但 FPGA 具有启动成本低和设计方便等优点。另外，由于通信工业更新换代速度很快，不适合用 ASIC 实现，而功能可编程的 FPGA 成为通信领域实现以太网交换机和路由器等复杂数字系统的首选器件。

FPGA 在通信领域主要用于信号处理和高速接口电路设计，完成高速数据的收发和交换。这些应用通常需要采用具有高速收发接口的 FPGA，同时要求设计者精通高速接口电路设计和高速数字电路板级设计，具有 EMC/EMI 设计知识和模拟电路知识，能够解决高速收发过程中产生的信号完整性问题。

2. 数字信号处理领域

大数据和人工智能都离不开数字信号处理，而数字信号处理需要进行卷积、滤波和变换等数学运算。高清影像处理、无人驾驶等领域对信号处理的实时性提出了极高的要求。传统的解决方案通常是，采用多片 DSP 并联构成多处理器系统来满足设计需求，但多处理器系统的主要问题是软硬件复杂度的提高和系统功耗的上升，进而影响系统的稳定性。

FPGA 支持并行计算，具有高速并行数据处理能力。随着 FPGA 密度和性能的不断提高，其已经在很多领域替代了传统的多 DSP 解决方案。例如，实现 H.264 视频编码算法时，若采用德州仪器公司 1GHz 主频的 DSP 芯片需要 4 片，而采用 Intel 公司的 Stratix II EP2S130 FPGA 只需要一片就可以完成相应的任务。

3. 高速数据采集

采用数字系统处理模拟信号时首先需要进行数据采集，通常的实现方法是利用 A/D 转换器将模拟信号转换为数字信号后再送给处理器（如 ARM 或者 DSP 芯片）进行运算和处理。对于低速的 A/D 转换器，可以采用标准的 SPI 接口进行通信和数据交换。但是，对于高速 A/D 转换芯片，就需要应用 FPGA 作为数据采集接口，以满足高速性的需要。

4. 在逻辑接口中的应用

在数字产品设计中，系统往往需要与外部进行通信，例如将命令发送给下位机，或者下位机将采集到的数据传送给上位机进行处理和显示等。如果系统的接口很多，就需要用大量的接口芯片（如串口、PCI 接口、PS/2 和 USB 接口等），如图 1-16（a）所示，因而系统的体积和功耗都大。若采用 FPGA 实现，将接口逻辑设计在 FPGA 内部，就能大大简化系统外围电路设计，如图 1-16（b）所示。

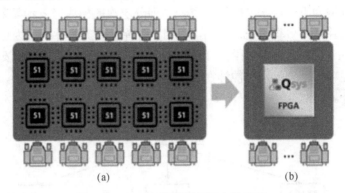

图 1-16　FPGA 在逻辑接口中的应用

在现代数字系统设计中，SDRAM、SRAM 和 Flash 等存储器得到了广泛的应用，由于 FPGA 的逻辑功能由用户自己定义，因此可以应用 FPGA 实现这些存储器的接口控制电路。

5. 在电平接口方面的应用

除了 TTL/COMS 电平之外，LVDS、HSTL、GTL/GTL+、SSTL 等新的电平标准逐渐被很多电子产品采用。比如，液晶屏驱动接口一般采用 LVDS 接口，数字 I/O 口一般采用 LVTTL 电平，DDR/SDRAM 一般采用 HSTL 接口。在混合电平系统中，若采用传统的电平转换芯片实现接口会导致电路复杂度的提高，而应用 FPGA 支持多电平的特性，将大大简化电路设计，降低设计风险。

1.4　电子系统的设计方法

电子系统的设计方法有自顶向下和自底向上两种基本方法。

自底向上（Bottom-Up）的设计方法是设计者从现有的元件库中选择适合的元器件来设计功能模块，然后由功能模块组成子系统，再由子系统构成更高一级的子系统，逐级向上直到实现整个系统。自底向上的设计方法可以用图 1-17 所示的树状图表示。

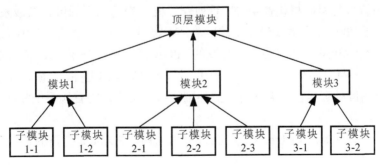

图 1-17　自底向上的设计方法

自顶向下（Top-Down）的设计方法是从系统开始，把系统分解为功能模块，然后把每个功能模块再分解为下一层次的模块，用一系列分层次的模块来表示复杂的数字系统，逐层描述设计思想并进行仿真验证，直到可以用元件库中的元器件实现为止。

自顶向下的设计方法可以用图 1-18 所示的树状图表示，设计、仿真和调试过程是逐层完成的，方便项目管理，同时能够在设计早期发现结构设计上的错误，避免设计工作的浪费和重复设计。

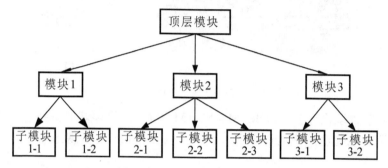

图 1-18　自顶向下的设计方法

自顶向下设计方法的特点是：①适合复杂的电子系统设计，从系统顶层开始设计和优化，保证了设计的正确性；②支持多团队协同工作，能够缩短设计周期；③依赖于 EDA 工具和环境，需要精确的工艺库支持。

在复杂数字系统设计过程中，通常是将以上两种设计方法相结合，兼有以上两种方法的优点。在高层系统中用自顶而下的设计方法实现，而使用自底而上的方法从库元件或以往设计库中调用已有的单元电路来设计功能模块。

1.5　EDA 网络学习资源

目前，学习 EDA 技术的网络资源很多，既有 EDA 公司和 PLD 厂商的官方网站提供的产品信息和软件下载，又有许多 EDA 设计方面的论坛，提供交流和学习平台。

（1）www.terasic.com.cn：友晶科技公司官网。台湾友晶公司专注于开发 FPGA 板卡，并提供包含半导体、软硬体科技等全球 FPGA 专案服务。友晶公司是 Intel 公司大学计划合作伙伴，为教育与科研机构提供 DE 系列开发板。为适应中国区日益成长的市场需求，友晶科技公司于 2009 年在武汉设立中国区总部，提供全方位、高品质的服务。

DE2-115 教学开发板是友晶公司开发的 FPGA 开发板，基于 Intel 公司 Cyclone IV 系列 FPGA 芯片－EP4CE115F29C7 设计，提供了丰富的多媒体组件，为移动视频、音频处理、网络通信以及图像处理提供了灵活可靠的外围接口，可满足视音频系统和嵌入式应用系统的开发需求。

（2）http://www.intel.cn：Intel 公司官方网站，提供原 Altera 公司的器件信息、软件下载和技术支持。

（3）www.MyFPGA.org：Intel FPGA 学习交流社区，提供 Intel 公司 FPGA 技术支持和资源下载，以及学习交流、技术培训和竞赛等相关信息。

（4）www.openHW.org：开源硬件（open HardWare）俱乐部网站，由 Xilinx 和与非网（www.eefocus.com）合作建设，为高校学生以及 FPGA 爱好者提供一个交流和分享硬件开发经验的开放式社区平台。对于 OpenHW 社区的项目，Xilinx 公司提供不同形式的技术支持。

（5）http://xilinx.eepw.com.cn/：Xilinx 中文社区，提供 Xilinx 公司的器件信息、解决方案以及技术支持。

思考与练习

1.1　什么是 EDA 技术？应用 EDA 技术有哪些要素？

1.2　基于乘积项结构的 PLD 和基于 LUT 结构的 FPGA 实现逻辑函数的原理有何不同？各有什么应用特点？

1.3　EDA 软件有哪几种主要类型？各具有什么用途？

1.4　目前常用的硬件描述语言有哪些？各有什么特点？

1.5　EDA 技术有哪些典型的应用领域？

1.6　浏览友晶科技公司官方网站 www.terasic.com.cn，查找并下载 DE2-115 开发板的用户手册（User Manual），阅读用户手册，熟悉 DE2-115 开发板上的资源。

1.7　浏览网站 www.icpdf.com，下载以下器件资料，阅读并熟悉器件的功能：

　　（1）4 位移位寄存器 74HC194；

　　（2）4 位同步二进制计数器 74HC161/163；

　　（3）同步 10 进制计数器 74HC160/162；

　　（4）8 位锁存器 74HC573/574；

　　（5）8 位 A/D 转换器 ADC0809；

　　（6）8 位 D/A 转换器 DAC0832。

Verilog HDL 基础

2

Verilog HDL 是从 C 语言发展而来的，用于描述数字电路行为与结构的计算机语言。与 C 语言不同的是，Verilog HDL 经综合后转化为能够实现电路功能的网表文件，再经过适配后能够在可编程逻辑器件中实现，而 C 程序经过编译后转化为机器语言，仍然需要在处理器中执行，两者有着本质的区别。

Verilog HDL 是目前应用广泛的硬件描述语言，适用于系统级（System）、算法级（Algorithm）、寄存器传输级（Register Transfer Level，RTL）、门级（Gate）和开关级（Switch）各个层次的设计与描述，成功地应用于数字系统设计的建模、仿真、验证和综合等阶段。

另外，Verilog HDL 描述与实现器件的工艺无关，这使得设计者在设计及验证阶段不必考虑具体的实现细节，只需要根据系统的功能要求施加一定的约束就可以设计出应用电路，因而在数字芯片的前端设计中有着广泛的应用。

工欲善其事，必先利其器。本章以 Verilog—1995/2001 标准为基础，讲述 Verilog HDL 模块的基本结构、语言要素、操作符、逻辑功能描述方法以及测试平台文件的编写方法。

2.1 初识 Verilog HDL

模块是 Verilog HDL（简称 Verilog）的基本单位，用于描述某种特定功能电路的结构或行为。模块既可以用于描述简单的门电路，也可以用于描述编码器、译码器、数据选择器、寄存器和计数器等中规模数字器件，还可以用来描述整个数字系统。

Verilog HDL 模块由模块声明、端口类型定义、数据类型定义和功能描述等多个部分构成，其基本结构如下：

```
module 模块名（端口列表）；                    // 模块声明
    // 端口类型定义
    input  输入端口列表；
    output 输出端口列表；
    inout  双向端口列表；
    // 数据类型定义
    wire 线网名，线网名，…；
    reg 变量名，变量名，…；
    // 函数与任务声明
```

```
        function [ 位宽 ] 函数名；…；endfunction
        task 任务名；…；endtask
        // 功能描述
        assign 线网名 = 函数表达式；              // 数据流描述方式
        always/initial 过程语句；                 // 行为描述方式
        调用模块名 实例名（端口关联列表）；        // 结构描述方式
    endmodule
```

下面对模块的主要组成部分进行简要说明。

1. 模块声明

模块声明以关键词 module 开始，以关键词 endmodule 结束，由模块名和端口列表两部分组成。

模块声明的语法格式为：

```
module 模块名( 端口列表 );
……

endmodule
```

模块名为模块唯一的标识，端口列表用于说明模块所有的对外输入 / 输出口。端口列表的语法格式为

端口名 1，端口名 2，…，端口名 n

例如，4 选一数据选择器的模块声明参考如下：

```
module mux4to1(D0,D1,D2,D3,A,y);
……

endmodule
```

其中指定模块名为 mux4to1，对外共有四路数据 D0、D1、D2 和 D3，两位地址 A 和输出 y 共 6 组端口。

模块的所有代码必须书写于关键词 module 和 endmodule 之间，包括端口类型定义、数据类型定义、函数和任务声明以及逻辑功能描述等部分。

2. 端口类型定义

端口类型定义用于指定模块对外端口的 I/O 类型。具体的语法格式为：

```
        input [msb:lsb] 输入端口名 x1，输入端口名 x2，…；
        output [msb:lsb] 输出端口名 y1，输出端口名 y2，…；
        inout [msb:lsb] 双向口名 z1，双向口名 z2，…；
```

其中 input 用于定义输入口，表示模块从外界获取数据的接口；output 用于定义输出口，表示模块往外界送出数据的接口；inout 用于定义双向口，表示既可以输入数据、也可以输出数据的端口。msb 和 lsb 用于定义端口位宽（size）的常量，默认为 1 位。例如，4 选一数据选择器的端口类型定义如下：

```
        input D0,D1,D2,D3;                      // 4 路数据
        input [1:0] A;                          // 2 位地址
```

```
    output y;                                // 输出
```

上述端口定义方法基于 Verilog—1995 标准，需要在模块声明中先将所有对外的端口列出来，然后在模块内部再对端口的具体类型进行定义。

Verilog—2001 标准支持将端口类型合并在模块声明中进行定义的 ANSI 方式。例如：

```
    module mux4to1(input D0,                 // 4 路数据输入
                   input D1,
                   input D2,
                   input D3,
                   input [1:0] A,            // 两位地址输入
                   output y                  // 选择输出
                   );
    ......

    endmodule
```

应用 ANSI 方式可以一次性完成模块声明和端口类型定义，不但使代码更为紧凑，而且能够减少出错的概率，因此在复杂的应用工程项目中，建议使用 ANSI 方式进行端口类型定义。

3. 数据类型定义

数据类型（Data Type）用于指定模块端口的数据类型，或者用于定义模块内部的物理连线或者具有存储作用的数据单元。

数据类型说明的语法格式为：

　　wire [msb:lsb] **线网名 1，线网名 2，…；**

　　reg [msb:lsb] **变量名 1，变量名 2，…；**

其中 wire 为线网子类型，用于描述电路中的物理连线；reg 为寄存器类型，用于描述具有存储作用的数据单元。例如，可以在 4 选一数据选择器模块中定义 4 个内部的线网：

```
    wire Atmp,Btmp,Ctmp,Dtmp;
```

或者在计数器中定义用于存储计数值的状态变量：

```
    reg [3:0] q;              // 4 位寄存器变量
```

对于模块的对外端口，需要说明的是：①模块的端口除了定义为输入、输出或双向口外，还需要指定端口的数据类型；②模块的输入口必须为 wire 类型；③只有输出口或者双向口可以被定义为 reg 类型，而且 reg 变量的位宽必须与端口类型定义中的位宽严格一致；④模块的输出口或者双向口没有显式说明为 reg 类型时，默认为 wire 类型。

4. 功能描述

功能描述用于描述模块的逻辑功能或者说明模块的结构，有数据流描述、行为描述和结构描述三种方法。

（1）数据流描述。数据流描述是通过在关键词 assign 后加函数表达式的方法描述模块的逻辑功能。例如，根据 4 选一数据选择器的逻辑函数表达式

$$Y = D_0 A_1' A_0' + D_1 A_1' A_0 + D_2 A_1 A_0' + D_3 A_1 A_0$$

可以直接写出 4 选一数据选择器的数据流描述为

```
assign atmp = D0 && !A[1] && !A[0];
assign btmp = D1 && !A[1] &&  A[0];
assign ctmp = D2 &&  A[1] && !A[0];
assign dtmp = D3 &&  A[1] &&  A[0];
assign y = atmp || btmp || ctmp || dtmp;
```

其中操作符"&&"表示逻辑与，操作符"||"表示逻辑或，操作符"！"表示逻辑非。

（2）行为描述。行为描述使用（initial/always）过程语句对模块的功能进行描述，其中 always 语句是 Verilog 中最具有特色的过程语句，既可以用于描述组合逻辑电路，也可以用于描述时序逻辑电路。

always 语句是反复执行的，过程内部用高级语句来描述模块的逻辑功能。例如，用 always 语句描述 4 选一数据选择器：

```
always @(D0 or D1 or D2 or D3 or A)
  begin
    case（A）  // 根据地址的不同从 4 路数据中选择一路输出
      2'b00:   y=D0;
      2'b01:   y=D1;
      2'b10:   y=D2;
      2'b11:   y=D3;
      default: y=D0;
    endcase
  end
```

其中"D0 or D1 or D2 or D3 or A"为过程语句的敏感条件，表示 D0、D1、D2、D3 和 A 中任意一个发生变化时，过程语句被激活，开始执过程体中的语句。

需要说明的是，所有在过程语句中被赋值的对象（如上例中的输出 y）必须定义为 reg 类型。这是因为：当过程语句的敏感条件满足时，过程语句中的被赋值对象才能被更新；当敏感条件不满足时不会执行过程体中的语句，所以过程体中的被赋值对象在敏感条件不满足时应该保持原值，直到敏感条件满足为止。因此，过程体中的被赋值对象应该具有数据存储功能，应定义为 reg 类型。

根据上述分析，用 always 语句描述 4 选一数据选择器时，还需要将输出 y 显式地定义为寄存器变量，即需要在数据类型定义部分添加下述语句：

```
reg  y;             // 定义 y 为寄存器类型
```

或者将端口类型和数据类型合并定义：

```
output reg  y;      // 定义 y 为输出口，并且为寄存器类型
```

（3）结构描述。结构描述是调用 Verilog 中内置的门级原语（primitive，门级或开关级元件）、用户定义的功能模块或者宏功能模块来描述模块内部器件之间的连接关系，用于对模块的结构进行说明。

结构描述的语法格式为：

调用模块名 [实例名](端口关联列表);

其中中括号"[]"表示实例名为可选项。例如，调用 Verilog 基元描述逻辑函数 Y=(AB+CD)'：

```
and U_and1 (y1,A,B);   // 调用基元 and, 实现 y1=AB
and U_and2 (y2,C,D);   // 调用基元 and, 实现 y2=CD
nor U_nor  (y,y1,y2);  // 调用基元 nor, 实现 y=(y1+y2)'
```

2.2　Verilog 基本元素

Verilog HDL 代码由大量的基本语法元素构成，包括空白符和注释、数值和字符串、标识符和关键字词等。

Verilog 从 C 语言发展而来，保留了 C 语言的语法特点。例如，空白符（white space）、和注释（comment）方法与 C 语言完全相同，标识符同样区分大小写等。但是，Verilog 本质上是用来描述硬件电路的，所以也有许多与 C 语言不同之处，例如线网 / 变量的概念和取值以及操作符等。

2.2.1　取值集合

Verilog 为线网 / 变量定义了 4 种基本取值：0、1、x 和 z，基本含义如表 2-1 所示，其中 x 表示非 0、非 1 和非 z 的值，通常用在测试平台文件中，表示没有经过初始化的输入端口的值。

Verilog 中 x 和 z 不区分大小写，即值"1x0z"和"1X0Z"是等价的。

表 2-1　4 种基本取值

逻辑取值	含义
0	逻辑 0、逻辑假
1	逻辑 1、逻辑真
x 或 X	未知（不确定的值）
z 或 Z	高阻状态

在输入表达式中，字符 z 通常被解释为 x。这是因为当输入端为高阻时，输入信号处于非 0、非 1 的未知状态。

2.2.2　常量表示

Verilog 中取值不变的量称为常量（constant）。

常量按照其数值类型的不同可划分为整数常量、实数常量和字符串三种类型。

1. 整数常量

整数（integer）常量的定义格式为：

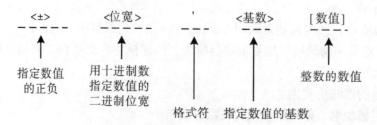

其中基数用于指定数值的形式。基数符号和含义如表 2-2 所示。

表 2-2　基数表示

基数符号	表示的进制	合法数值字符
B 或 b	二进制	0, 1, x/X, z/Z, ? 和 _
O 或 o	八进制	0~7, x/X, z/Z, ? 和 _
D 或 d	十进制	0~9, x/X, z/Z, ? 和 _
H 或 h	十六进制	0~9, A~F, x/X, z/Z, ? 和 _

整数常量用于表示有符号数。正数的符号可以省略。例如：

4'b1001：	4 位二进制数，值为 1001
5'd23：	十进制数，二进制位宽为 5，值为 23
3'b01x：	3 位二进制数，值为 01x
12'hz：	12 位二进制数，每一位均为 z

需要注意的是，x（或 z）在十六进制值中代表 4 位 x（或 z），在二进制中代表 1 位 x（或 z），即 4'hz 与 4'bzzzz 等价，而 1'hz 即 1'bz。

整数常量为负时，符号 "-" 应写在位宽的前面，数值的大小用补码表示。例如：

-8'd6：	十进制数，位宽为 8，值为 -6（用补码表示为 11111010）。

当基数符号缺省时，整数常量默认为十进制数。当位宽缺省时，按常量的实际值确定其位宽。例如：

659：	十进制数 659，位宽为 10（因为 $2^9<659<2^{10}$）；
'h837ff：	十六进制数，位宽为 20。

当整数常量的位数很多时，可以在整数常量中添加下划线 "_" 以提高数值的可阅读性。下划线 "_" 只起分隔的作用，编译时被忽略。例如：

16'b0001001101111111 通常书写为 16'b0001_0011_0111_1111。

2. 实数常量

实数（real）常量用于仿真中，表示延迟量、仿真时间等物理参数。Verilog HDL 中实数常量既可以用带小数点的十进制数表示，也可以用科学计数法表示。带小数点的实数在小数点两侧都必须至少有一位数字。例如：

1.0	// 十进制数表示；
3.1415926	// 十进制数表示；
123.45e2	// 科学计数法表示，值为 12345（注：e 也可以用大写表示）；
1.2e-1	// 科学计数法表示，值为 0.12。

3. 字符串

字符串（strings）定义为双引号内的字符序列，用 ASCII 码序列表示，其中每个字表示为一个 8 位 ASCII 码。例如，字符串 "Hello world!" 中共 12 个字符，ASCII 码序列为 96'h48656c6c6f20776f726c64，而字符串 "Internal error" 中 14 个字符，ASCII 码序列为 112'h496e7465726e616c206572726f72。

在 Verilog HDL 中，字符串保存在 reg 类型的变量中。存储字符串"Hello World!"的 reg 变量至少定义为 12×8=96 位，而存储字符串"Internal error"的 reg 变量至少定义为 14×8=112 位，即

```
reg [12*8:1] str1;
reg [14*8:1] str2;
...
str1= "Hello world!";
str2= "Internal error"
```

在 Verilog 字符串的赋值过程中，如果字符串的位数超出 reg 变量的位宽，则会自动截去 ASCII 码序列最左边的数值，低位对齐（即右对齐）。反之，如果字符串的位数小于 reg 变量的位数，则默认用数值 0 填充变量左边的空位。例如，将字符串"Internal error"存入 reg 变量 str1 中，结果为 96'h7465726e616c206572726f72，而将字符串"Hello world!"存入 reg 变量 srt2 中，结果为 112'h000048656c6c6f20776f726c64。

和 C 语言一样，字符串不能分为多行书写。

在 Verilog HDL 中引入字符串的作用是配合 EDA 软件，按照指定格式显示编译、综合等过程相关信息。

4. 参数定义语句

为了提高代码的可读性和可维护性，Verilog 允许使用参数定义语句定义常量，用标识符来代替常量数值，用于指定数据的位宽、定义参量和状态编码等。

参数定义语句的语法格式如下：

parameter 参数名 1= **数值或表达式** 1，**参数名** 2= **数值或表达式** 2，…；

localparam 参数名 1= **数值或表达式** 1，**参数名** 2= **数值或表达式** 2，…；

参数定义语句只能对参数赋值一次，并且等式右边的表达式必须为常量或常量表达式，即表达式中只能包含数据和已定义的参数。例如：

```
parameter MSB=7, LSB=0;     // 定义参数 MSB 和 LSB，值分别为 7 和 0
parameter DELAY=10;         // 定义参数 DELAY，值为 10
......
reg [MSB:LSB] reg_a ;       // 引用参数 MSB 和 LSB 定义位宽
and #DELAY (y,a,b);         // 引用参数 DELAY 定义延迟时间
```

含有参数的模块通常称为参数化模块。参数化模块的设计，体现可重用设计的思想，在仿真中也有重要的作用。

需要说明的是：（1）parameter/localparam 定义的参数是局部的，参数定义语句应写在模块的内部，只对当前模块起作用；（2）parameter 具有参数传递功能，在层次电路设计中，可以将上层模块的数值传递给下层模块的参数，从而能够调整下层模块的结构与规模，而 localparam 不具有参数传递功能，因此无法通过外部数值来改变已经定义的参数值。

另外，除了将参数定义语句写在模块内部这种常规的书写方式之外，还有另一种书写方式：将参数定义语句写在模块声明中，放在模块名和端口列表之间，用"#（）"括起来。

关于 parameter 参数传递功能和书写方式将结合 2.5.2 节例 2-16 和例 2-17 进行说明。

2.2.3　标识符与关键词

标识符（identifier）是定义 Verilog 语言结构名称的字符串，如模块、端口、线网 / 变量或者参数的名称等。

Verilog 中的标识符应符合以下三条基本规定：

（1）由大小写字母、数字、$ 和 _（下划线）组成；

（2）以字母或下划线开头，中间可以使用下划线，但不能连续使用下划线，也不能以下划线结束；

（3）长度小于 1024。

根据标识符的基本规定可知，Clk_100MHz、WR_n、_CE 和 P1_2 都是合法的标识符，而 64b、ROM__dat 和 $data_width 均为非法的标识符。

和 C 语言一样，Verilog 中的标识符是区分大小写的，因此，MAX、Max 和 max 为三个不同的标识符。

Verilog HDL 中预先保留了许多用于定义语言结构的特殊标识符，称为关键词（keywords），具有特定的含义，如 module、endmodule、input、output、inout、wire、reg、integer、real、initial、always、begin、end、if、else、case、casex、casez、endcase、for、repeat、while 和 forever 等。在编写 Verilog 代码时，用户定义的标识符不能和关键词重名。

需要说明的是：（1）Verilog HDL 中的关键词都是小写的；（2）标识符的第一个字符不能是"$"，因为在 Verilog HDL 中，"$"专门用来代表系统命令，如系统任务和函数。

除普通标识符外，Verilog 中还定义了一类特殊的标识符，称为转义标识符（escaped identifier），以反斜杠"\"开头，以空白符（空格、制表符或换行符）结束的任意字符串序列，其中转义字符本身没有意义。例如：

```
\sfji    // 与 sfji 等价
\23kie   // 与 23kie 等价
\*239d   // 与 *239d 等价
```

2.3　数据类型

数据类型（data type）用于定义电路中的物理连线和具有存储功能的数据单元。

数据类型定义的语法格式为：

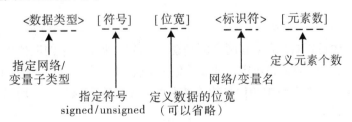

数据类型分为线网和变量两大类。

2.3.1 线网类型

线网（nets）类型用于描述电路中的物理连线。

线网定义的语法格式为：

线网子类型名 [msb:lsb] 线网名 1，线网名 2，…，线网名 n；

其中线网子类型名是指线网的具体类型，其名称和含义如表 2-3 所示。msb 和 lsb 为定义线网位宽的常量或者常量表达式，默认为 1 位。

表 2-3 常用线网子类型

名称	默认位宽 / 位	含义
wire, tri	1	线网连接
wor, trior	1	线或连接
wand,triand	1	线与连接
tri1,tri0	1	上拉或下拉连接
supply1,supply0	1	接电源或接地

wire 和 tri 是两种最常用的线网类型，其中 wire 用于定义信号连线，描述单个驱动源驱动的线网，而 tri 则用于定义三态总线，描述多个驱动源驱动的线网。

模块的双向口 inout 通常需要用三态逻辑来驱动。描述三态驱动电路时，inout 端口通常由连续赋值语句驱动，并且在一定条件可以被赋值为高阻状态。

当两个驱动源驱动同一个线网时，线网的取值由表 2-4 决定。

表 2-4 多源驱动时 wire/tri 的取值

wire/tri	0	1	x	z
0	0	x	x	0
1	x	1	x	1
x	x	x	x	x
z	0	1	x	z

例如：

```
wire [3:1] a, b;
tri   [3:1] y;
assign y = a & b;
```

由定义和描述可以看出，y 有两个驱动源：a 和 b。因此，y 的取值由两个驱动源表达式的值按表 2-4 中所示的关系决定。若 a 的值为 01x，b 的值为 11z，则 y 的值是 x1x。

由于线网表示硬件电路中的信号线或者总线，不具有存储功能，所以没有驱动源驱动的线网默认取值为 x。

2.3.2　变量类型

变量（variables）用于定义具有存储作用的数据单元，有寄存器变量、整形变量、实数变量、时间变量和实时间变量五种子类型。

1. 寄存器变量

reg 用于定义称为寄存器（register）变量。寄存器变量在某种触发机制的作用下分配了一个值后，在分配下一个值之前将一直保留原有的值。

寄存器变量定义的语法格式为：

　　reg [msb: lsb] **变量名** 1，**变量名** 2，…**变量名** n；

其中 msb 和 lsb 为定义寄存器变量位宽的常量或常量表达式。默认为 1 位。例如：

```
reg [7:0] q;                      // 定义 q 为 8 位寄存器变量
reg tmp;                          // 定义 tmp 为 1 位寄存器变量
reg [15:0] reg_A, reg_B, reg_C;   // 定义 16 位寄存器变量
```

在 Verilog—1995 标准中，寄存器变量用于存储无符号数。当寄存器变量被赋值为负数时，仍会被解释为无符号数。例如：

```
reg [3:0] tmp;
......
tmp = -2;    // 位宽为 4 时 tmp 的值为 1110(-2 的补码)，按无符号数 14 处理。
tmp = -1;    // 位宽为 4 时 tmp 的值为 1111(-1 的补码)，按无符号数 15 处理。
tmp = 5;     //tmp 的值为 0101。
```

寄存器变量未被赋值时，默认初值为 x。

所有在过程语句（always 或 initial）中被赋值的对象都必须定义为寄存器类型。这是因为：当过程语句的条件满足时，过程语句中的被赋值对象才能更新，条件不满足将保持原有的值，因此过程语句中被赋值的对象应具有数据存储功能。

需要强调的是，reg 变量虽然称为寄存器变量，但并不意味着用 reg 变量描述的电路一定会生成寄存器。用寄存器变量同样可以描述组合逻辑电路，例如，对于 4 选一数据选择器的行为描述，由于在过程体内对输出 y 进行赋值，当 4 路数据和 2 位地址均没有发生变化时，y 应该保持不变，因此需要将 y 定义为寄存器变量。

2. 整型变量

integer 用于定义整型变量，其语法格式为：

　　integer **变量名** 1[msb:1sb]，**变量名** 2[msb:1sb]，…，**变量名** n [msb:1sb]；

其中 msb 和 lsb 为定义整型变量位宽的常量或者常量表达式，默认为 32 位。例如：

```
integer intA, intB, intC;   // 定义 intA,intB,intC 为 32 位整型变量。
integer Stat [3:0];         // 定义 Stat 为 4 位整型变量。
```

注意整型变量能够作为矢量进行访问。例如，对于上述定义的 32 位整型变量 intA、intB 和 intC，引用 intA[3:0]、intB[31] 或 intC[20:10] 都是合法的。

整型变量用于存储有符号数，具体数值以二进制补码形式表示。例如：

```
interger i;      // 定义 i 为整型变量
...
i=-6;            // i 值为 32'b1111...11010
```

整型变量未被赋值时，默认初值为 0。

3. 实数变量

real 用于定义实数变量，变量值以十进制数或者科学计数法表示。

实数变量定义的语法格式为：

real 变量名 1，变量名 2，…，变量名 *n* ；

例如：

```
real j;        // 定义实数变量 j
...
j = 1.8e-1;    // j 值为 0.18
```

实数变量未被赋值时，默认初值为 0。若将 x 或 z 赋给实数变量，则会被当作 0 处理。

需要注意的是，如果将实数赋值给整数变量时，实数根据四舍五入的原则自动转化为整数。例如：

```
integer i;
real PI;
PI = 3.1415926;
i = PI;
```

则 i 的值为 3。

4. 时间变量

time 用于定义时间变量，用来存储时间值。

时间变量定义的语法格式为：

time 变量名 ；

例如：

```
time curr_time;
...
curr_time = $time;
```

表示把当前仿真时间存储到变量 curr_time 中。

时间变量值为无符号数。时间变量未被赋值时，默认初值为 0。

2.3.3　存储器

存储器（memory）是由寄存器变量构成的数组。

存储器定义的语法格式为：

reg [n-1:0] 存储器名 [m-1:0];

其中 [n-1:0] 表示每个存储单元的位宽为 n，而 [m-1:0] 表示存储器共有 m 个存储单元。例如：

```
reg [9:0] sine_rom [1023:0];
```

定义名为 sine_rom 的存储器，每个单元的位宽为 10 位，共有 1024 个存储单元。

注意，存储器和寄存器变量的定义和用法不同。n 个 1 位变量构成的存储器不同于一个 n 位寄存器变量。例如：

```
reg [n-1:0] cnt;            // 定义寄存器变量 cnt, 位宽为 n
reg fpga_lut [n-1:0];       // 定义存储器 fpga_lut, 共有 n 个存储单元, 每个单元存 1 位数
```

2.3.4　标量与矢量

在 Verilog HDL 中，位宽为一位的线网/变量称为标量（scalar），大于一位的称为矢量（vector）。

对矢量进行定义时，位宽范围由括在中括号内的一对整数、整数表达式或参数指定，中间用冒号隔开。例如：

```
parameter WIDTH=16;
reg [7:0] Qtmp;                    //  8 位寄存器变量
wire [WIDTH-1:0] bus16b;           //  16 位线网
```

可按位或者部分位赋值的矢量称为标量类矢量，用关键词 scalared 表示，相当于多个一位标量的集合。不能按位或部分位赋值的矢量称为矢量类矢量，用关键词 vectored 表示。例如：

```
reg scalared [7:0] Qtmp;           / Qtmp 被定义成标量类变量
wire vectored [15:0] bus16b;       // bus16 被定义成矢量类线网
```

标量类矢量是应用最多的一类矢量，声明可以省略，即没有关键词 scalared 或 vectored 说明的矢量均将被解释成标量类矢量。

2.4　运算符与操作符

Verilog HDL 中的操作符（operator，部分习惯于称为运算符）按功能可分为 9 大类，如表 2-5 表示。表达式中操作符的运算次序根据优先级的高低顺序执行，数值越小，优先级越高。优先级相同的运算符按照从左向右结合，可以用括号改变运算的优先顺序。

表 2-5　Verilog HDL 操作符

种类	运算符	含义	优先级	种类	运算符	含义	优先级
算术运算符	+	加	3	等式运算符	==	相等	6
	−	减	3		!=	不相等	6
	*	乘	2		===	全等	6
	/	整除	2		!==	不全等	6
	%	取余	2	条件操作符	? :	条件运算	11

种类	运算符	含义	优先级	种类	运算符	含义	优先级
逻辑运算符	!	非	1	移位操作符	<<	逻辑左移	4
	&&	与	9		>>	逻辑右移	4
	||	或	10		<<<	算术左移	4
位操作符	~	非	1		>>>	算术右移	4
	&	与	7	缩位运算符	&	与	1
	|	或	8		|	或	1
	^	异或	7		~&	与非	1
	~^ 或 ^~	同或	7		~|	或非	1
关系运算符	>	大于	5		^	异或	1
	<	小于	5		~^ 或 ^~	同或	1
	>=	大于等于	5	拼接操作符	{}	拼接	—
	<=	小于等于	5		{{}}	复制	—

2.4.1 算术运算符

算术运算符（Arithmetic Operators）用于数值运算，包括 +（加）、−（减）、*（乘）、/（整除）和 %（取余）共五种运算符。例如：

```
1+2        // 加法，结果为 3；
7-3        // 减法，结果为 4；
2*4        // 乘法，结果为 8；
9/2        // 整除，结果为 4；
12%4       // 取余，结果为 0；
-15%2      // 取余，结果为 -1；
13%-3      // 整除，结果为 1。
```

需要注意的是：(1)整除的结果为整数；(2)在进行取余运算时，运算结果的符号和第一个操作数的符号一致；(3)在算术运算中，只要有一个操作数为 x 或 z，则运算结果为 x。

另外，在算术运算中，表达式结果的位宽由最长的操作数决定。但是，对于赋值语句，赋值结果的位宽由运算符左侧赋值目标的位宽决定。例如：

```
reg [3:0] regA,regB,regC;
reg [5:0] regD;
...
regA = regB + regC;
regD = regB + regC;
```

对于第一个赋值语句，表达式中操作数 regB 和 regC 的位宽为 4 位，并且赋值目标 regA 的位宽也为 4 位，因此加法结果为 4 位。加法产生的进位会被丢弃。

对于第二个赋值语句，表达式中操作数 regB 和 regC 的位宽为 4 位，但赋值目标 regD 的位宽为 6 位，所以加法结果为 6 位。因此，加法结果（包括进位）的所有位都存储在变量 datD 中。

对于复杂的表达式，中间运算过程的位宽如何确定呢？ Verilog—1995 标准规定：表达式中的所有中间结果应取最长操作数的位宽。此规定也包括左侧的赋值目标。例如：

```
wire [3:0] opA, opB;

wire [4:0] opC;

wire [5:0] opD;

wire [7:0] opX;

...

assign opX = ( opA + opC ) + ( opB + opD );
```

其中右侧表达式中操作数的位宽最长为 6，但是将左端的赋值目标 opX 包含在内时，最大长度为 8，因此，所有的操作数均按 8 位处理。

当数值运算的操作数中既含有无符号操作数，又含有有符号操作数时，则需要特别注意运算结果。因为 Verilog—1995 标准规定：只要表达式中有一个操作数为无符号数，则其他操作数会自动被当作无符号数处理，并且运算结果也为无符号数。

如果需要进行有符号数值运算，则每个操作数必须定义为有符号数，并且表达式中的无符号数必须通过 Verilog—2001 标准中的类型转换符 $signed 转换为有符号数。

2.4.2　逻辑运算符

逻辑运算符（Logic Operators）用于对操作数进行逻辑运算,有与（&&）、或（||）、非（！）三种运算符, 其运算真值表如表 2-6 所示。

表 2-6　逻辑运算真值表

操作数		与	或	非	
a	b	a&&b	a‖b	!a	!b
0	0	0	0	1	1
0	1	0	1	1	0
1	0	0	1	0	1
1	1	1	1	0	0

需要说明的是，逻辑运算中的操作数和运算结果均为一位。若操作数为矢量，则非 0 矢量会被当作逻辑 1 处理。例如：当 a=4'b0110, b=4'b1000 时，则 a&&b 的结果为 1，a‖b 的结果也为 1。

当操作数中含有 x 或 z 时，则逻辑运算的结果由具体运算的含义确定。例如：

```
1'b0 && 1'bz            // 结果为 0

1'b1 || 1'bz            // 结果为 1

!x                      // 结果为 x
```

2.4.3 位操作符

位操作符（Bitwise Operators）用于对操作数的对应位进行操作，包括与（&）、或（|）、非（~）、异或（^）和同或（~^ 或 ^~）共五种操作符。

设 a、b 均为 4 位二进制数，a&b 的含义是将 a 和 b 的对应位相与，a|b 的含义是将 a 和 b 的对应位相或，a^b 的含义是将 a 和 b 的对应位相异或，而 ~a、~b 的含义是将 a、b 按位取反。例如，当 a=4'b0110、b=4'b1000 时，则 a&b 的结果为 4'b0000，a|b 的结果为 4'b1110，a^b 的结果为 4'b1110，a~^b 的结果为 4'b0001，~a 的结果为 4'b1001，~b 的结果为 4'b0111。

如果两个操作数的位宽不同，位操作结果的位宽由最长操作数的位宽决定。操作时，先将位宽较短的操作数高位添 0 补齐，然后按位进行操作，结果的位宽与位宽较长的操作数保持一致。例如，当 ce1=4'b0111、ce2=6'b011101 时，先将 ce1 补齐为 6'b000111，因此 ce1 & ce2=6'b000101。

位操作与逻辑运算的主要区别在于：逻辑运算中的操作数和结果均为一位，而位操作中的操作数和结果既可以是一位，也可以为多位。

当操作数的位宽为 1 位时，位操作和逻辑运算的效果相同。

2.4.4 关系运算符

关系运算符（Relational Operators）用于判断两个操作数的大小，关系为真时返回 1，为假时返回 0，包括大于（>）、小于（<）、大于等于（>=）和小于等于（<=）四种运算符。

如果操作数的位宽不同，Verilog 将位宽较短的操作数左边添 0 补齐，再进行比较。例如：对于 'b1000 > = 'b01110，等价于 'b01000 > = 'b01110，因此结果为假（0）。

所有关系运算符具有相同的优先级，但低于算术运算符的优先级。在关系运算符中，若操作数中包含有 x 或 z，则结果为 x。

2.4.5 等式运算符

等式运算符（Equality Operators）用于判断两个操作数是否相等，比较结果为真时返回 1，为假时返回 0。

等式运算符分为逻辑等式运算符和 case 等式运算符两类。

运算符"=="和"!="称为逻辑等式运算符。应用逻辑等式运算符时，x 或 z 被认为是无关位，操作数中含有 x 或 z 的比较结果为 x。

运算符"==="和"!=="称为 case 等式运算符。应用 case 等式运算符时，严格按操作数的字符值进行比较，结果非 0 即 1。例如，当 a=4'b10x0，b=4'b10x0 时，（a==b）的比较结果为 x，而（a===b）的比较结果则为 1。

逻辑等式运算符和 case 等式运算符的应用差异如表 2-7 所示。case 等式运算符用于 case 表达式的判别，用于仿真，不可综合，所以只能在编写测试平台文件（testbench）中使用。

表 2-7　逻辑等式 /case 等式运算符真值表

逻辑等式运算符					case 等式运算符				
===	0	1	x	z	==	0	1	x	z
0	1	0	x	x	0	1	0	0	0
1	0	1	x	x	1	0	1	0	0
x	x	x	x	x	x	0	0	1	0
z	x	x	x	x	z	0	0	0	1

2.4.6　条件操作符

条件操作符（Condition Operators）根据条件表达式的值是否为真进行选择赋值。

条件操作的语法格式为：

　　（条件表达式）？条件为真时的返回值：条件为假时的返回值；

应用条件操作符很容易描述 2 选一数据选择器：

```
input D0,D1;                    // 2 路数据
input A;                        // 一位地址
output y;                       // 输出
assign y = A ? D1 : D0;         // 2 选一
```

条件操作符也可以嵌套使用，实现多路选择。例如，用条件操作符描述 4 选一数据选择器：

```
input D3,D2,D1,D0;              // 4 路数据
input A1,A0;                    // 两位地址
output y;                       // 输出
assign y = A1 ? (A0 ? D3 : D2 ):(A0 ? D1: D0);     // 4 选一
```

2.4.7　移位操作符

移位操作符（Shift Operators）用于对操作数进行移位，分为逻辑移位操作符和算术移位操作符两种类型。

移位操作的语法格式为：

　　< 操作数 >< 移位操作符 >< 数值 >；

其中移位操作符包括逻辑左移（<<）和逻辑右移（>>）、算术左移（<<<）和算术右移（>>>）共四种操作符。移位的次数由操作符后面的数值决定。例如，"data <<n" 的含义是将操作数 data 向左移 n 位，"data >> n" 的含义是将操作数 data 向右移 n 位。

逻辑移位操作符 "<<" 和 ">>" 适用于对无符号数进行移位。无论是逻辑左移还是逻辑右移，移出的空位均用 "0" 来填补。例如：

```
a=4'b0111;
a>>2;        // 右移，结果为 4'b0001
a<<1;        // 左移，结果为 4'b1110
```

在实际应用中，经常用逻辑移位操作的组合来实现一些特殊的无符号数乘法运算，以简化电路设计。例如要实现 d×10 时，由于 10 可以分解为 2^3+2，因此可以通过 d<<3+d<<1 来实现。

算术移位操作符"<<<"和">>>"是 Verilog—2001 标准中新增的两个操作符，用于对有符号数进行移位。

操作符"<<<"用于对有符号数进行左移。移位时，符号位保持不变，数值位左移移出的空位用 0 来填补。操作符">>>"用于对有符号数进行右移。移位时，符号位保持不变，数值位右移移出的空位用符号位来填补。例如，当 a 为 −8 时，若用 6 位二进制补码则表示为 6'b111000，那么 a<<<1 的结果为 6'b110000（十进制数 −16），而 a>>>2 的结果为值为 6'b111110（十进制数 −2）。

2.4.8　缩位运算符

缩位运算符（Reduction Operators）用于对操作数进行缩位运算，包括缩位与（&）、缩位或（|）、缩位与非（~&）、缩位或非（~|）、缩位异或（^）和缩位同或（~^ 或 ^~）共六种运算符。

缩位运算规则与位操作类似，不同的是，位操作是对两个操作数的对应位进行操作，而缩位运算是对单个操作数上的所有位进行运算，返回结果为一位。

缩位运算的具体过程为：首先将操作数的第一位和第二位进行运算，然后再将结果和第三位进行运算，依次类推直至最后一位。例如：

```
wire [3:0] D;
wire y1,y2;
assign y1 = &D;          // 缩位与，实现 y1=D[3]&D[2]&D[1]&D[0]
assign y2 = ~|D;         // 缩位或非，实现 y2=~(D[3]|D[2]|D[1]|D[0])
```

应用缩位运算很容易实现奇偶校验。例如：

```
input [7:0] din;
output even_parity,odd_parity;
assign even_parity = ^din;       // 偶校验
assign odd_parity = ~(^din);     // 奇校验
```

或者实现全 0 或全 1 检测，例如：

```
input [7:0] din;
output all_zeros,all_ones;
assign all_zeros = ~|din;        // all_zeros 为真时，din 为全 0
assign all_ones = &din;          // all_ones 为真时，din 为全 1
```

2.4.9　拼接操作符

拼接操作符（Concatenation Operators）用于将两个或以上的操作数连接起来，形成一个新的操作数。

拼接操作的语法格式为：

　　　　　　{ 操作数 1[msb:lsb]**，操作数** 2[msb:lsb],…**，操作数** n[msb:lsb] **}**

其中 [msb:lsb] 表示操作数的拼接位，默认为 1 位。例如，将 4 选一数据选择器的四路输入数据 D_0、D_1、D_2 和 D_3 通过操作符

```
{D0,D1,D2,D3}
```

拼接为一个整体，其作用与定义

```
wire [0:3] D;
```

等效。

　　合理应用拼接操作能够简化逻辑描述。例如，用拼接操作符实现逻辑移位：

```
input dir,dil;                    // 右移数据输入，左移数据输入
reg [0:15] q;                     // 定义 16 位寄存器
q[0:15] <= {dir,q[0:14]};         // 16 位逻辑右移
q[0:15] <= {q[1:15],dil};         // 16 位逻辑左移
```

　　需要多次复制同一个操作数时，拼接操作的语法格式为

　　　　　　{ 常数 { 操作数 }}

其中复制的次数由常数指定。例如，{4{2'b01}} 和 8'b01010101 等价，而 {16{1'b0}} 与 16'b0000_0000_0000_0000 等价。

　　需要说明的是，使用拼接操作符时，每个操作数都必须有明确的位数。

2.5　模块功能的描述方法

　　Verilog HDL 中的模块表示电路实体，既可以应用行为描述方法描述模块的逻辑功能，也可以应用数据流描述方法描述模块的逻辑关系，还可以应用结构描述方法描述模块内部器件之间的连接关系。

　　用数据流描述和行为描述方法描述可综合（是指综合工具能将 HDL 代码转换成标准的门级结构网表）电路，通常称为 RTL（Register Transfer Level，寄存器传输级）描述，而描述模块内部器件之间的连接关系通常称为结构化描述。

2.5.1　行为描述

　　行为描述（Behavioral Modeling）以过程语句为基本单位，在过程体内部应用高级语言和操作符描述模块的行为特性，不考虑具体的实现方法。

　　过程语句有 initial 语句和 always 语句两种形式。模块可以用一个或多个过程语句描述其行为特性，但过程语句不能嵌套使用。

1. initial 语句

　　initial 过程语句称为初始化语句，无触发条件，从 0 时刻开始只执行一次。initial 语句用在测试平台文件中，用于对变量进行初始化或者产生特定的信号波形。

　　initial 语句的语法格式为：

```
initial
  begin
    块内变量说明；
    [ 时序控制 1] 语句 1;
    ……
    [ 时序控制 n] 语句 n;
  end
```

例如，单次脉冲可以用下代码产生：

```
initial
  begin
    clk = 0 ;
    #10 clk = 1;
    #20 clk = 0;
  end
```

当模块中存在两个以上的 initial 语句时，则同时从 0 时刻开始执行。

2. always 语句

always 过程语句是反复执行，其语法格式为：

```
always @（事件列表）
  begin [: 语句块名 ]
    块内变量说明；
    [ 时序控制 1] 语句 1;
    ……
    [ 时序控制 n] 语句 n;
  end
```

其中事件列表示启动 always 过程语句执行的条件，分为电平敏感事件和边沿触发事件两种类型。

always 语句有两种过程状态：执行状态和等待状态。当有事件发生时，always 语句立即进入执行状态；执行完毕后自动返回，进入等待状态。过程语句有多个事件时，需要使用关键词 "or" 将事件结合起来，表示至少有一个事件发生时，即进入执行状态。

电平敏感事件是指当线网 / 变量的电平发生变化时进入执行状态，其语法格式为：

@（电平敏感量 1 or … or 电平敏感量 n）语句块；

例如：

```
always @（D0 or D1 or D2 or D3 or A）
  begin
    ……
  end
```

表示只要 4 路数据 D_0、D_1、D_2 和 D_3 或者两位地址 $A[1]$ 和 $A[0]$ 中任何一个发生变化时，

begin……end 中的语句就会被执行。

在 Verilog—2001 标准中，事件列表中的关键词"or"可以用","代替，即使用语句"always @（D0,D1,D2,D3, A）"描述和使用语句"always @（D0 or D1 or D2 or D3 or A）"描述等效。由于语句"always @（D0,D1,D2,D3, A）"的形式更为简洁，因此推荐使用 Verilog—2001 标准的电平敏感量描述方法。

需要注意的是，用 always 语句描述组合逻辑电路时，赋值表达式中所有参与赋值的线网都必须在"电平敏感量"列表中列出。这是因为：敏感量列表中未列出线网的变化不会立即引起所赋值变量发生变化，而必须保持到敏感量列表中有线网发生变化时才能对变量进行赋值，所以综合工具会自动为未列出的线网生成锁存器，把未列入电平敏感量列表中的线网保存起来，直到敏感量列表中有线网变化时再对变量进行赋值，因而会综合出时序电路。

另外，在 Verilog—2001 标准中，还提供了"always @（*）"和"always @*"两种隐式敏感量列表方式，表示将过程语句中所有参与赋值的线网 / 变量都添加到敏感量列表中。例如，对于 4 选一数据选择器的描述，使用"always @（*）"或者"always @*"和使用"always @（D0,D1,D2,D3, A）"等效。但是，这种隐式敏感量列表方式在工程中应避免使用，因为将敏感量显式地列表出来，有利于增强代码的可阅读性，使过程语句的功能更为清晰。

边沿触发事件是指线网 / 变量发生边沿跳变时执行语句块，分为上升沿触发和下降沿触发两种，分别用关键词 posedge（positive edge 的缩写）和 negedge（negative edge 的缩写）表示。

边沿触发事件的语法格式为：

@（**边沿触发事件** 1 or … or **边沿触发事件** n）语句块；

【例 2-1】D 触发器的描述。

```
module d_ff(clk,d,q);
  input clk,d;
  output reg q;
  always @( posedge clk ) // 上升沿锁存数据
    q <= d;
endmodule
```

【例 2-2】4 位二进制计数器的描述。

```
module cnt4b(clk,q);
  parameter Nbits = 4;
  input clk;
  output reg [Nbits-1:0] q;
  always @( negedge clk ) // 下降沿计数
    q <= q + 1'b1;
endmodule
```

修改例 2-2 中参数 Nbits 的数值，可以实现任意 n 位二进制计数器。

always 过程语句也可以没有触发条件，表示永远反复执行，用来产生周期性的波形，但不可综合，只能用于测试平台文件中。

【例 2-3】 过程语句应用示例。

```
module clk_gen(clk1,clk2);
  output clk1,clk2;
  reg clk1,clk2;
  initial                      // 定义初值
    begin
      clk1 = 0;
      clk2 = 0;
    end
  always                       / 产生周期性波形
    #50 clk1 = ~clk1;
  always
    #100 clk2 = ~clk2;
endmodule
```

需要强调的是：在 always 语句的事件列表中，电平敏感事件和边沿触发事件不能混合使用。一旦事件列表中含有由 posedge 或者 negedge 引导的边沿触发事件，则不能再出现电平敏感事件，即以下描述形式是错误的：

```
always @( posedge clk or rst_n)
```

而应该描述成

```
always @( posedge clk or negedge rst_n)
  if (!rst_n)
    ...
  else
    ...
```

3. 语句块定义

语句块（block）是将两条或者两条以上的语句组合在一起，使其在形式上如同一条语句，其作用与 C 语言中的大括号"{ }"相同。语句块有顺序语句块和并行语句块两种类型。

顺序语句块（sequential block）由关键词 begin 和 end 定义，按语句的书写顺序执行块中的语句，即前一条语句执行完后才能执行后一条语句。若使用延迟，则每条语句的延迟时间均相对于上一条语句的执行时刻而言。

顺序语句块定义的语法格式为：

```
begin [: 块名 ]
    语句 1;
    ...
    语句 n;
end
```

其中块名可以省略。例如：

```
reg a,b,c,d;
initial begin
  a = 1'b0;                      // 仿真时刻 0 时执行
  #5  b = 1'b1;                  // 仿真时刻 5 时执行
  #10 c = 1'b0;                  // 仿真时刻 15(=10+5)时执行
  #15 d = 1'b1;                  // 仿真时刻 30(=15+10+5)时执行
  end
```

并行语句块（parallel block）由关键词 fork 和 join 定义，块中的所有语句从块被调用的时刻同时开始执行。若使用延迟，则每条语句的延迟时间均相对于块调用的开始时刻而言，与语句的具体书写顺序无关。

并行语句块定义的语法格式为：

fork [: 块名]
　　语句 1;
　　...
　　语句 *n*;
join

其中块名可以省略。例如：

```
reg a,b,c,d;
initial fork
  a = 1'b0;                      // 仿真时刻 0 时执行
  #5  b = 1'b1;                  // 仿真时刻 5 时执行
  #10 c = 1'b0;                  // 仿真时刻 10 时执行
  #15 d = 1'b1;                  // 仿真时刻 15 时执行
  join
```

4. 延时控制

延时控制用于定义从开始遇到语句到真正执行该语句时的等待时间。延时控制只用于仿真，综合时所有的延时控制将被忽略。

延时控制有常规延时和内嵌延时两种书写形式。应用常规延时的语法格式为：

[# 延时量] 线网 / 变量 = 表达式；

应用内嵌延时的语法格式为：

线网 / 变量 = [# 延时量] 表达式；

例如：

```
#10 y = a & b;
```

表示延时 10 个仿真单位再将 a & b 的结果赋给 y。上述语句也可以用内嵌延时形式表示

```
y = #10 a & b;
```

在 Verilog HDL 中，延迟量的单位由预编译处理语句 "`timescale" 进行定义。例如，

在文件头中添加语句：

```
`timescale 1ns /100ps
```

表示仿真时间单位为 1 ns，仿真精度为 100 ps。根据该命令，仿真工具才认为 #10 表示延时时间为 10 ns。

5. 过程赋值语句

过程赋值语句是指在 initial/always 过程语句内部对变量进行赋值的赋值语句。

过程赋值语句的语法格式为：

＜变量＞＜赋值操作符＞＜赋值表达式＞;

其中赋值操作符分为两类："="和"<="，分别表示阻塞赋值（blocking assignment）和非阻塞赋值（non-blocking assignment）。

阻塞赋值按照语句的书写顺序进行赋值。也就是说，在前一条赋值语句执行结束之前，后一条语句被阻塞，不能执行。只有前一条赋值语句执行结束后，后一条语句才能被执行。

关于阻塞赋值的特点，可以通过用于比较两个数是否相等的 1 位数据比较器的描述进行说明。

设用 a 和 b 分别表示两个一位二进制数，用 eq 表示数据比数结果。定义当 a 和 b 相等时 $eq=1$，则 1 位数据比较器的函数表达式为

$$eq = a'b' + ab$$

用阻塞赋值语句描述 1 位数据比较器时，Verilog 代码参考如下：

```
module eq1b(a,b,eq);
  input a,b;
  output reg eq;
  reg tmp1,tmp2;
  always @(a,b)
    begin
      tmp1 = ~a & ~b;
      tmp2 = a & b;
      eq = tmp1 | tmp2;
    end
endmodule
```

对于上述代码，当敏感量列表中的 a 和 b 任何一个发生变化时，过程体中的赋值语句被启动，三条语句按顺序执行，最终输出 eq 被更新。

阻塞赋值语句的书写顺序很关键，若将上述三条语句的顺序调整为

```
eq = tmp1 | tmp2;
tmp1 = ~a & ~b;
tmp2= a & b;
```

则对 eq 进行赋值时，tmp1 和 tmp2 还没有得到正确的值，因而综合出的电路是错误的。

非阻塞赋值是指多条赋值语句同时赋值，与语句的书写顺序无关，即后面赋值语句的

执行不受前面赋值语句的影响。

非阻塞赋值提供了在语句块内实现并行操作的方法。

由于阻塞赋值与非阻塞赋值的赋值方法不同，因此综合出的电路存在差异，所以必须正确地区分和应用这两类赋值语句。

【例 2-4】阻塞赋值的应用示例。

```
module blocking(din,clk,reg1,reg2);
   input din,clk;
   output reg1,reg2;
   reg reg1,reg2;
   always @(posedge clk)
     begin
       reg1 = din;
       reg2 = reg1;
     end
endmodule
```

对于例 2-4 所示的阻塞赋值方式，当时钟脉冲 clk 上升沿到来时，首先执行赋值语句"reg1=din"，执行结束时 reg1 得到了 din 的值，然后再执行赋值语句"reg2=reg1"，执行结束时 reg2 得到 reg1 的值，所以两条语言执行结束后 reg2 和 reg1 都得到了 din 的值，因此会综合出图 2-1 所示的两位并联的 D 触发器。

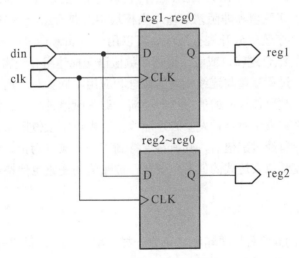

图 2-1 阻塞赋值综合结果

【例 2-5】非阻塞赋值的应用示例。

```
module non_blocking(din,clk,reg1,reg2);
   input din,clk;
   output reg1,reg2;
   reg reg1,reg2;
```

```
always @( posedge clk )
  begin
    reg1 <= din;
    reg2 <= reg1;
  end
endmodule
```

对于例 2-5 所示的非阻塞赋值方式，当时钟脉冲 clk 上升沿到来时，赋值语句"reg1<=din"和"reg2<=reg1"同时执行，reg1 在得到 din 值的同时，reg2 得到了 reg1 原来的值，因此综合出图 2-2 所示两位（串联的）移位寄存器。

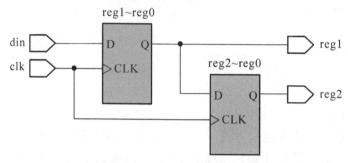

图 2-2   非阻塞赋值综合结果

一般地，用过程语句描述组合逻辑时建议使用阻塞赋值，描述时序逻辑时建议使用非阻塞赋值，这是两条著名的 Verilon HDL 设计规范。同时应该注意的是，在同一个过程语句中不能同时使用阻塞赋值和非阻塞赋值。当模块中既包含组合逻辑又包含时序逻辑时，应该将组合逻辑和时序逻辑分开进行描述。可以用一个 always 语句描述时序逻辑，用另一个 always 语句描述组合逻辑，或者改用连续赋值语句描述组合逻辑。

需要强调的是，过程赋值与连续赋值的概念和应用不同。对于连续赋值，当赋值表达式的值发生变化时，被赋值线网的值会立即更新，即其赋值过程是连续进行的。而对于过程赋值，只有当事件列表中有事件发生时才能执行过程体中赋值语句，过程体中变量的值才会被更新。这些变量经过赋值后，其值将保持到下一次赋值为止。换句话说，当过程语句未被启动时，即使赋值表达式的值发生变化，被赋值的变量也保持不变，直到事件列表中有事件发生为止。

6. 高级程序语句

Verilog HDL 中的高级程序语句和 C 语言一样，用于控制代码的流向，分为条件语句、分支语句和循环语句三种类型。

（1）条件语句。条件语句（conditional statement）使用关键词 if 和 else，根据条件表达式的真假确定执行的操作，用于对赋值过程进行控制，分为简单条件语句、分支条件语句和多重语句三种类型。

简单条件语句的语法格式为：

　　if(条件表达式) 条件表达式为真时执行的语句块；

由于简单条件语句没有定义条件表达式为假时执行的操作，隐含条件表达式为假时不执行任何操作，所以被赋值的变量应该保持不变，因而应用简单条件语句会综合出时序电路。

【例 2-6】D 锁存器的描述。

```verilog
module d_latch(clk,d,q);
  input clk,d;
  output reg q;
  always @(clk,d)
    if (clk) q <= d;
endmodule
```

例 2-6 中的模块 d_latch，在 clk 为高电平时，输出 q 跟随输入 d 变化而变化。但是，由于代码中没有定义 clk 为低电平时电路的工作情况，默认 clk 为低电平时不发生任何动作，因而 q 应该保持不变，所以会综合出 D 锁存器。

分支条件语句的语法格式为：

if（条件表达式）

　　条件表达式为真时执行的语句块；

else

　　条件表达式为假时执行的语句块；

【例 2-7】2 选一数据选择器的行为描述。

```verilog
module mux2to1 (y,D0,D1,A);
  input D0,D1,A;
  output reg y;
  always @(D0,D1,A)
    begin
      if (!A)
        y = D0;
      else
        y = D1;
    end
endmodule
```

使用分支条件语句描述组合逻辑电路时，如果语句在逻辑上是完善的，则会综合出组合电路，如例 2-7 所示。但是，如果语句在逻辑上不完善，同样会引入锁存器，从而综合出时序电路。例如，如果用下述代码描述双向口：

```verilog
module BiDir_Port(dir,a,b);
  input dir;        // 双向控制端
  inout a,b;        // 两个双向口
  reg atmp,btmp;
  assign a=atmp;
  assign b=btmp;
```

```
always @ (dir,a,b)
  begin
    if (dir)
      atmp = b;
    else
      btmp = a;
  end
endmodule
```

其中 dir 为 1 时 btmp 未被赋值，默认为保持，因此综合时会为 btmp 引入锁存器，而 dir 为 0 时 atmp 未被赋值，默认为保持，因此综合时会为 atmp 引入锁存器，所以应用上述代码会综合出时序电路。描述双向口正确的 Verilog 代码参考如下：

```
module BiDir_Port(dir,a,b);
  input dir;          // 双向控制端
  inout a,b;          // 两个双向口
  reg atmp,btmp;
  assign a=atmp;
  assign b=btmp;
  always @ (dir,a,b)
    begin
      if (dir)
        begin atmp = b; btmp = 1'bz; end
      else
        begin btmp = a; atmp = 1'bz; end
    end
endmodule
```

【例 2-8】具有异步复位功能的 4 位二进制计数器的描述。

```
module cnt4b(clk,rst_n,q);
  input clk,rst_n;
  output [3:0] q;
  reg [3:0] q;
  always @(posedge clk or negedge rst_n)
    begin
      if (!rst_n)            // 低电平有效
        q <= 4'b0000;
      else
        q <= q + 1'b1;
    end
```

```
endmodule
```

多重条件语句常用于多路选择，其语法格式为：

if（条件表达式 1）

　　条件表达式 1 为真时执行的语句块；

else if（条件表达式 2）

　　条件表达式 2 为真时执行的语句块；

……

else if（条件表达式 *n*）

　　条件表达式 *n* 为真时执行的语句块；

else

　　条件表达式 1 ~ *n* 均为假时执行的语句块；

由于多重条件语句对条件表达式的判断有先后次序，隐含有优先级的关系，先判断的条件表达式优先级高，后判断的条件表达式优先级低。因此，多重条件语句通常用于描述有优先级的逻辑电路。

【例 2-9】4 线 -2 线优先编码器的描述。

```
module prior_encoder(d,c,b,a,y);
    input d,c,b,a;
    output reg [1:0] y;

    always @ (d,c,b,a)
      begin
        if (d) y = 2'b11;
        else if (c) y = 2'b10;
            else if (b) y = 2'b01;
                else   y = 2'b00;
    end
    endmodule
```

需要注意的是，在多重条件语句中，else 总是与它前面最近的一个没有 else 的 if 配对，如例 2-9 代码中所示，使用时应特别注意以避免逻辑错误。

（2）分支语句。分支语句使用关键词 case...endcase 引导，功能相当于 C 语言中的 switch 语句，用于实现多路选择。

分支语句的语法格式为：

case（表达式）

　　列出值 1 : 语句块 1;　　　// 第 1 分支

　　列出值 2 : 语句块 2;　　　// 第 2 分支

　　……

　　列出值 *n* : 语句块 *n*;　　　// 第 *n* 分支

[default: **语句块** $n + 1$;]　　// **默认项**

　　　endcase

分支语句在执行时，先计算表达式的值，然后将表达式的值依次与各列出值进行比较，第一个与表达式的值相匹配的分支中的语句块被执行，执行完后退出 case 语句。如果表达式的值与所有列出值都不匹配，才会执行 default 对应的语句块。

【例 2-10】用分支语句描述 2 选一数据选择器。

```
module mux2to1(D0,D1,A,y);
  input D0,D1,A;
  output y;
  reg y;
  always @ (D0,D1,A)
    case (A)
      1'b0:  y = D0;
      1'b1:  y = D1;
      default: y= D0;
    endcase
endmodule
```

【例 2-11】用分支语句描述 2 线 -4 线译码器。

```
module decoder2_4(en,A,y);
  input en;
  input [1:0] A;
  output [3:0] y;
  reg [3:0] y;
  always @(en or A )
    if (en)
      case (A)
        2'b00:   y = 4'b0001;
        2'b01:   y = 4'b0010;
        2'b10:   y = 4'b0100;
        2'b11:   y = 4'b1000;
        default: y = 4'b0000;
      endcase
    else
        y = 4'b0000;
endmodule
```

应用分支语句时，需要注意以下几点：

（1）分支语句里的列出值相互有重叠时，case 语句根据表达式的值匹配到第一个列出值后，执行相应的语句块。

（2）分支语句在执行了某个分支语句块后直接退出，而不像 C 语言中的 switch 语句一样，需要加 break 语句才能退出。

（3）当分支语句里的列出值没有涵盖表达式所有可能的取值时，必须在列出值后附加 default 项，以防止意外综合出锁存器。特别在描述组合逻辑电路时，使用分支语句必须带有 default 项，这样不但使逻辑描述更加明确，并且能够增加代码的可阅读性。

（4）分支语句中的各分支是并行的，没有优先级的区别。这不像多重条件语句是按照书写的顺序依次判断的，隐含有优先级。因此，在不需要考虑优先级的电路描述中，应用分支语句描述更为清晰。

除了 case...endcase 外，还有另外两种分支语句：casez⋯endcase 和 casex⋯endcase。使用 casez/casex 和 case 语句的语法格式相同，但对表达式和列出值的处理方式有差别。

在 case 语句中，表达式和列出值中的 x 和 z 作为字符值进行比较的。也就是说，x 只和 x（或 X）匹配相等，z 只和 z（或 Z）匹配相等。

casez 语句用来处理不考虑 z 的比较过程，出现在表达式和列出值中的 z 被认为是无关位，和任意取值都匹配相等。

casex 语句用来处理不考虑 x 和 z 的比较过程，出现在表达式和列出值中的 x 和 z 都被认为是无关位，和任意取值都匹配相等。

分支语句 case、casez 和 casex 的真值表如表 2-8 所示。

表 2-8　case/casez/casex 真值表

case	0	1	x	z	case z	0	1	x	z	casex	0	1	x	z
0	1	0	0	0	0	1	0	0	1	0	1	0	1	1
1	0	1	0	0	1	0	1	0	1	1	0	1	1	1
x	0	0	1	0	x	0	0	1	1	x	1	1	1	1
z	0	0	0	1	z	1	1	1	1	z	1	1	1	1

在 Verilog HDL 中，通常用字符"？"代替字符 x 和 z，表示无关位。

【例 2-12】用分支语句描述 4 线 -2 线优先编码器。

```
module prior_encoder(d,c,b,a,y);
    input d,c,b,a;
    output [1:0] y;
    reg [1:0]y;
    always @ (d,c,b,a)
      begin
        casez({d,c,b,a})
          4'b1???: y = 2'b11;
          4'b01??: y = 2'b10;
          4'b001?: y = 2'b01;
```

```
          4'b0001: y = 2'b00;
          default: y = 2'b00;
        endcase
      end
    endmodule
```

（3）循环语句。循环语句的作用与 C 语言相同。Verilog HDL 支持 4 类循环语句：for、while、repeat 和 forever 语句，其中 for 语句、while 语句的用法与 C 语言相同。

for 语句的语法格式为：

for（循环变量 = 初值；循环变量≤终值；循环变量 = 循环变量 + 常数）语句块；

需要注意的是，Verilog 不支持 i++ 和 i-- 这种循环增量的书写方式，递加和递减只能写成 i=i+1 和 i=i-1。

【例 2-13】用移位累加方法描述乘法器。

```
module multiplier (result,op_a,op_b);
    parameter Nbits=8;              // 参数定义
    input [Nbits:1] op_a,op_b;     // 被乘数与乘数
    output [2*Nbits:1] result;     // 乘法结果
    reg [2*Nbits:1] result;
    integer i;                      // 循环变量
    always @(op_a, op_b)
        begin
          result = 0;
          for(i=1;i<=Nbits;i=i+1)
          if(op_b[i]) result = result+(op_a<<(i-1));  //移位累加
        end
    endmodule
```

for 语句适用于具有固定初值和终值条件的循环。如果只有一个循环条件，建议使用 while 语句。

while 语句的语法格式为：

while（循环条件表达式）语句块；

while 语句在循环条件表达式的值为真时，反复执行语句块，直到条件表达式的值为假为止。例如，应用 while 语句描述移位累加式乘法器：

```
parameter Nbits=8;
reg [2*Nbits:1] atmp;   // 定义内部变量
reg [Nbits:1]  btmp;
integer i;                // 定义循环变量
always @(op_a,op_b)
  begin
    result = 0;
```

```
    atmp = {(Nbits{1'b0}),op_a};    // 拼接扩展
    btmp = op_b;
    i = Nbits;
    while (i>0)
      begin
        if ( btmp[1] ) result = result + atmp;  // 累加
        i = i-1;                    // 循环次数减 1
        atmp = atmp << 1;           // 左移一位
        btmp = btmp >> 1;           // 右移一位
      end
  end
```

需要说明的是，如果 while 循环中条件表达式的值为 x 或者 z 时，循环次数为 0。

repeat 语句按照循环次数表达式指定的循环次数重复执行语句块，换句话说，循环次数在 repeat 语句执行前已经确定了。这和 C 语言的 repeat 循环语句完全不同！当循环次数表达式的值为 x 或者 z 时，repeat 语句的执行次数为 0。

repeat 语句的语法格式为：

repeat（循环次数表达式）语句块；

同样，应用 repeat 语句也可以描述移位累加式乘法器：

```
    parameter Nbits=8;
    reg [2*Nbits:1] atmp;
    reg [Nbits:1] btmp;
    always @(op_a,op_b)
      begin
        result = 0;
        atmp = op_a;
        btmp = op_b;
        repeat（Nbits）    // 循环次数由 Nbits 确定
          begin
            if ( btmp[1] ) result = result + atmp;
            atmp = atmp << 1;
            btmp = btmp >> 1;
          end
      end
```

forever 语句没有循环条件，永远反复执行语句块。forever 语句的语法格式为：

```
    forever
      begin
        ……
      end
```

forever 语句用于仿真，不可综合，只能在 initial 过程语句中使用，用于产生周期性的波形。例如：

```
initial
  begin          // 生成 3 位二进制进码
    a2=0;a1=0;a0=0;
    forever #40 a2 = ~a2;
    forever #20 a1 = ~a1;
    forever #10 a0 = ~a0;
  end
```

2.5.2 数据流描述

数据流描述（Dataflow Modeling）采用连续赋值语句，基于表达式描述线网的功能，用于组合逻辑电路的描述。

连续赋值语句的语法格式为：

assign [# 延迟量] 线网名 = 赋值表达式 ；

其中"="为连续赋值操作符，"[ ]"表示可选项。

连续赋值语句总是保持有效状态，当赋值表达式的值发生变化后，经过"# 延迟量"定义的延迟时间后立即赋给左边线网，即连续赋值过程是连续的。延迟量缺省时，默认延迟时间为 0。例如：

```
wire a,b,y;
assign y = ~(a & b);
```

需要说明的是：(1)连续赋值语句用于对线网进行赋值，不能对变量进行赋值；(2)连续赋值语句和过程赋值语句为平等关系，不能相互嵌套使用；(3)连续赋值语句和过程赋值语句之间是并行的，与语句书写的顺序无关；(4)延迟量定义只用于仿真，综合时所有的延迟量均被忽略。

【例 2-14】用数据流描述 2 选一数据选择器。

```
module mux2to1(y,D0,D1,A);
  input D0,D1,A;
  output y;
  assign y= ~A & D0 | A & D1;
endmodule
```

【例 2-15】用数据流描述全加器。

```
module full_adder(a,b,ci,sum,co);
  input a,b,ci;
  output sum,co;
  assign sum = a^b^ci;
  assign co = a&b | a&ci | b&ci;
endmodule
```

【例 2-16】用数据流描述 8 位加法器。

```
module adder_Nbits(a,b,cin,sum,cout);
    parameter Nbits = 8;
    input [Nbits-1:0] a, b;
    input cin;
    output [Nbits-1:0] sum;
    output cout;
    assign {cout,sum} = a + b + cin;
endmodule
```

修改例 2-16 中参数 Nbits 的数值可以构建任意位加法器。在层次电路设计中，可以应用 parameter 的参数传递功能，通过上层模块中的 defparam 语句修改 Nbits 的参数值实现任意位加法器。

使用 defparam 语句的语法格式为

defparam（包含层次路径）参数 1，…，（包含层次路径）参数 n；

例如，调用 adder_Nbits 模块设计 16 位加法器：

```
module adder_16bits(a,b,cin,sum,cout);
    input [15:0] a, b;
    input cin;
    output [15:0] sum;
    output cout;
    defparam U_adder_16bits.Nbits=16;
    adder_Nbits U_adder_16bits(a,b,cin,sum,cout);
endmodule
```

【例 2-17】用数据流描述 4 位乘法器。

```
module multiplier_NxNb #(parameter Nbits = 4)(a,b,result);
    input [Nbits-1:0] a, b;
    output [2*Nbits-1:0] result;
    assign result = a * b ;
endmodule
```

修改例 2-17 中参数 Nbits 的数值可以构建任意位乘法器。在层次电路设计中，可以应用 parameter 的参数传递功能，通过上层模块中的 defparam 语句修改 Nbits 的值而实现任意位乘法器。例如，调用 adder_Nbits 模块设计 8×8 位乘法器：

```
module multiplier_8x8b(a,b,result);
    input [7:0] a, b;
    output [15:0] result;
    defparam U_multiplier_8x8b.Nbits=8;
    multiplier_NxNb U_multiplier_8x8b(a,b,result);
endmodule
```

2.5.3　结构描述

结构描述（Structural Modeling）方法类似于原理图设计，只是将电路中的模块与模块、模块与基元之间的连接关系由连线转换为文字表达。

Verilog HDL 预定义了 26 个门级原语（primitives，简称基元），包括逻辑门和三态门，上拉电阻和下拉电阻，以及 MOS 开关和双向开关。

Verilog 基元分为以下六种类型：

（1）多输入门：and, nand, or, nor, xor, xnor

（2）多输出门：buf, not

（3）三态门：bufif0, bufif1, notif0, notif1

（4）上拉电阻 / 下拉电阻：pullup, pulldown

（5）MOS 开关：cmos, nmos, pmos, rcmos, rnmos, rpmos

（6）双向开关：tran, tranif0, tranif1, rtran, rtranif0, rtranif1

使用基元或者已经定义的模块创建新对象的过程称为例化（Instantiation），被创建的对象称为实例（Instance）。

调用基元创建实例的语法格式为：

基元名 [实例名]（端口 1，端口 2，…，端口 n ）；

其中基元名为 26 个基元之一，实例名是调用基元创建对象的名称（可选）。端口 1~n 表示实例模块的输入 / 输出口，不同基元的输入 / 输出口的数量和书写顺序不同。

1. 多输入门

多输入门有多个输入，但只有一个输出。Verilog HDL 定义了与（and）、与非（nand）、或（or）、或非（nor）、异或（xor）和同或（xnor）六种多输入门。

多输入门调用的语法格式：

多输入门名 [实例名]（输出，输入 1，输入 2，…，输入 n ）；

2. 多输出门

多输出门有一个或多个输出，但只有一个输入。Verilog HDL 定义的多输出门有缓冲器（buf）和反相器（not）两种类型，其共同特点是只有一个输入，但可以有多个输出。

多输出门调用的语法格式为：

多输出门名 [实例名]（输出 1，输出 2，…，输出 n，输入 ）；

3. 三态门

三态门包括三态驱动器和三态反相器两种类型，其中三态驱动器的输出与输入同相，三态反相器的输出与输入反相。Verilog HDL 定义了两种三态驱动器 bufif0/bufif1 和两种三态反相器 notif0/notif1，其中 0 表示三态控制端低电平有效，1 表示三态控制端高电平有效。

三态门有输入、输出和三态控制共三个端口。三态门调用的语法格式为：

三态门名 [实例名]（输出，输入，三态控制 ）；

【例 2-18】2 选一数据选择器的结构描述。

2 选一数据选择器的逻辑图如图 2-3 所示。

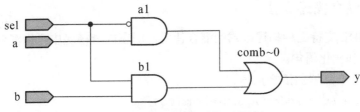

图 2-3　2 选一数据选择器逻辑图

调用 Verilog 基元进行结构描述的代码参考如下：

```verilog
module mux2to1(y,a,b,sel);
    output y;
    input a,b,sel;
    wire sel_n,a1,b1;
    not G1(sel_n,sel);
    and G2(a1,a,sel_n);
    and G3(b1,b,sel);
    or G4(y,a1,b1);
endmodule
```

【例 2-19】全加器的结构描述。

全加器的逻辑图如图 2-4 所示。

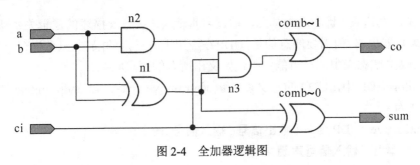

图 2-4　全加器逻辑图

调用 Verilog 基元描述全加器的代码参考如下：

```verilog
module Full_Adder(A,B,Ci,Sum,Co);
    input A,B,Ci;
    output Sum,Co;
    wire n1,n2,n3;
    xor U1 (n1,A,B);
    xor U2 (Sum,n1,Ci);
    and U3 (n2,A,B);
    and U4 (n3,n1,Ci);
```

```
    or  U5(Co,n2,n3);
endmodule
```

2.5.4 混合描述方法

Verilog HDL 支持三种描述方式的混合使用，即在同一模块中可以混合使用过程语句、连续赋值语句和例化语句。

【例 2-20】全加器的混合描述。

```
module Full_Adder(A,B,Cin,Sum,Co);
  input A,B,Cin;
  output Sum,Co;
  reg Co;
  wire Wtmp;
  xor U1(Wtmp,A,B);                // 结构描述，实现 Wtmp=A^B
  assign Sum = Wtmp ^ Cin;         // 数据流描述，实现 Sum=Wtmp^Cin
  always @ ( A or B or Cin )       // 行为描述
    Co = A & Cin + B & Cin + A & B;// 过程赋值语句
endmodule
```

2.5.5 用户自定义原语

Verilog HDL 定义的基元都具有固定的功能。为了应用方便，Verilog 还支持用户自定义原语（User-Defined Primitive，简称 UDP），即允许设计者根据需要自己规划所需要的功能电路。

UDP 是以真值表 / 状态表为基础，通过将真值表 / 状态表描述的逻辑关系映射到存储器中来实现功能电路。但需要注意的是，UDP 在应用上有一定的限制，只允许有一个输出口，而且在真值表 / 状态表中，尽可能完整地定义出所有的逻辑状态。

在 Verilog HDL 中，UDP 的定义以关键词 primitive 开始，以 endprimitive 结束。具体的语法格式为：

```
primitive <UDP 名 > ( 输出信号 , 输入信号 ,… );
    < 输出 / 输入信号声明 >
    initial < 输出信号 = 初值 >;
    table
      < 真值表 / 状态表 >;
      …
    endtable
    endprimitive
```

应用 UDP 既可以描述组合逻辑电路，也可以描述时序逻辑电路。

用 UDP 描述组合逻辑电路时，真值表必须按输入 / 输出的顺序排列。用 UDP 描述组合逻辑电路的语法格式为

<输入信号 1>…<输入信号 *n*>:<输出信号名 >

【例 2-21】用 UDP 描述 2 选一数据选择器。

设 2 选一数据选择器的两路输入数据分别用 D0 和 D1 表示，地址用 A0 表示，输出用 y 表示，则用 UDP 描述 2 选一数据选择器的参考代码如下：

```
primitive mux2to1_pr(D0,D1,A0,y);
   output y;
   input D0,D1;
   input A0;
   table
   // D1,D0,A0 : y
       ?  0   0 : 0;
       ?  1   0 : 1;
       0  ?   1 : 0;
       1  ?   1 : 1;
       ?  ?   x : x;
   endtable
endprimitive
```

用 DUP 描述时序电路时，电路的输出必须定义为 reg 类型。另外，还可以应用 initial 语句设定输出信号的起始值。

时序电路的状态表与组合电路的真值表形式不尽相同。用 DUP 描述时序电路的语法格式为

<输入信号 1>……<输入信号 *n*>:<输出信号的现态 >:<输出信号的次态 >

【例 2-22】用 UDP 定义边沿 D 触发器。

描述上升沿触发的边沿 D 触发器的 UDP 如下：

```
primitive DFF_pr(Q,D,CLK);
   output Q;
   reg Q;
   input D, CLK;
   table
     // D, CLK : Q(n) : Q(n+1)
       0 (01):   ?  :   0;    // 上升沿时
       1 (01):   ?  :   1;
       0 (0?):   0  :   0;
       1 (0?):   1  :   1;
       ? (?0):   ?  :   -;    //  下降沿时
       ? (??):   ?  :   -;    //  CLK 为电平状态时
   endtable
endprimitive
```

在例 2-22 中，代码中的"（01）"表示上升沿（从 0 跳变到 1），符号"？"表示未知状态，符号"-"表示状态不变。为了使代码通俗易懂，在 UDP 中往往采用表 2-9 所示的别名（alias）来表"（01）/（10）"、"x"和"-"这些符号信息。

表 2-9 别名与符号对照表

别名	代表符号	说　明
b	0 或 1	除 x 之外的逻辑状态
r	01	上升沿（rise）
f	10	下降沿（fall）
p	01/0x/x1/1z/z1	包含未知的上升沿触发（posedge）
n	10/1x/x0/0z/z0	包含未知的下降沿触发（negedge）
*	？？	所有状态

【例 2-23】用 UDP 描述边沿 JK 触发器。

描述复位端低电平有效、下降沿工作的边沿 JK 触发器的 UDP 如下：

```
primitive JKFF_pr(Q,J,K,CLK, RST_n);
   output Q;
   reg Q;
   input J,K, CLK, RST_n;
   table
   // J,K, CLK, RST_n : Q(n) : Q(n+1)
    ? ?   ?    0   :   ?   :    0;
    0 0   f    1   :   ?   :    -;
    0 1   f    1   :   0   :    0;
    0 1   f    1   :   1   :    0;
    1 0   f    1   :   0   :    1;
    1 0   f    1   :   1   :    1;
    1 1   f    1   :   0   :    1;
    1 1   f    1   :   1   :    0;
    ? ?   r    1   :   ?   :    -;
    * *   ?    1   :   ?   :    -;
   endtable
endprimitive
```

2.6　层次化设计方法

设计复杂数字系统时，通常采用自顶向下的设计方法，先把系统分解成若干个相互独立的功能模块，再把每个功能模块分解为下一层的子模块，依次类推，直到容易实现的底层模块为止。每个模块对应一个 module，保存在 Verilog HDL 代码文件中。然后用底层模块构建大的功能模块，再用大的功能模块用来构建更大的功能模块，依次类推，直到实现整个系统。

对于系统的顶层设计模块，通常采用结构化描述方式，即在顶层电路分别例化各功能模块，描述模块之间的连接关系。而对于低层模块，可以采用数据流描述或者行为描述方式，有利于定义和重构模块的功能。

自顶向下是典型的层次化设计方法。已经设计好的模块是现成的资源，模块例化是实现层次化设计的基本方法。

在层次电路设计中，被例化的模块习惯上称为子模块。子模块例化的语法格式为：

子模块名　实例名（端口关联列表）；

其中端口关联列表用于说明子模块的端口与实例模块端口的连接关系，有"名称关联方式"和"位置关联方式"两种方式。

名称关联（by-name）方式直接指出子模块的端口与实例模块端口之间的连接关系，与模块端口排列顺序无关。

名称关联方式的语法格式为：

.子模块端口 1（实例端口名），…，.子模块端口 n（实例端口名）；

例化子模块时，实例模块端口名为空时表示子模块相应的端口悬空。例如：

DFF dff1（.Q（Q），.Qbar（　），.Din（D），.Preset（　），.Clock（CLK））；

其中子模块的端口 Qbar 和 Preset 的括号里是空的，表示这两个端口悬空未连接。

位置关联（in-order）方式不需要写出子模块定义时的端口名称，只需要把实例模块的端口名按子模块定义时的端口顺序排放就能自动映射到子模块的对应端口。

位置关联方式的语法格式如下：

（实例端口 1, 实例端口 2,…, 实例端口 n）；

例如：

DFF dff2（Q, ,D, , CLK）；

表示例化 DFF 时，模块 DFF 的第二个端口和第四个端口未连接。

在工程应用中，模块的端口关联列表建议采用名称关联方式，以增加代码的可读性。

【例 2-24】4 位串行加法器的描述。

多位加法器可以由多个全加器按串行进位方式连接构成。4 位串行加法器的设计方案如图 2-5 所示。

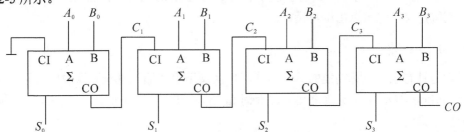

图 2-5　四位串行进位加法器

采用层次化设计方法时，通过例 2-19 中的全加器模块实现四位加法器的 Verilog 代码参考如下：

```
`include "Full_Adder.v"
```

```
module adder4bits (A,B,S,CO);
  input [3:0] A,B;
  output [3:0] S;
  output CO;
  wire C1,C2,C3;
  Full_Adder FA1( .A(A[0]),.B(B[0]),.Ci(0), .Sum(S[0]),.Co(C1));
  Full_Adder FA2( .A(A[1]),.B(B[1]),.Ci(C1),.Sum(S[1]),.Co(C2));
  Full_Adder FA3( .A(A[2]),.B(B[2]),.Ci(C2),.Sum(S[2]),.Co(C3));
  Full_Adder FA4( .A(A[3]),.B(B[3]),.Ci(C3),.Sum(S[3]),.Co(CO));
endmodule
```

其中 "`include" 为文件包含语句，表示将模块 Full_Adder.v 的全部代码包含到模块 adder4bits 中。文件包含语句的语法格式为

　　`include "< 被包含的模块文件名 >"

　　使用文件包含语句应注意以下三点：（1）一条 "`include" 语句只能包含一个文件。有多个文件包含时，需要用多条 "`include" 语句描述；（2）被包含模块需要写出完整的文件名信息，包括文件类型名；（3）如果被包含的文件不在当前工程目录中时，需要指明文件的完整路径，如 "c:/altera/13.0sp1/Full_Adder.v"。

　　需要说明的是，当被包含的文件处于当前工程目录中时，文件包含语句的描述实际上是多余的，可以删掉，因为 Quartus II 编译时会自动根据例化语句的表述，在当前工程目录中寻找被例化的模块文件。但是，在例 2-24 代码中添加文件包含语句的好处是，能够使模块之间的相关关系更为清晰。

2.7　函数与任务

　　在系统开发的过程中，通常把重复使用的代码段定义为子程序，然后在模块中调用，使描述代码有更好的可阅读性、可移植性和可维护性，既能节约开发时间，又能减小出错的概率。

　　Verilog HDL 支持两种形式的子程序：函数（functions）和任务（tasks）。函数和任务既可以由系统定义，也可以由用户设计。

2.7.1　函数

　　函数是具有独立运算功能的单元电路，每次调用根据输入重新计算输出结果。

　　在 Verilog HDL 中，函数定义以关键词 function 开始，以关键词 endfunction 结束。具体的语法格式为

　　function [位宽] 函数名；
　　　　端口声明；
　　　　语句；
　　　　语句；

```
    ...
  endfunction
```

其中"位宽"省略时，默认函数的返回值为 1 位。

在定义 Verilog 函数时，需要注意以下几点：（1）函数只能在模块内定义，但不能定义在过程体中；（2）函数没有输出端口声明，但可以有多个输入端口声明；（3）函数体内可以调用函数，但不能调用任务。

在 Verilog HDL 中，对函数的调用是通过函数名完成的。函数名在函数体中代表一个变量，函数调用的返回值是通过函数名变量传递给调用语句。函数调用的语法格式为

＜变量名＞＝＜函数名＞（函数参数，……）

【例 2-25】用 2-4 线译码器构建 3-8 线译码器。

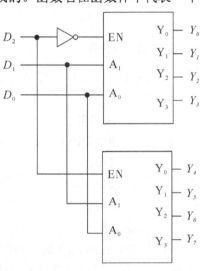

例 2-11 所示的 2-4 线译码器只能对 2 位二进制数进行译码，要对 3 位二进制数进行译码，需要用两片 2-4 线译码器进行扩展。具体的思路是：用 3 位二进数 $D_2D_1D_0$ 的最高位 D_2 控制译码器的使能端 EN，当 $D_2=0$ 时让第一片译码器工作，当 $D_2=1$ 时让第二片译码器工作。将低 2 位二进制码 D_1D_0 分别接到每一片的 A_1A_0 上，使当前工作片的具体输出由低两位 D_1D_0 确定，这样组合起来就可对 3 位二进制数进行译码。具体的扩展电路如图 2-6 所示。

图 2-6 3-8 线译码器结构图

描述 3-8 线译码器的 Verilog 代码参考如下：

```
module dec3_8(D,y);
  input [2:0] D;
  output reg [7:0] y;

  always @(D)
    begin
      y[7:4] = func_dec2_4(~D[2],{D[1],D[0]});  // 函数调用
      y[3:0] = func_dec2_4( D[2],{D[1],D[0]});  // 函数调用
    end

  function [3:0] func_dec2_4;  // 函数定义
    input en;
    input [1:0] a;
    if (en)
      case (a)
        2'b00:  func_dec2_4 = 4'b0001;
        2'b01:  func_dec2_4 = 4'b0010;
```

```
            2'b10:  func_dec2_4 = 4'b0100;
            2'b11:  func_dec2_4 = 4'b1000;
            default:  func_dec2_4 = 4'b0000;
        endcase
      else
        func_dec2_4 = 4'b0000;
   endfunction
endmodule
```

2.7.2　任务

在 Verilog HDL 中，任务定义以关键词 task 开始，以关键词 endtask 结束。具体的语法格式为

```
task 任务名;
    端口声明;
    语句;
    语句;
    ...
endtask
```

在定义 Verilog 任务时，需要注意以下几点：（1）在 task 定义语句的首行不列出端口名称；（2）任务的端口数量没有限制，也可以没有端口；（3）在 task 定义中不能包含过程语句。

在调用任务时，自变量的排列顺序必须与任务定义时参数的顺序一致。在应用上，任务还可以调用其他任务。

与函数不同，任务允许有多个输出，并且允许有延迟、时间或事件控制，因此，任务比函数应用更为广泛。

【例 2-26】用 4 位偶校验器构成 16 位偶校验器。

用 4 位偶校验器实现 16 位校验的思路是：将输入的 16 位数据分为四组，每组 4 位，用 4 位偶校验器进行校验，然后将 4 组的校验结果再进行校验，得到 16 位校验结果。

根据上述思路，用 4 位偶校验器实现 16 位偶校验的 Verilog 参考代码如下：

```
module even_parity_16b(D,EPout);
    input [15:0] D;
    output reg EPout;
    reg [3:0] EP4b;
    always @(D)
      begin
      even_parity_4b(D[15:12],EP4b[3]);
      even_parity_4b(D[11:8],EP4b[2]);
      even_parity_4b(D[7:4],EP4b[1]);
```

```
            even_parity_4b(D[3:0],EP4b[0]);
            even_parity_4b(EP4b,EPout);
        end
    task even_parity_4b;
        input [3:0] I;
        output EP4bout;
        EP4bout = ^I;
    endtask
endmodule
```

2.8　编写 testbench

如果需要对已经设计好的模块进行逻辑分析，以验证其功能的正确性，那么还需要为模块编写测试平台文件（test bench），为被测模块施加激励信号，通过仿真软件计算被测模块的输出，并传回输出结果供设计者进行分析。

测试平台文件 testbench 有两个不同于可综合模块的特点：（1）testbech 既没有输入，也没有输出，而是将被测模块的输入定义为内部寄存器变量，将被测模块的输出定义为内部线网信号；（2）testbech 用于仿真分析，不需要综合，因此可以使用 Verilog HDL 定义的所有语句来编写代码，而不像设计功能模块一样，只能应用可综合的语句进行描述。

在数字系统测试中，testbench 与被测模块分开进行设计。仿真时，testbench 调用被测模块，传递输入激励并接收输出的线网信号。

测试平台文件 testbench 的基本结构为：

```
`timescale 仿真时间单位 / 仿真精度
module module_tb( );
// testbench 没有输入输出端口
reg 变量名 1,…, 变量名 n;      // 将被测模块的输入作为变量进行定义
wire 线网名 1,…, 线网名 m;      // 将被测模块的输出作为线网进行定义
应用过程语句 initial/always 描述激励信号波形；
例化被测模块，传递输入激励并接收输出；
调用系统任务显示输出信号波形；
endmodule
```

在 testbench 中，预编译处理语句"`timescale"用来定义仿真的时间单位，其中仿真时间单位用于定义仿真的步长（默认的时间单位是 1ns），仿真精度用来定义仿真计算的时间精度，用数字和时间单位（fs、ps、ns、μs、ms 或 s）表示。

在"`timescale"语句中，仿真时间单位和仿真精度应满足"单位时间≥仿真精度"。如果仿真精度的取值过小，会加长仿真的执行时间。

Verilog HDL 预定义了大量的系统任务与函数，使用时可以直接进行调用。这些任务和函数均以"$"开头，如 \$display、\$time 和 \$monitor 等，以区分用户定义的任务和函数。

本节简要介绍用于仿真分析的几类系统任务和函数。

2.8.1 $display 和 $write 任务

系统任务 $display 和 $write 用于在控制台上显示字符信息，相当于 C 语言的 printf（）函数。$display 和 $write 的功能基本相同，唯一的区别在于 $display 在显示完信息后会自动换行，而 $write 不会。因此，$write 任务的功能更接近于 C 语言的 printf（）函数。

调用系统任务 $display 和 $write 的语法格式为

$display（**"格式控制字符串"**，**输出参数列表**）；

$write（**"格式控制字符串"**，**输出参数列表**）；

$display 和 $write 任务在遇到格式控制字符串中的字符"%"或者转义字符"\"时，将从后面的参数列表中取得对应位置表达式或参数的值，然后按照格式控制字符串指定的格式输出。常用的格式控制字符的含义如表 2-10 所示。

表 2-10　常用格式控制字符及含义

控制格式符	含　义
%h 或 %H	以十六进制形式输出
%d 或 %D	以十进制形式输出
%b 或 %B	以二进制形式输出
%c 或 %C	以 ASCII 字符输出
%s 或 %S	以字符串的形式输出
%t 或 %T	以当前时间格式输出
%e 或 %E	将 real 变量以指数形式输出
%f 或 %F	将 real 变量以十进制形式输出

$display 和 $write 任务中的转义字符及其含义如表 2-11 所示。

表 2-11　常用格式控制字符及含义

转义字符	含　义
\n	输出换行符
\t	输出 Tab 符
\\	输出 \
\"	输出"
\%	输出 %

2.8.2 $monitor 任务

系统任务 $monitor 用来监测和显示任何指定的线网 / 变量或者表达式的值。

调用系统任务 $monitor 的语法格式为

$monitor（**"格式控制字符串"**, **参数** 1, ···, **参数** n）；

$monitor 的参数和 $display 的参数完全相同。但是，$monitor 任务除了按照格式字符或者转义字符显示后面的参数列表中参数或表达式的值外，同时通知仿真软件对这些线网 / 变量进行持续监测。每当参数列表中的线网 / 变量或表达式的值发生变化时，整个参数列表中的量都将刷新显示。例如：

```
$monitor ("rxd=%b  txd=%b",rxd,txd);
```

需要注意的是，系统任务 $monitor 只监测本次调用时参数列表中指定的量。当再次调用 $monitor 任务时，前一次监控的对象将失效。当然，可以在仿真过程中多次调用 $monitor 任务来改变监测对象。

与系统任务 $monitor 相关的还有任务 $monitoron 和 $monitoroff，用来启动和停止已注册的监控任务。

2.8.3　$time 函数和 $timeformat 任务

系统函数 $time 用于返回当前的仿真时间。

$time 函数可以在过程赋值语句中调用，并将仿真时间值赋给左侧的 reg、integer 或 time 变量。如果被赋值的变量不是 time 类型，仿真软件将自动进行类型转换。另外，$time 函数还可以在 $display 或者 $monitor 任务中调用。例如：

```
$monitor ($time,"rxd=%b  txd=%b",rxd,txd);
```

其中 $time 用于显示当前的仿真时间。

系统任务 $timeformat 用于指定当前格式字符串中出现 %t 时，将以哪种形式显示当前仿真时间。

$timeformat 任务调用的语法格式如下：

$timeformat（**时间单位数**, **时间精度**, **后缀**, **最小宽度**）；

其中时间单位数是 –15~0 的整数，用来表示显示时间数字的单位，其含义如表 2-12 所示。

表 2-12　$timeformat 时间单位数

时间单位数	表示的时间单位	时间单位数	表示的时间单位
0	1s	–8	10 ns
–1	100 ms	–9	1 ns
–2	10 ms	–10	100 ps
–3	1 ms	–11	10 ps
–4	100 μs	–12	1 ps
–5	10 μs	–13	100 fs
–6	1 μs	–14	10 fs
–7	100 ns	–15	1f s

2.8.4 $finish 和 $stop 任务

系统任务 $finish 用于结束当前仿真。执行 $finish 任务时，结束当前仿真并退出。

$finish 任务可以带一个参数，含义如表 2-13 所示，以控制调用 $finish 任务时，在控制台上显示的诊断信息。调用 $finish 任务时如果不带参数，则默认按 1 进行处理。

表 2-13 $finish 任务参数说明

参数值	显示的诊断信息
0	不显示任务信息
1	显示仿真结束时间，以及调用 $finish 任务的位置
2	显示仿真结束时间，调用 $finish 任务的位置、仿真对内存的使用情况和 CPU 时间

系统任务 $stop 用于暂停当前仿真。执行 $stop 任务时，当前仿真暂停。可以输入 run 命令使仿真继续进行。

2.8.5 testbench 应用示例

应用 testbench 进行仿真分析时，首先需要描述被测模块，然后再编写 testbench。

编写 testbench 时，需要为待测模块提供输入激励信号，返回待测模块的输出量，以供设计者进行逻辑分析。

下面分别举例说明组合电路和时序电路 testbench 的编写方法。

【例 2-27】4 选一数据选择器的 testbench 仿真。

（1）描述被测模块 MUX4to1.v

```verilog
module MUX4to1(D0,D1,D2,D3,A1,A0,y);
  input D0,D1,D2,D3;
  input A1,A0;
  output y;
  reg y;
  always @(D0,D1,D2,D3,A1,A0)
    begin
      case ({A1,A0})
        2'b00: y = D0;
        2'b01: y = D1;
        2'b10: y = D2;
        2'b11: y = D3;
        default: y = D0;
      endcase
    end
endmodule
```

（2）编写测试平台文件 MUX4to1.vt

```
`timescale 10ns/1ns
`include "MUX4to1.v"
module MUX4to1_tb( );
// 被测模块的输入定义为寄存器变量
reg D0,D1,D2,D3;
reg A1,A0;
// 被测模块的输出定义为线网信号
wire y;
// 例化被测模块，传递输入激励并接收输出
MUX41a u1 (.D0(D0),.D1(D1),.D2(D2),.D3(D3),.A1(A1),.A0(A0),.y(y));
// 设置输入激励初始值
initial
  begin
    D0 = 1'b0; D1 = 1'b0; D2 = 1'b0; D3 = 1'b0;A1 = 1'b0; A0 = 1'b0;
  end
// 设置 4 路输入信号波形
always #10  D0 = ~D0;
always #20  D1 = ~D1;
always #30  D2 = ~D2;
always #40  D3 = ~D3;
// 设置两位地址波形
always #500  A1 = ~A1;
always #250   A0 = ~A0;
// 调用系统任务显示输出波形
initial
$monitor($time,,"D0=%b  D1=%b  D2=%b  D3=%b  A1=%b  A0=%b  y=%b",
        D0,D1,D2,D3,A1,A0,y);
endmodule
```

【例 2-28】4 位计数器的 testbench 仿真。

（1）描述被测模块 cnt4b.v

```
module cnt4b(clk,rst_n,q);
  input clk,rst_n;    // 被测模块的输入定义为寄存器变量
  output[3:0]q;        // 被测模块的输出定义为线网信号
  reg [3:0] q;
  always @(posedge clk or negedge rst_n)
    begin
      if (!rst_n)
        q <= 4'b0000;
```

```
        else
            q <= q + 1'b1;
        end
    endmodule
```

（2）编写测试平台文件 cnt4b.vt

```verilog
`timescale 10ns/1ns
`include "cnt4b.v"
 module cnt4_tb( );
 reg clk,rst_n;
 wire [3:0] q;
 parameter DELAY=100;
 cnt4b U_cnt4b (clk,rst_n,q);        // 例化被测模块
 // 定义输入激励
 initial
   begin
     clk=0;
     rst_n=0;
     #DELAY  rst_n=1;
     #DELAY  rst_n=0;
     #(DELAY*20) $finish;
   end
 // 产生时钟波形
 always #(DELAY/2) clk=~clk;
 // 定义输出及显示格式
 initial
   $monitor($time,"clk=%b rst=%b q=%d",clk,rst_n,q);
endmodule
```

思考与练习

2.1　Verilog HDL为线网/变量定义了哪些基本取值？4位变量共有多少种取值组合？

2.2　Verilog HDL定义了哪些数据类型？在连续赋值语句中，被赋值的对象应该定义为什么数据类型？在过程赋值语句中，被赋值的对象必须定义为什么数据类型？

2.3　Verilog HDL模块的功能有哪几种描述方式？

2.4　数据流描述方式应用什么语句描述模块的逻辑功能？试用数据流方式描述2选一数据选择器。

2.5　行为描述应用什么语句描述模块的逻辑功能？试用行为描述方式描述 2 选一数据选择器。

2.6 结构描述方式主要应用什么语句描述模块的结构？试用结构描述方式描述 2 选一数据选择器。

2.7 在例化语句中，端口关联描述 ".CLK（CLK）" 中的两个 CLK 哪个是被例化模块的端口名？哪个是实例模块的端口名？

2.8 用 Verilog HDL 语句定义以下线网、变量或常数：

　　（1）8 位寄存器变量 Qtmp，并赋初值为 −2 ；

　　（2）16 位整数变量 Xbits ；

　　（3）参数 S1、S2、S3 和 S4，取值分别为 4'b0001、4'b0010、4'b0100 和 4'b1000 ；

　　（4）容量为 1024×10 位的存储器 sindat_mem ；

　　（5）16 位数据总线 DataBus。

2.9 结合表 2-5，说明哪些操作符的结果是 1 位的。

2.10 比较逻辑运算符与位操作符，说明其应用差异。

2.11 阅读下述代码，分析运算结果并将答案填入相应的括号中。

```
reg [3:0] a;
reg [5:0] b;
assign a=4'b1101;
assign b=6'b110100;
a & b=(        );
a && b=(        );
~a=(        );
&b=(        );
{a,b}=(        );
a >> 1=(        );
b << 1=(        );
```

2.12 解释阻塞赋值和非阻塞赋值的含义，并举例说明其应用差异。

2.13 阅读下述两组 Verilog 代码：

第一组	第二组
```\nintitial\n begin\n a = 1'b0;\n b = 1'b0;\n c = 1'b1;\n #10 b = 1'b1;\n #5 c = 1'b0;\n #15 d = {a, b, c}\n end\n```	```\nintitial\n begin\n a = 1'b0;\n b = 1'b0;\n c = 1'b1;\n b <= #10 1'b1;\n c <= #5 1'b0;\n d <= #15 {a, b, c}\n end\n```

　　请问执行每条语句的仿真时刻为多少？仿真结束后，各变量的值为多少？

2.14 设 en 的位宽为 1 位，y 和 d 的位宽均为 8 位，分析代码 "assign y=（en）? d:8'bz" 描

述的是什么功能电路？

2.15 在时序电路中，异步复位和同步复位的动作特点有何不同？如何用 Verilog HDL 如何描述异步复位和同步复位？分别以描述具有异步复位功能和同步复位功能的 D 触发器为例进行说明。

2.16 参考例 2-8 代码，设计具有同步复位功能的 4 位二进制计数器。

2.17 参考例 2-9 代码，用条件语句描述 8 线 -3 线优先编码器。

2.18 参考例 2-11 代码，用分支语句描述 3 线 -8 线译码器。

2.19 参考例 2-12 代码，用分支语句描述 8 线 -3 线优先编码器。

2.20 分别用行为描述、数据流描述和结构描述方法描述与、或、非、与非、或非、异或和同或七种门电路。

2.21 已知半加器的真值表、逻辑函数表达式和逻辑图分别如图题 2.21（a）、2.21（b）和 2.21（c）所示，分别用行为描述、数据流描述和结构描述方法描述半加器。

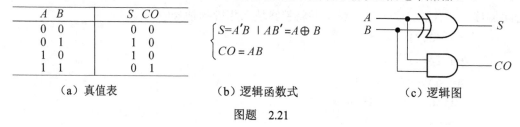

A	B		S	CO
0	0		0	0
0	1		1	0
1	0		1	0
1	1		0	1

$$\begin{cases} S = A'B \mid AB' = A \oplus B \\ CO = AB \end{cases}$$

（a）真值表　　　　（b）逻辑函数式　　　　（c）逻辑图

图题　2.21

2.22 用 Verilog HDL 描述图题 2.22 所示的总线收发器。写出完整的模块代码。

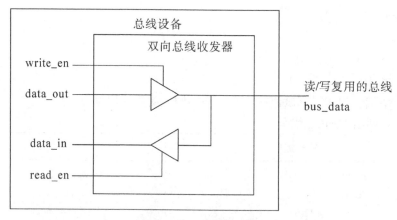

图题　2.22　总线收发器

2.23 过程语句 initial 和 always 的区别是什么？试用过程语句：

（1）产生初始值为高电平，周期为 20 ns 的方波；

（2）产生复位信号 rst，在 0 ~ 40 ns 为高电平，之后一直保持为低电平。

2.24 描述一个时钟信号，周期为 20 个时间单位，占空比为 30%。

2.25 用 Verilg HDL 描述五人表决电路，约定多数人同意则事件通过，否则事件被否决。

2.26 用 Verilg HDL 描述七人表决电路，约定多数人同意则事件通过，否则事件被否决。

Quartus II 的应用

3

Quartus II 是 Intel 公司 EDA 综合开发环境，能够完成从设计输入、编译、综合与适配、仿真，以及编程与配置的全部设计流程。

Quartus II 支持硬件描述语言、原理图和状态机等多种设计输入方式，并且能够生成和识别 EDIF 网表文件和 HDL 网表文件，同时支持第三方工具软件，使得设计者可以在设计流程的各个阶段能够根据需要选用专业的工具软件。

Quartus II 支持 Intel 公司的可编程逻辑器件，不同版本支持的器件种类和范围有所不同。新版软件在增加对新器件支持的同时，也逐步放弃了对旧器件的支持。例如，Quartus II 13.0 版支持 MAX II/V 系列 CPLD 和 Cyclone I~V 系列 FPGA，而 13.1 版放弃了对 MAX II/V 系列 CPLD 和 Cyclone I/II 系列 FPGA 的支持。因此，设计者需要根据自己所使用可编程逻辑器件的类型和型号选用合适的 Quartus II 版本。例如，使用基于 Cyclone II 系列 FPGA 设计的 DE1 或 DE2 开发板时，最高只能使用 Quartus 13.0 版本，使用基于 Cyclone III FPGA 设计的 DE0 开发板时，可以使用 Quartus 13.1 版，而使用基于 Cyclone IV E FPGA 设计 DE2-115 开发板时，还可以使用到 Quartus II 17.1 版。

另外，不同版本的 Quartus II 在功能上也有所差异。例如，从 10.0 版开始，Quartus II 放弃了 9.1 版（及以前）自带的波形仿真组件，调用功能更强大的专业软件 Modelsim 进行仿真。从 11.0 版本开始，Quartus II 推出了片上系统设计组件 SOPC Builder 的升级版 Qsys，以加快在 FPGA 内嵌入式系统的设计，而从 13.0 版开始，则完全淘汰了 SOPC Builder，只保留了 Qsys，同时又恢复了 10.0 版以前直观易用的波形仿真接口，并更名为 University Program VWF，以方便高校 EDA 课程教学使用。

还需要注意的是，Quartus II 13.1 以上的版本只支持 Windows 64 位操作系统，因此，如果需要在 Windows 32 位操作系统下使用 Quartus II 软件，那么最高只能安装 Quartus II 13.0/13.1。关于 Quartus II 各版本特性的详细信息，可以访问 Intel 公司的官方网站查阅 Quartus II 软件的 Release 获取相关信息。

实践出真知。本章以 Quartus II 13.0 版为基础，以 DE2-115 开发板为实现载体，讲述 Intel 公司 EDA 集成开发环境 Quartus II 的应用，包括 EDA 设计的基本流程、原理图输入方法、仿真方法和嵌入式逻辑分析仪的应用。

3.1 基本设计流程

在 Quartus II 集成开发环境下，进行 EDA 设计的基本流程如图 3-1 所示，包括建立工程，设计输入，编译、综合与适配，引脚锁定以及编程与配置等主要步骤，同时还可以根据需要进行仿真分析和时序分析。

本节以 4 选一数据选择器设计为例，详细说明在 Quartus II 集成开发环境下进行 EDA 设计的基本流程。

3.1.1 建立工程

Quartus II 以工程（Project）的方式对设计项目进行管理，将所有信息存储在当前工程目录中，包括设计文件、波形文件、SignalTap II 文件、存储器初始化文件和构成工程的编译器、仿真器和相关软件设置，以及编译、综合和适配过程中产生的相关文件和报告信息。因此，在 Quartus II 集成开发环境下进行 EDA 设计，首先需要建立工程。

Quartus II 提供了新建工程向导（New Project Wizard），通过工程向导来引导设计者快速完成新工程的建立，包括指定工程目录，设置工程名和顶层文件名，添加或者删除工程文件，指定目标器件类型和型号以及设置 EDA 工具等工作。

建立工程的具体步骤如下：

（1）启动 Quartus II。Quartus II 13.0 版启动后的主界面如图 3-2 所示，由项目管理器（Project Navigator）、任务指示（Tasks）、信息框（Messages）以及右侧的设计窗口四部分组成。

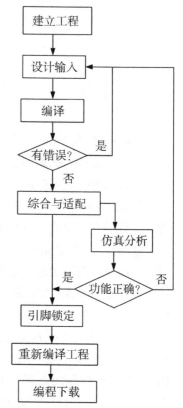

图 3-1 基本设计流程

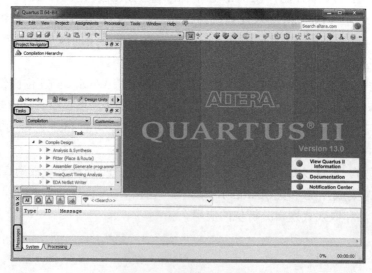

图 3-2 Quartus II 主界面

（2）在 Quartus II 主界面中，选择 File 菜单栏下的 New Project Wizard... 命令，将弹出图 3-3 所示的新建工程向导提示页，提示设计者建立新工程需要完成以下五项任务：①指定工程名和工程目录；②指定顶层设计文件名；③添加或者删除工程文件和库；④指定目标器件类型和型号；⑤设置 EDA 工具。

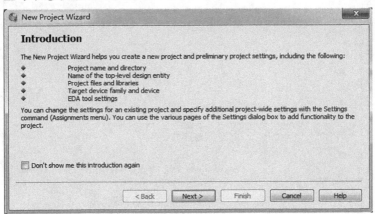

图 3-3　新建工程提示框

点击工程向导提示页下方的 Next 按钮进入设置工程信息对话框，如图 3-4 所示，其中第一栏用于指定存放工程文件的工作目录，第二栏用于指定工程名，第三栏用于指定顶层设计文件名。Quartus II 要求顶层设计文件名与工程同名，所以在输入工程名时，顶层设计文件名也随之自动输入。

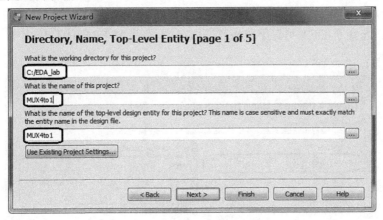

图 3-4　设置工程信息对话框

需要注意的是：①指定的工程目录路径中不能含中文、空格和特殊字符！②当工程项目中含有低层项目时，工程项目文件和所有低层项目文件必须保存在同一目录中。这就像我们做某一件事的时候，应该把所需要资料、元器件、工具和仪器设备全部放在同一个桌面上，既不能放在另一个桌子（相当于另一个文件目录），也不能放到桌子的抽屉里（相当于工程目录下的子目录）。

（3）点击图 3-4 中的 Next 按钮进入添加 / 删除文件对话框，如图 3-5 所示，既可以用来添加工程所需要的文件，也可以用来删除多余的文件。当新建的工程不包含任何设计文件时，可以跳过这一步。

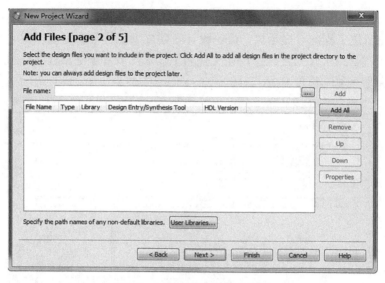

图 3-5　添加 / 删除文件对话框

　　另外，工程建立完成之后，还可以通过点击 Project 菜单栏下的 Add/Remove Files in Project 命令再次进入添加 / 删除文件对话页，向工程中添加新文件或者删除多余文件。

　　（4）点击图 3-5 中的 Next 按钮进入指定目标器件对话框，如图 3-6 所示。首先在 Family 下拉菜单中选择目标器件的类型，然后在 Available Devices 列表栏中选择具体的器件型号。在选择目标器件类型和型号之前，还可以通过指定器件的封装（Package）、管脚数（Pin count）和速度等级（Speed grade）信息来缩小选择范围。

　　图 3-6 中选择了 DE2-115 开发板的 FPGA 器件型号 EP4CE115F29C7，器件类型为 Cyclone IV E。

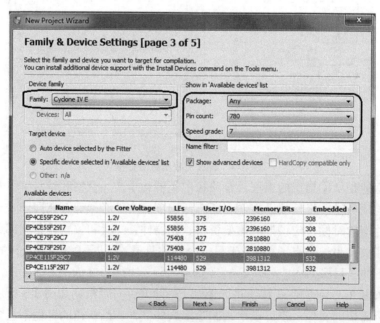

图 3-6　指定目标器件对话框

（5）点击图 3-6 中的 Next 按钮进入 EDA 工具设置对话框，如图 3-7 所示，选择工程的综合工具、仿真工具和时序分析工具，不选时（None）则应用 Quartus II 默认的 EDA 工具。

对于复杂的数字系统设计，建议选用专业的综合和时序分析工具，如 Synplify pro 和 Prime time 等。对于一般的设计项目，Quartus II 默认的综合和时序分析工具完全能够满足设计要求。

Quartus II 13.0 应用 Mentor 公司的 Modelsim 进行仿真。Intel 公司 OEM 版的 Modelsim 名为 Modelsim-altera，仿真语言根据硬件描述语言的类型选定（图中已选择为 Verilog HDL）。

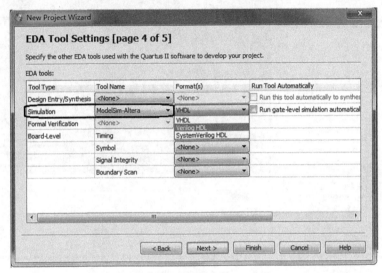

图 3-7　EDA 工具设置对话框

（6）点击图 3-7 中的 Next 按钮进入工程信息汇总对话框，如图 3-8 所示，列出了新建工程的所有信息。

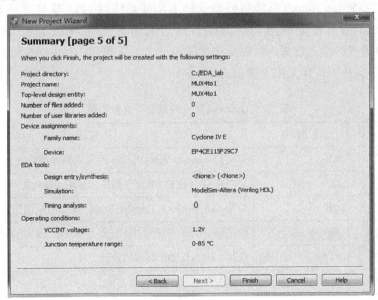

图 3-8　工程信息汇总对话框

　　若建立工程过程中输入的信息有误，还可以通过点击图 3-8 中的 Back 按钮返回相关页面进行修改，无误则点击 Finish 按钮完成新建工程向导过程，回到 Quartus II 主界面。这时 Quartus II 主界面的标题栏已经包含了工程目录和工程名两项信息，如图 3-9 所示，同时项目管理器中包含了目标器件和顶层模块名两项信息。

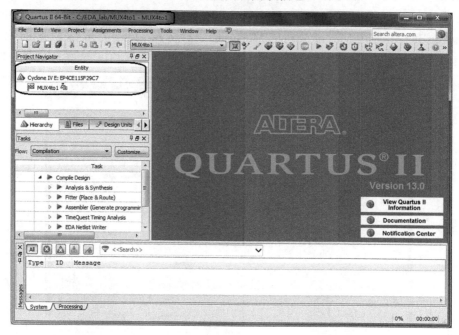

图 3-9　包含工程信息的主界面

3.1.2　设计输入

　　设计输入（Design Entry）是将需要设计的电路或系统以 EDA 软件支持的某种形式表达出来。Quartus II 支持硬件描述语言（HDL）、原理图（Schematic File）和状态机（State Machine File）等多种输入方式，同时又提供了第三方输入接口，如 EDIF 网表文件等。

　　Quartus II 支持的设计文件类型如表 3-1 所示。

表 3-1　Quartus II 支持的设计文件类型

类型	扩展名	描述
原理图设计文件	.bdf	应用 Quartus II Block Editor 建立的原理图设计文件
EDIF 输入文件	.edf，.edif	应用任何标准 EDIF 编写程序生成的 EDIF 文件
图形设计文件	.gdf	应用 MAX+plus II Graphic Editor 建立的原理图设计文件
文本设计文件	.tdf	应用原 Altera 公司硬件描述语言 AHDL 编写的设计文件
Verilog 设计文件	.v，.vlg，.verilog	应用 Verilog HDL 编写的设计文件
VHDL 设计文件	.vhd，.vh，.vhdl	应用 VHDL 编写的设计文件
VQM 文件	.vqm	通过 Synplify 或 Quartus II 生成的 Verilog 网表文件

　　硬件描述语言是 EDA 设计中最主要的输入方式。与传统的原理图方法相比，应用 HDL 有利于应用自顶向下的设计方式，有利于模块的分解与复用，并且 HDL 描述具有与实现工艺无关的特点。因此，基于可移植性和通用性方面的考虑，EDA 底层设计大多应用 HDL 进行描述，以方便模块功能的重构与复用。

　　应用硬件描述语言输入方式的基本步骤是：

　　(1)在 Quartus II 主界面下，选择 File 菜单栏下的 New 命令，将弹出图 3-10 所示新建文件对话框。

　　Quatus II 支持四类类型的文件：设计文件(Design Files)、存储器文件(Memory Files)、验证与调试文件(Verification/Debugging Files)和其他类型文件(Other Files)，每种文件类型下又有多个选项。

　　若应用 Verilog HDL 进行设计，则选择 Design Files 栏下的 Verilog HDL File 选项，点击 OK 按钮进入图 3-11 所示硬件描述语言设计文件编辑页面。

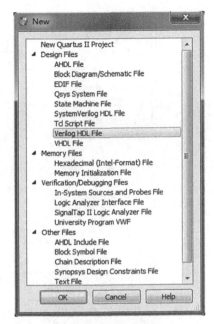

图 3-10　新建文件对话框

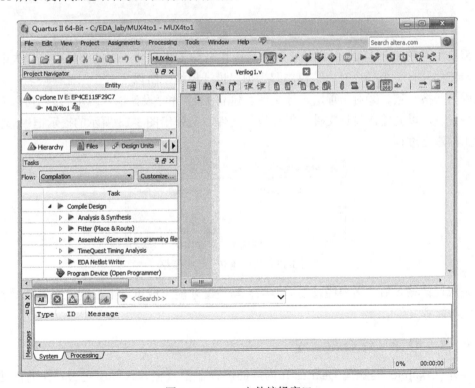

图 3-11　HDL 文件编辑窗口

　　(2)在硬件描述语言设计文件编辑窗口中，输入 Verilog HDL 代码并以模块名(本例为 Mux4to1)为文件名保存(Verilog HDL 文件的扩展名为 .v，VHDL 文件的扩展名为 .vhd)，如图 3-12 所示。

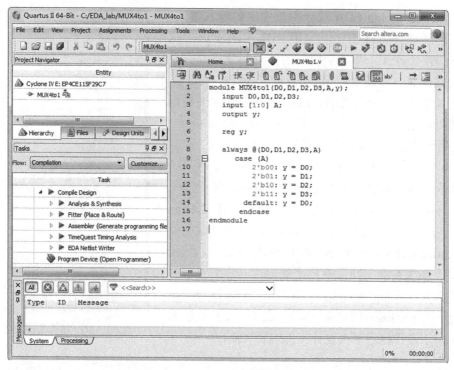

图 3-12　设计输入提示框

需要注意的是：① Quartus II 要求顶层模块名与工程同名，否则会导致编译失败。因此，当工程只有一个模块时，该模块即为顶层设计模块，所以一定要保证模块名、文件名与工程名严格一致。②对于顶层设计文件，"建立工程"和"设计输入"两个步骤可以互换！也就是说，可以先输入设计文件，保存设计文件时在弹出图 3-13 所示的提示框中选择 Yes 启动工程建立过程。

图 3-13　文件建立工程提示框

完成设计输入后，需要经过编译、综合与适配才能生成可以下载到可编程逻辑器件中的编程与配置文件。

3.1.3　编译、综合与适配

编译（Compile）是调用 Quartus II 内嵌的编译器检查输入代码中是否存在的语法错误和潜在的逻辑错误。

综合（Synthesize）是面向给定的设计约束，将 HDL 代码转换成门级电路网表的过程，是将 HDL 描述转化为硬件电路的关键步骤。

综合的效果决定设计电路的性能和芯片的资源利用率。在综合前，需要对设计施加适当的约束，包括时序约束、面积约束和功耗约束。综合器根据施所加的约束，在相应厂商提供的综合库支持下，针对具体的可编程逻辑器件类型进行综合优化。

给设计增加适当的目标约束和时序约束，对设计进行分析与综合，然后根据综合结果进行分析，找出设计中的瓶颈，对设计后期的优化过程的成败起着决定性的作用。要给设计附加适当的约束，设计者必须充分理解分析与综合设置、适配设置等优化项目的具体含义。关于综合与优化设置将在第 7 章中讲述。目前，可以按照 Quartus II 默认的约束进行编译和综合。

编译和综合完成后，Quartus II 会自动将综合后产生的网表文件针对选定的目标器件进行逻辑映射，将工程的逻辑和时序要求与目标器件的可用资源相匹配，包括逻辑分割、逻辑优化和布局布线，这一过程称为适配（Fit）。适配完成后，Quartus II 会生成针对具体目标器件的编程与配置文件，以及工程适配报告，说明目标器件的资源占用等情况。

在 Quartus II 主界面中，选择 Processing 菜单栏下的 Start Complication 命令或者直接点击按钮▶启动编译、综合与适配过程。若设计代码没有错误，则编译、综合和适配过程会自动完成，生成能够下载到 CPLD/FPGA 或者其外部配置芯片的编程与配置文件，并显示图 3-14 所示的工程统计信息汇总页面，说明该工程的编译时间、版本信息、器件信息和资源占用等情况。

Flow Summary	
Flow Status	Successful - Wed Nov 13 17:58:32 2019
Quartus II 64-Bit Version	13.0.1 Build 232 06/12/2013 SP 1 SJ Full Version
Revision Name	MUX4to1
Top-level Entity Name	MUX4to1
Family	Cyclone IV E
Device	EP4CE115F29C7
Timing Models	Final
Total logic elements	2 / 114,480 (< 1 %)
Total combinational functions	2 / 114,480 (< 1 %)
Dedicated logic registers	0 / 114,480 (0 %)
Total registers	0
Total pins	7 / 529 (1 %)
Total virtual pins	0
Total memory bits	0 / 3,981,312 (0 %)
Embedded Multiplier 9-bit elements	0 / 532 (0 %)
Total PLLs	0 / 4 (0 %)

图 3-14　工程统计信息汇总对话框

在编译过程中发现错误时，Quartus II 将在消息框中用红色字体显示错误信息，每项错误都有相应的说明信息。对于代码问题，双击错误信息提示，Quartus II 会自动定位到产生错误信息的位置附近。修改代码并重新开始编译、综合与适配过程，直到成功为止。

需要注意的是，编译、综合与适配过程中出现的警告（warning）信息（蓝色字体）虽然不影响过程的正常进行，但可能预示着设计代码中存在有潜在的逻辑错误，因此，设计者应对编译过程中产生的警告信息引起足够的重视，建议仔细阅读相关警告信息，排除潜在的设计错误，确保综合出的电路功能正确。

编译、综合与适配过程完成之后，在 Quartus II Tools 菜单栏下的 Netlist Viewers 中选择 RTL Viewer 可以查看综合出的 RTL 级电路，如图 3-15 所示。从图中可以看出，4 选一数据选择器是通过定制 Quartus II 中的数据选择器宏功能模块而得到的。

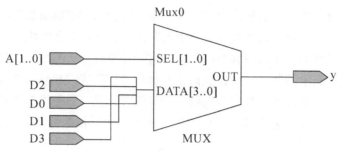

图 3-15 4 选一数据选择器 RTL 电路

3.1.4 引脚锁定

编译、综合与适配过程完成之后，就可以进行分析与测试了。但是，如果要将设计电路下载到可编程逻辑器件中进行测试，那么还需要进行引脚锁定，以确定工程的顶层设计模块端口与目标器件引脚的对应关系。

Quartus II 提供了三种引脚锁定方法：（1）应用 Pin Planner 锁定引脚；（2）编写 Tcl 脚本文件一次完成所有的引脚锁定；（3）应用属性定义锁定引脚。

1. 应用 Pin Planner 锁定引脚

应用 Pin Planner 是引脚锁定的基本方法。具体步骤如下：

（1）在 Quartus II 主界面中，选择 Assignments 菜单栏下的 Pin Planner 选项，弹出图 3-16 所示的引脚锁定窗口。需要在图中 Location 栏填入引脚锁定信息。

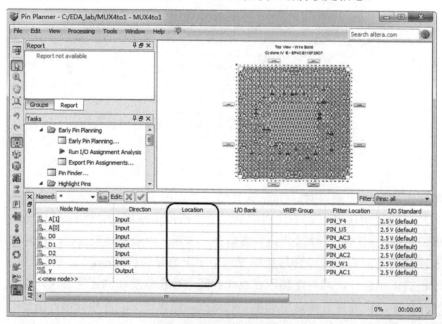

图 3-16 引脚锁定窗口（1）

（2）查阅开发板应用手册（User Manual），为模块的 I/O 端口指定对应的引脚。对于 DE2-115 开发板，开关量输入电路与 FPGA 引脚的连接信息如图 3-17 所示，发光二极管驱动电路与 FPGA 引脚的连接信息如图 3-18 所示。

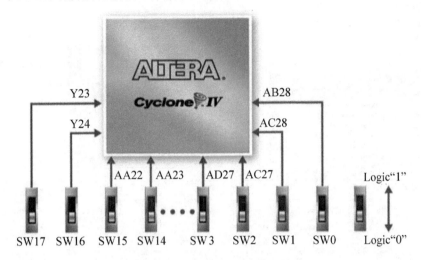

图 3-17 DE2-115 开关量输入电路图

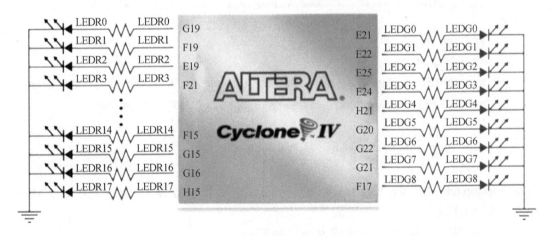

图 3-18 DE2-115 LED 驱动电路图

对于 4 选一数据选择器的设计，若将 4 路数据 D_3、D_2、D_1 和 D_0 分别锁定到开关 SW17、SW16、SW15 和 SW14 上，2 位地址 $A[1]$ 和 $A[0]$ 分别锁定到开关 SW1 和 SW0 上，输出 y 锁定到绿色发光二极管 LEDG0 上，则需要在引脚锁定窗口下部的 Location 栏填入相应的 FPGA 引脚名，如图 3-19 所示，完成后关闭 Pin Planner。

（3）重新编译工程，生成带有引脚锁定信息的编程与配置文件。

2. 编写 Tcl 文件锁定引脚

对于大型工程项目，需要锁定的引脚很多时，使用 Pin Planner 进行引脚锁定效率很低，建议使用 Tcl（Tool command language）脚本文件一次完成所有引脚的锁定。

Tcl 是工具命令语言，在 FPGA 开发中可以使用 Tcl 对管脚进行配置。Tcl 文件的格式定义如下：

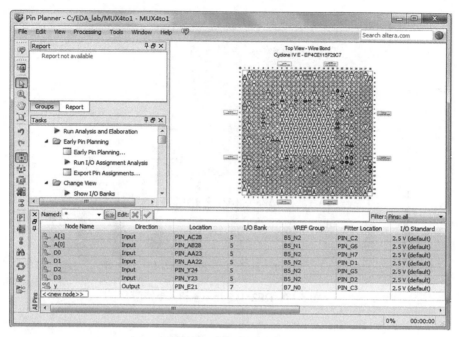

图 3-19　引脚锁定窗口（2）

```
#setup.tcl
#setup pin setting
set_global_assignment -name RESERVE_ALL_UNUSED_PINS "AS INPUT TRI-STATED"
set_global_assignment  -name ENABLE_INIT_DONE_OUTPUT OFF
.......
set_location_assignment  引脚名 -to 端口名
.......
```

其中"#setup.tcl"和"#setup pin setting"为 tcl 文件的说明部分。"setup"为 tcl 文件名，建议修改为工程名。

使用 Tcl 脚本文件锁定引脚的具体方法如下：

（1）在 Quartus II 主界面下，选择 Files 菜单栏下的 New 命令弹出新建文件窗口（图 3-10 所示），选中 Design Files 栏下的 Tcl Script File（Tcl 脚本文件），点击 OK 按钮进入 Tcl 文件编辑对话框。在编辑对话框中输入 4 选一数据选择器 MUX4to1 的 Tcl 文件内容，如图 3-20 所示。

（2）编辑好 Tcl 文件以后，保存并选择 Projects 菜单栏下的 Add/Remove Files in Project 命令，将 Tcl 文件添加到工程中。

（3）选择 Tools 菜单栏下的 Tcl Scripts... 选项，将弹出图 3-21 所示 Tcl Scripts 对话框，打开相应的 Tcl 文件，然后点击 Run 按钮运行 Tcl 文件即可一次完成引脚锁定。

通常，EDA 开发板提供的资料中包含开发板可编程逻辑器件所有引脚分配信息的 Tcl 文件。用户只需要修改 Tcl 文件中的相关引脚名与自己工程中的引脚同名，或者在工程中定义端口与 Tcl 文件中的相关引脚同名，就可以通过上述方法一次完成所有的引脚锁定。

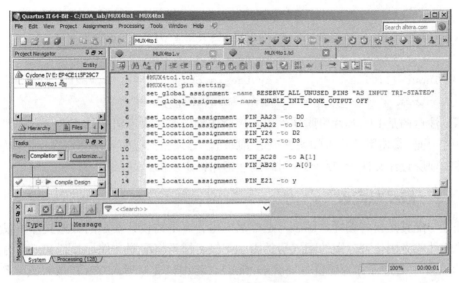

图 3-20　Tcl 文件编辑窗口

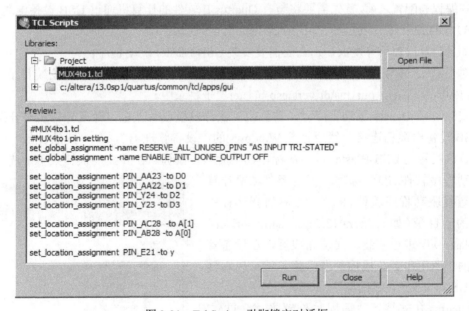

图 3-21　Tcl Scripts 引脚锁定对话框

3. 应用属性语句锁定引脚

除了应用 Pin Planner 和 Tcl 文件锁定引脚外，还可以应用 Quartus II 综合属性（Synthesis Attributes）语句中的 chip_pin Attribute（芯片引脚属性）锁定引脚。

在 Verilog 代码中添加芯片引脚属性不会影响 Verilog 的语法和功能，但在布局布线（Place & Route）过程中 Quartus II 会根据 chip_pin Attribute 来分配引脚。例如，应用芯片引脚属性实现 4 选一数据选择器引脚锁定的代码如下：

```
module MUX4to1(D0,D1,D2,D3,A,y);
    input D0            /* synthesis chip_pin="AA23" */;
```

```
input D1                /* synthesis chip_pin="AA22" */;
input D2                /* synthesis chip_pin="Y24" */;
input D3                /* synthesis chip_pin="Y23"*/;
input [1:0] A           /* synthesis chip_pin="AC28,AB28" */;
output y                /* synthesis chip_pin="E21" */;
```

需要注意的是：①芯片引脚属性语句应放在端口名和表示语句结束的分号之间，不能放在分号后面；②使用芯片引脚属性锁定引脚时，必须在工程中明确指定目标器件的型号；③只能在顶层设计文件中使用芯片引脚属性语句锁定引脚。

3.1.5　编程与配置

编程与配置是指将编译、综合与适配后产生含有电路设计信息的数据文件下载到可编程逻辑器件或者固化到外围的配置器件中。一般习惯于将配置文件加载到 FPGA 内部查找表的 SRAM 中的过程称为配置（Configuration），将编程文件写入 CPLD 或者固化到 FPGA 外部 EPCS 配置器件中的过程称为编程（Program）。

在编程与配置之前，首先需要将装有 Quartus II 软件的计算机通过 USB 设备电缆（Type A to B）与 DE2-115 开发板的 USB Blaster 接口连接起来。

如果是首次使用开发板，那么还需要安装 USB Blaster 驱动程序。

对于 Quartus II 13.0 版，USB Blaster 驱动程序集成在 Quartus II 软件安装目录（如 c:\altera\13.0sp1）下的 "quartus\drivers\usb-blaster" 子目录中。

安装 USB Blaster 驱动程序时，首先应确保开发板已经上电，而且计算机与开发板通过 USB 设备电缆相连接，然后打开 Windows 的 "设备管理器"，在 "其他设备" 栏找到带有黄色叹号的 USB-Blaster 设备图标，选中后右击鼠标，在弹出的快捷菜单中选择 "更新驱动程序软件(P)" 选项，再选择 "浏览计算机以查找驱动程序软件(R)"，切换到驱动程序所在的子目录（如 c:\altera\13.0sp1\quartus\drivers\usb-blaster）后进行安装。安装完成后，在设备管理器的 "通用串行总线控制器" 栏下就可以看到正常 USB Blaster 设备图标了，如图 3-22 所示。

Quartus II 支持 4 种编程与配置方式：JTAG 配置方式、Socket 编程（In-Socket Programming）方式、被动串行（Passive Serial，PS）方式和主动串行编程（Active Serial Programming，AS）方式。

常用的编程与配置方式有 JTAG 配置和 AS 编程两种，其中应用 JTAG 方式可对多个可编程逻辑器件进行配置，应用 AS 方式可对 EPCS 配置器件进行编程。另外，Quartus II 还支持应用 JTAG 间接配置方式对 EPCS 配置器件进行编程。

图 3-22　USB Blaster 驱动指示

1. JTAG 配置方式

JTAG 配置方式用于将 SRAM 目标文件 .sof（SRAM Object File，简称配置文件）下载到 FPGA 查找表的 SRAM 中，以实现可编程逻辑。由于 SRAM 为易失性存储器，断电后存储数据会丢失，因此应用 JTAG 方式直接配置 FPGA 不能长期保存电路的设计信息，适用于产品研发阶段电路的测试。

DE2-115 开发板的 JTAG 配置原理如图 3-23 所示，其中编程与配置（RUN/PROG）开关 SW19 需要拨在 RUN 位置。

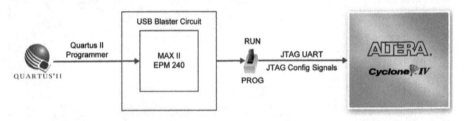

图 3-23　JTAG 配置原理

应用 JTAG 配置方式的具体步骤如下：

（1）打开编程器。在 Quartus II 主界面下，选择 Tools 菜单栏下的 Programmer 命令打开编程器。编程器的主界面如图 3-24 所示。

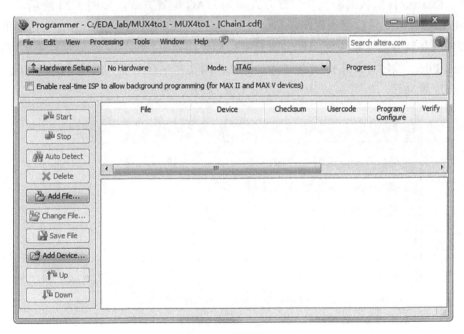

图 3-24　编程器窗口

（2）设置 USB Blaster 连接。点击 Hardware Setup 按钮，在弹出的对话框中的 Currently selected hardware 下拉列表中选择 USB Blaster[USB-0] 项，如图 3-25 所示。点击 Close 按钮关闭对话框，完成编程硬件电路的连接。

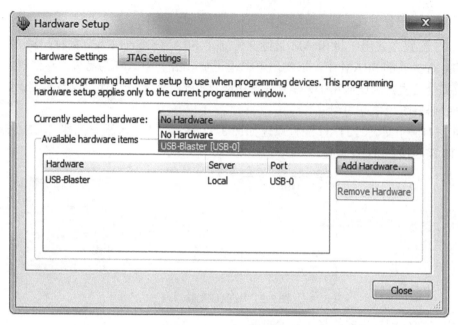

图 3-25　选择编程接口

（3）选择编程与配置方式。将设计电路下载到 FPGA 目标器件中，需要应用 JTAG 配置方式。Quartus II 默认的编程与配置方式即为 JTAG 配置方式，如图 3-24 所示。

（4）添加配置文件。在工程编译、综合与适配过程完成之后，Quartus II 会自动生成 .sof 配置文件，并且会自动添加到编程器窗口中。如果需要更新配置文件，则点击编程窗口左侧的 Add File... 按钮打开选择编程文件对话框，浏览并选择工程目录中 output_files 子目录下的 .sof 配置文件，如图 3-26 所示，点击 Open 按钮打开。

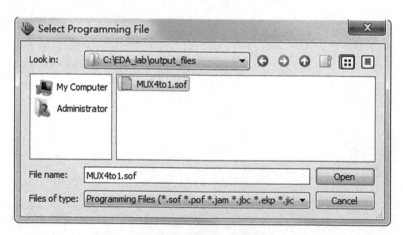

图 3-26　选择 .sof 配置文件

（5）启动配置过程。在 Program/Configure 选项下打钩，如图 3-27 所示。确认 DE2-115 开发板的编程与配置开关 SW19 在 RUN 位置，然后点击 Start 按钮开始配置。当进度条（Progress）显示 100% 时，配置过程完成。

配置完成后，就可以测试 4 选一数据选择器的功能了。

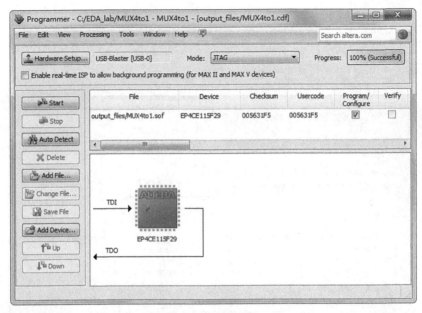

图 3-27　配置过程界面

2. AS 编程方式

AS 编程方式用于将编程目标文件 .pof（Program Object File，简称编程文件）固化到 FPGA 外部的 EPCS 配置器件中。由于 EPCS 配置器件为非易失性存储器（ROM），所以应用 AS 方式编程 EPCS 配置器件能够永久保存电路的设计信息。

将编程文件写入 EPCS 配置器件后，每次开发板加电时，FPGA 会主动引导配置过程：读取 EPCS 配置器件中的数据，并加载到 FPGA 查找表的 SRAM 中。因此，应用 AS 编程方式将编程文件 .pof 写入 EPCS 配置器件中能够使 FPGA 在上电后立即获得硬件电路的设计信息。

DE2-115 开发板 AS 编程方式的原理如图 3-28 所示，其中编程与配置（RUN/PROG）开关 SW19 需要拨在 PROG 位置。

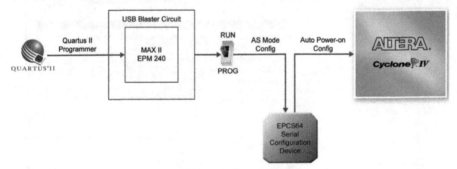

图 3-28　AS 编程原理

需要注意的是，在建立工程过程中如果没有指定 EPCS 配置器件时，编译、综合与适配过程不会自动生成 .pof 编程文件。因此，在应用 AS 编程方式前，需要重新设置目标器件，指定 EPCS 配置器件的具体型号，然后重新启动编译、综合与适配过程以生成 .pof 编程文件。

应用 AS 编程方式的具体步骤如下：

（1）在 Quartus II 主界面下，选择 Assignments 菜单栏下的 Device... 命令，弹出目标器

件设置页，如图 3-29 所示。

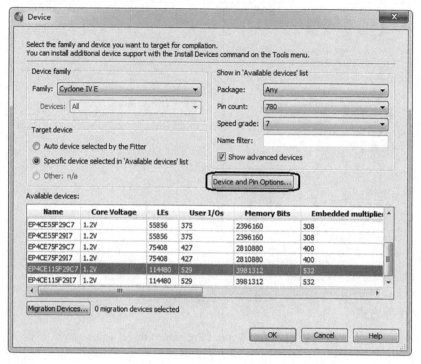

图 3-29　配置器件设置对话框

（2）点击图 3-29 中的 Device and Pin Options... 按钮，在弹出的设备与引脚设置对话框中选择 Category 栏下的 Configuration 项，并选中右侧的 Use configuration device 复选框，然后选择具体的 EPCS 配置器件型号（DE2-115 开发板的配置器件型号为 EPCS64），如图 3-30 所示，点击 OK 按钮完成设置过程。

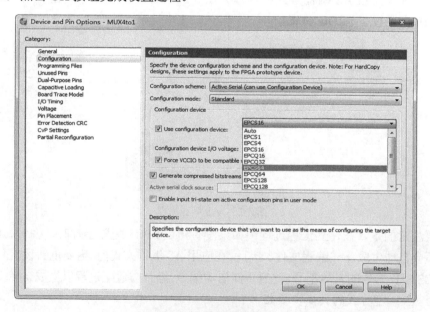

图 3-30　配置器件选择

（3）重新启动编译、综合与适配过程，以生成 .pof 编程文件。

（4）打开编程器，选择编程与配置方式。在 Quartus II 主界面下，选择 Tools 菜单栏下的 Programmer 命令打开编程器，并在编程器的 Mode 下拉菜单中选择 AS 编程方式，如图 3-31 所示。

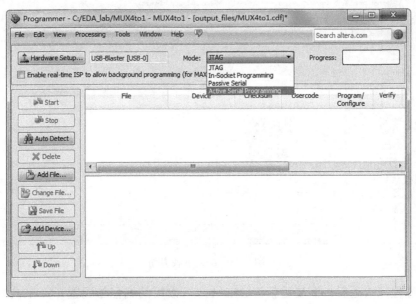

图 3-31　选择 AS 编程方式

（5）添加编程文件。点击 Add File... 按钮打开选择编程文件（Select Programming File）对话框，在 output_files 子目录中找到 .pof 编程文件，如图 3-32 所示。点击 Open 按钮打开。

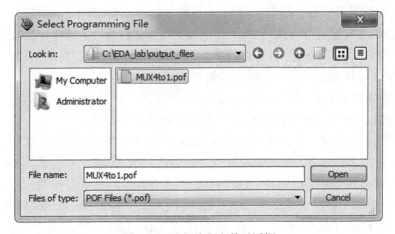

图 3-32　选择编程文件对话框

（6）启动编程过程。选中 Program/Configure 复选框，如图 3-33 所示，而且确认开发板的 RUN/PROG 开关拨在 PROG 位置，点击 Start 按钮开始编程。当进度条（Progress）显示 100% 时编程完成。

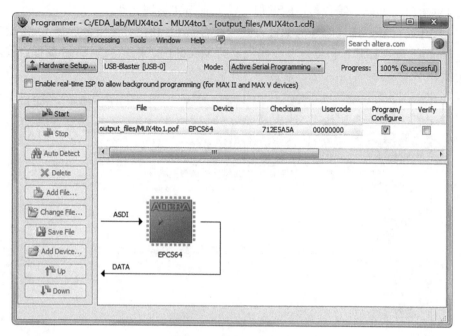

图 3-33　编程下载界面

编程过程完成之后，需要重新将 DE2-115 开发板的编程与配置开关 SW19 拨回 RUN 位置。开发板断电重启后，4 选一数据选择器应用电路就自动从 EPCS 配置器件加载到 FPGA 中了。

3. JTAG 间接配置方式

除了 JTAG 配置方式和 AS 编程方式外，Quartus II 还支持 JTAG 间接配置方式，应用 JTAG 对 EPCS 配置器件进行编程。

应用 JTAG 间接配置方式，首先需要将配置文件 .sof 转换为 JTAG 间接配置文件（.jic），然后再应用 JTAG 将间接配置文件写入 EPCS 器件中，完成配置器件的编程。

应用 JTAG 间接配置方式的具体步骤如下：

（1）启动编程文件转换器。在 Quartus II 主界面下，选择 File 菜单栏下的 Convert Programming Files 命令，弹出图 3-34 所示的转换编程文件窗口。

（2）设置转换信息。在窗口的 Programming file type 下拉列表中选择 JTAG Indirect Configuration File（.jic）选项，在 Mode 下拉列表中选择 Active Serial 模式，如图 3-35 所示，并在 Configuration device 下拉列表中选择（DE2-115 开发板的配置器件型号）EPCS64，同时在 File name 文本框中将默认的文件 output_file.jic 改为 MUX4to1.jic（或者保持默认文件名）。

（3）指定 Flash Loader 器件。在图 3-35 的 Input files to convert 栏中，点击 Flash Loader，再点击右侧的 Add Device 按钮，如图 3-36 所示。

在弹出的选项卡中，选择（DE2-115 开发板上的）Cyclone IV E 器件类型和 EP4CE115 型号，如图 3-37 所示，表示要将 Flash Loader 配置到 EP4CE115 FPGA 中，然后点击 OK 返回编程文件转换窗口。

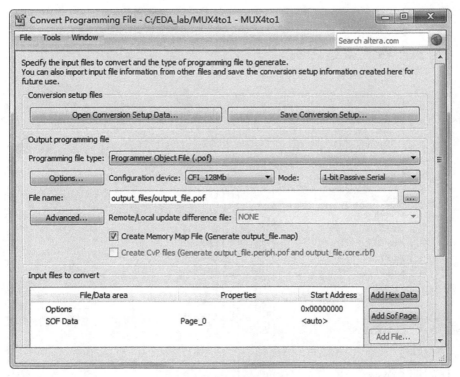

图 3-34 编程文件转换窗口

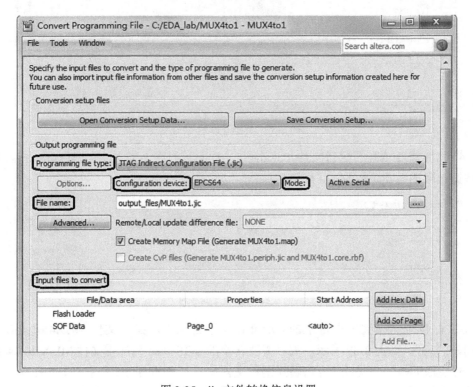

图 3-35 jic 文件转换信息设置

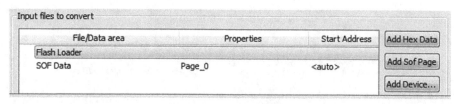

图 3-36　添加器件

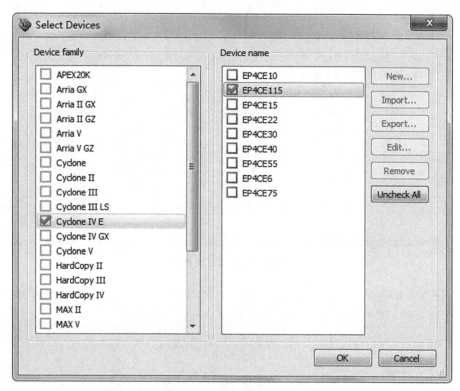

图 3-37　选择 FPGA 器件

（4）添加需要转换的配置文件。点击 SOF Data，如图 3-38 所示，再点击右侧的 Add File 按钮，添加需要转换的 .sof 配置文件。

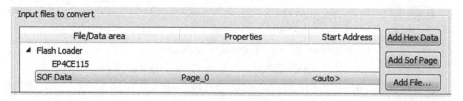

图 3-38　添加 .sof 文件

将文件目录切换到工程目录的 output files 子目录中，找到文件 MUX4to1.sof，点击 Open 按钮打开，如图 3-39 所示，表示需要转换的 SOF Data 为配置文件 MUX4to1.sof。

（5）生成间接配置文件。点击转换编程文件窗口下方的 Generate 按钮，如图 3-40 所示，启动 .jic 间接配置文件转换过程。转换完成后，弹出转换成功消息窗时，点击 OK 按钮关闭消息窗。

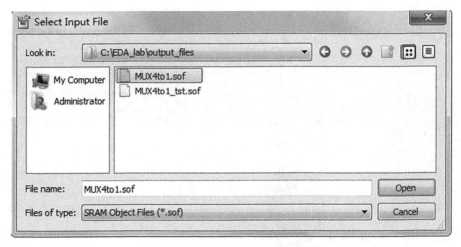

图 3-39　添加需要转换的 sof 文件

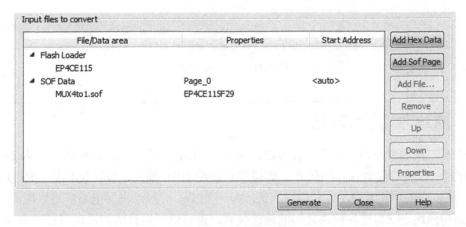

图 3-40　生成 jic 文件

（6）编程间接配置文件。点击 Quartus II 主界面 Tools 栏下的 Programmer 命令启动编程器，选择 JTAG 配置方式，选中原配置文件 MUX4to1.sof 后删除，然后点击 Add Files 按钮重新添加工程目录的 output_files 子目录下的间接配置文件 MUX4to1.jic，在 Programming/Configuration 选项下打钩，如图 3-41 所示。

从图中可以看出，添加间接配置文件 .jic 后，Quartus 编程窗口中出现了两项文件信息：第一个是 Factory default enhanced SFL image，作用为 FLASH Loader，将配置到 FPGA 器件中；第二个是间接配置文件 MUX4to1.jic，将其固化到 EPCS 配置器件中。

确认开发板的编程与配置开关 RUN/PROG 拨在 RUN 位置后，点击 Start 按钮开始编程。编程过程分两步进行：第一次应用 JTAG 模式配置 Flash Loader 到目标 FPGA 中，第二次通过 Flash Loader 将间接配置文件 MUX4to1.jic 写入 EPCS 配置器件中。完成后，硬件电路的设计信息已经固化到 EPCS 配置器件中了。

将开发板断电重启后，FPGA 会主动从 EPCS 配置器件中读取硬件电路的设计信息，并配置到 FPGA 中，4 选一数据选择器同样可以正常工作了。

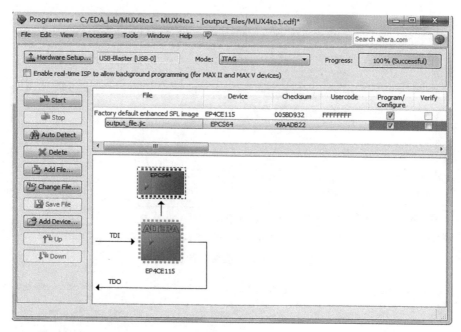

图 3-41　固化 jic 文件

3.2　原理图设计方法

EDA 工程通常应用层次化设计方法，采用以 HDL 描述为主、原理图设计为辅的混合设计方式，以发挥两者各自的优点。底层模块应用 HDL 描述，以方便模块功能的定义和重构，使模块的功能既满足设计需求，又能节约 FPGA 资源。顶层电路既可以应用 Verilog HDL 结构描述方法描述各模块之间的连接关系，也可以采用传统的原理图设计方法。

应用原理图设计方法的好处是容易上手，有数字电路基础，就可以在电子技术课程设计中应用原理图方法设计数字系统了。另外，原理图还具有直观、形象的优点，应用于顶层电路设计，能够使系统的总体结构直观清晰。但是，原理图方法的缺点也很突出，一是设计效率低，二是可移植性差。

对于中小规模数字系统设计，建议应用原理图方法设计顶层电路。但是，对于大规模数字系统设计，建议应用结构化描述方法，通过模块例化描述顶层电路的结构。虽然结构化描述方法不如原理图直观，但有利于系统的功能重构，并且具有良好的可移植性。

Quartus II 提供了三类用于原理图设计的符号库：megafunctions、others 和 primitives，如图 3-42 所示。另外，用户也可以将自己设计好的模块，

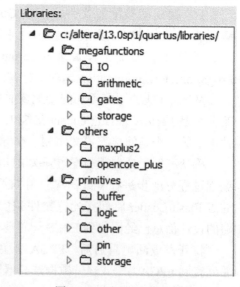

图 3-42　图形化元器件目录

通过选择 Quartus II Files 菜单栏下的 Create ∠ Update → Create Symbol Files for Current File 命令封装成图形化符号，以便在原理图设计中调用。

符号库 megafunctions 中有 IO、arithmetic、gates 和 storage 四类器件库，具体包含参数化加 / 减法器、参数化乘 / 除法器、指数和对数运算、编码器与译码器、比较器、参数化触发器、参数化计数器、参数化 RAM 和参数化 FIFO 等多种类型的器件。

符号库 others 中主要包含 74 系列数字逻辑器件（maxplus2 目录下），如 7400/02/04、74138/139、74151/153、74160/161/162/163 等商品化器件。

符号库 primitives 中包含基本器件和符号，如缓冲器（buffer 目录下）、基本逻辑门（在 logic 目录下）、输入 / 输出端口（在 pins 目录下）、存储器件（在 storage 目录下）以及电源（VCC）和地（GND）等其他图形符号（在 others 目录下）。

原理图设计法的流程与 HDL 设计方法的流程相同，只是在选择设计文件类型时，在图 3-10 所示的新建文件对话框中选择 Block diagram/Schematic Files 文件类型后，弹出图 3-43 所示的原理图设计窗口，用于编辑扩展名为 ".bdf" 的原理图文件。

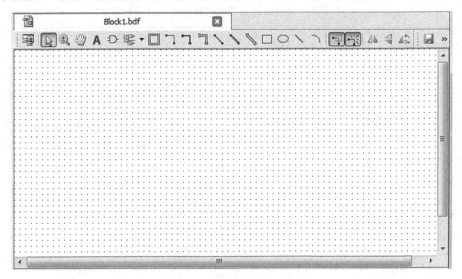

图 3-43　原理图设计对话框

原理图设计窗口包括原理图编辑区和编辑工具栏两部分。原理图编辑区用于绘制原理图，编辑工具栏则包含了绘制原理图所需要的工具，如表 3-2 所示。

表 3-2　原理图设计工具

图标	工具名称	描　　　述
	选择指针	用于选择器件、线条等图形元素
	插入器件	从元件库内选择要添加的元件
	插入模块	插入已设计好的模块
	正交线	用于绘制水平和垂直方向的连线

续表

图标	工具名称	描　　述
⌐	正交总线	用于绘制水平和垂直方向的总线
⽊	打开 / 关闭橡皮筋连接功能	打开时移动元件连接在元件上的连线也跟着移动，不改变与其他元件的连接关系
⽊	打开 / 关闭局部正交连线选择功能	打开局部正交连线选择功能，此时可以通过用鼠标选择两条正交连线的局部
⊕	放大和缩小工具	选中放大和缩小工具，点击鼠标左键放大显示区，点击右键缩小显示区
⿻	放置端口	在下拉菜单中选择放置输入、输出或双向端口
◢◣	垂直翻转	将选中的元件或模块进行垂直翻转
◢	水平翻转	将选中的元件或模块进行水平翻转
◢	旋转 90 度	将选中的元件或模块逆时针方向旋转 90°

应用原理图设计方法的基本步骤如下：

1. 添加器件和符号

在原理图编辑区的任意空白处双击鼠标，或者点击工具栏中的 ⊃ 图标将弹出如图 3-44 所示的添加图形符号（Symbol）对话框。在左侧的 Libraries 栏按分类查找所需要的器件，选中后点击右下方的 OK 按钮后在原理图编辑区出现随鼠标移动的元器件符号，在绘图区适当的位置点击鼠标左键放置元器件。

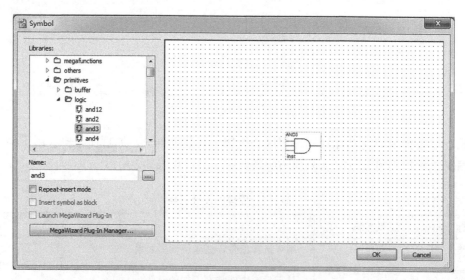

图 3-44　添加元器件对话框

2. 连接元器件

放置好元器件或符号后需要连线时，将鼠标指向器件图标的端口上，当鼠标指示符变为"直角"形状时进入连线状态。按住鼠标左键拖到另一个连接点位置，放开鼠标后则会放置一段连线。反复操作完成所有的连线。

需要删除连线时，先单击连线使其处于选中状态，然后用键盘上的 Delete 键删除，或者点击鼠标右键在弹出的菜单中选择 Delete 项删除。

需要注意的是，原理图中的总线（bus）为粗线，导线（wire）为细线。需要放置总线时，必须从器件的总线端口开始引出连线，这样才能保证引出的是总线而不是导线。

3. 设置 I/O 端口

在原理图编辑区的任意空白处双击鼠标，或者点击工具栏中的图标，弹出添加图形符号对话框。在 primitives 的 pin 栏中选择 input、output 或者 inout 端口符号，点击 OK 按钮出现随鼠标移动的端口图标，在绘图区合适的位置点击鼠标左键放置端口符号，调整端口图标方向，连接到器件需要输入 / 输出的引脚上。

双击端口符号中的 pin_name 修改端口名。注意端口名的格式为：

　　　端口名 [msb..lsb]

其中 msb 和 lsb 用于定义端口的位宽，必须与器件端口的位宽严格一致。默认位宽为 1。

需要注意的是，用于定义位宽的 msb 和 lsb 中间为 ".." 而不是 ":"，应用 ":" 会导致编译错误。

4. 保存文件

选择 File 菜单栏下的 Save/Save as 保存原理图设计文件。如果为顶层设计电路，则保存的文件名应为工程名加上原理图文件扩展名 ".bdf"。

4 选一数据选择器的原理图电路如图 3-45 所示，设计文件名为 MUX4to1.bdf。

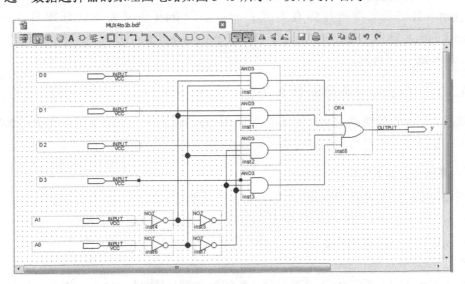

图 3-45　4 选一数据选择器逻辑图

原理图编辑完成之后，同样需要进行编译、综合与适配。这些过程与 HDL 输入法完全相同，在此不再复述。

3.3 仿真分析

EDA 设计的基本流程包括建立工程，设计输入、编译、综合与适配、引脚锁定、编程与配置五个主要环节。完成设计输入并成功进行编译、综合与适配，并不能说明综合出的电路功能正确，性能能够满足设计要求。

电路功能与性能通常有两种方法进行验证，一是调用仿真软件（Modelsim）进行仿真分析，二是在电路中嵌入逻辑分析仪（SignalTap II）进行测试。

仿真是通过计算机算法模拟代码的运行来检查电路设计的逻辑是否正确，以及在适配过程中引入分布参数（器件传输延迟和布线延迟）后，其功能是否依然正确。

仿真分为功能仿真和时序仿真两种类型。

功能仿真（Functional Simulation）是指在不考虑器件的传输延迟时间和布线延迟时间情况下的理想仿真；而时序仿真（Timing Simulation）是在完成布局布线之后进行，包含了器件传输延迟和布线延迟信息的仿真。时序仿真结果能够较为真实地反映实际电路的性能。如果仿真功能不正确，就需要重新修改设计、施加约束或者选择不同类型、不同速度和不同品质的器件，直到满足设计要求。

Mentor 公司为 Intel 公司提供了两种 OEM 版的 Modelsim：Modelsim_ae（altera edition）和 Modelsim_ase（altera starter edition）。使用 Modelsim_ae 需要有相应 license 的支持，而 Modelsim_ase 为入门版，在应用上有一定的限制，只能仿真 10000 行及以下可执行代码，能够满足大部分工程项目的仿真需求。

Quartus II 13.0 支持两种仿真方式：一是基于 Intel 公司大学计划项目（University Program）的向量波形文件 VWF（Vector Waveform File）仿真方法，二是通过编写测试平台文件 testbench 进行仿真。

3.3.1 基于向量波形的仿真方法

基于向量波形的仿真方法具有直观易用的优点，适合于一些简单工程的仿真需要。下面讲述基于向量波形仿真的具体步骤。

1. 建立向量波形文件

在设计工程中，选择 Quartus II 主界面 File 菜单栏下的 New 命令打开新建文件对话页（见图 3-10），选中 Verification/Debugging Files 栏下的 University Program VWF 文件后点击 OK 按钮确认，将弹出如图 3-46 所示的仿真波形编辑窗口，其中矩形框中为波形编辑工具栏。

波形编辑工具栏的下方分为两部分：左侧为信号名称（Name）栏，用于添加需要设定的输入信号和需要观察的输出信号，右侧为波形栏，用于设置输入信号的波形和分析仿真后输出信号的波形。

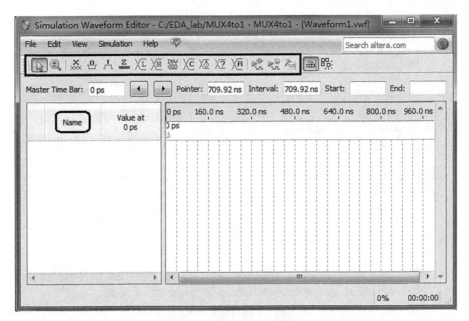

图 3-46　仿真波形编辑窗口

2. 插入节点或总线

　　在仿真波形窗口左侧的 Name 栏的空白处右击鼠标，在弹出的快捷菜单中选择 Insert Node or Bus…选项，弹出如图 3-47 所示的插入节点或总线对话框，点击 Node Finder 按钮，进入图 3-48 所示的查找节点对话框。

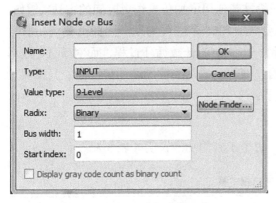

图 3-47　插入节点或总线对话框

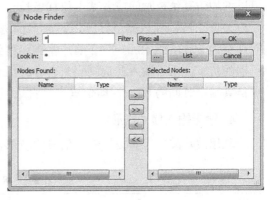

图 3-48　Node Finder 对话框 1

　　在查找节点对话框中的 Filter 下拉菜单中选中 Pins:all，单击 List 将会在 Nodes Found 区域列出工程所有的 I/O 信号。单击 ">" 按钮将需要设置和观测的信号移动到 Selected Nodes 区域（不需要的信号也可以通过 "<" 按钮移出），如图 3-49 所示，也可以通过 ">>" 和 "<<" 按钮将信号全部移入或移出。完成后点击 OK 按钮返回插入节点 / 总线对话框，再点击该对话框中的 OK 按钮返回波形文件主窗口。

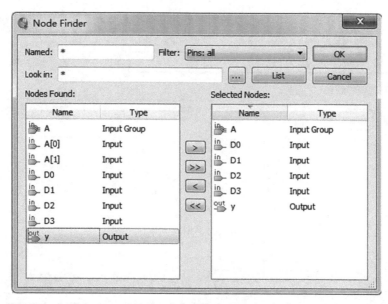

图 3-49　Node Finder 对话框 2

3. 设置仿真参数

仿真波形编辑窗口 Edit 菜单中的 Grid Size 和 Set End Time 项用于设置仿真步长和仿真结束时间。

Quartus II 默认的仿真步长为 10 ns，仿真结束时间为 1μs。由此可以推出，Quartus II 默认的仿真次数为（1μs/10 ns=）100 次，对应于时序电路的 50 个时钟周期。若仿真次数不够，可以增加仿真结束时间或者减小仿真步长。一般推荐使用增加仿真结束时间的方法。例如，要对 8 位二进制计数器进行分析时，至少需要（$2^8=$）256 个时钟周期，因此需要将仿真时间调整为 $256×2×10$ ns=5.12 μs，才能观察到一个完整的计数循环过程，而对于 3-8 线译码器的仿真，由于输入二进制码只有 8 种组合，在不考虑功能控制端的情况下，只需要设置仿真结束时间为 80 ns，即仿真 8 次就足够了。

4. 编辑输入信号波形

利用波形编辑工具设置输入信号的波形，每个工具的功能说明如表 3-3 所示。

表 3-3　波形编辑工具

图　标	工具名称	描　　述
	选择工具	选择信号或波形
	放缩工具	利用鼠标（左键）放大／（右键）缩小显示波形
	赋"x"	将选中的波形段赋值为未知
	赋"0"	将选中的波形段赋值为低电平
	赋"1"	将选中的波形段赋值为高电平
	赋"z"	将选中的波形段赋值为高阻状态

续表

图　标	工具名称	描　述
INV	取反	将选中的波形段反相
XC	计数赋值	以计数方式为周期性信号赋值
XӦ	时钟赋值	以时钟方式为周期性时钟信号赋值
XR	随机赋值	对选中的信号段进行随机赋值
	功能仿真	启动功能仿真
	时序仿真	启动时序仿真
	测试文件	生成 testbench 文件

波形编辑的具体方法是：用鼠标左键单击 Name 区的输入信号，当信号变为蓝色时，表示该信号被选中。按住鼠标左键拖动选择需要编辑的信号波形段，然后选择 ＿ 或 ＿ 将该信号设为低电平或高电平，也可以选择工具条中的 XC 为周期性的信号进行赋值，以仿真步长的倍数为基准进行变化，或者选择工具条中的 XR 对输入信号随机赋值等。

5. 保存波形文件

选择 File 菜单栏下的 Save /Save as 将波形文件保存为扩展名 “.vwf” 的向量波形文件。需要注意的是，向量波形文件名必须与工程名一致！

设置 4 选一数据选择器输入信号的波形如图 3-50 所示，其中 4 路数据 D_0、D_1、D_2 和 D_3 分别为以 10 ns、20 ns、30 ns 和 40 ns 为步长循环变化。展开两位地址 A，设置 $A[1]$ 和 $A[0]$ 以 500 ns 和 250 ns 为步长变化，则可以得到两位地址按 00、01、10 和 11 变化。

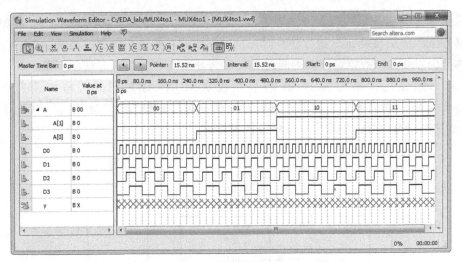

图 3-50　输入向量波形

6. 启动仿真

进行功能仿真时，选择 Simulation 菜单栏下的 Run Functional Simulation，或者直接点击 图标启动仿真。进行时序仿真时，选择 Simulation 菜单栏下的 Run Timing Simulation，

或者直接点击 图标启动仿真。

　　4 选一数据选择器的功能仿真结果如图 3-51 所示。分析仿真输出波形，检查功能是否正确。从图中可以看出，$A_1A_0 = 00$ 时，输出 Y 的波形与 D_0 相同，$A_1A_0 = 01$ 时，输出 Y 的波形与 D_1 相同，$A_1A_0 = 10$ 时，输出 Y 的波形与 D_2 相同，$A_1A_0 = 11$ 时，输出 Y 的波形与 D_3 相同。因此，描述的 4 选一数据选择器功能正确。

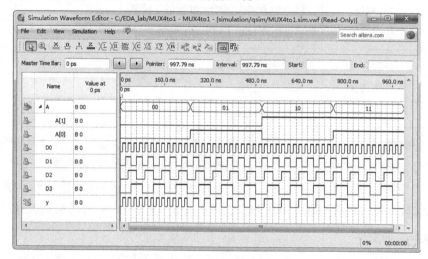

图 3-51　功能仿真结果

　　如果仿真结果有错误，就需要修改描述代码重新进行编译、综合与适配过程，再进行仿真，直到逻辑功能正确为止。

3.3.2　基于 testbench 的仿真方法

　　除了基于向量波形的仿真方法之外，Quartus II 还支持基于测试平台文件（testbench）的仿真方法。应用 testbench 进行仿真时，首先需要编写测试平台文件 testbench。

　　本节仍以 4 选一数据选择器为例说明应用 testbench 进行仿真方法和步骤。

　　4 选一数据选择器的 testbench 与被测模块 MUX4to1 之间的关系如图 3-52 所示。testbench 为 MUX4to1 提供四路输入信号 D_0、D_1、D_2、D_3 和两位地址 $A[1]$、$A[0]$。仿真时，testbench 接收 MUX4to1 的输出 y 以供设计者分析。

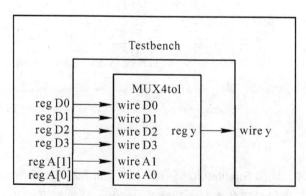

图 3-52　testbench 与被测模块的关系

1. 生成 testbench 模板文件

在 Quartus II 主界面下，选择 Processing 菜单下 Start 栏中的 Start Test Bench Template Writer 项，将会在 "当前工程目录 \simulation\modelsim" 文件夹中自动生成一个扩展名为 .vt 的测试平台文件（vt 表示 verilog testbench），文件名与工程名一致。

自动生成的 testbench 模板文件已经完成了模块名定义（默认模块名为 "工程名 _vlg_ tst"，可修改）和端口声明，但核心代码 initial 和 always 过程语句部分是空白的，如图 3-53 所示，需要用户添加必要的代码设置输入激励信号的波形并指定需要观测的输出信号及其显示格式。

```
1    `timescale 1 ps/ 1 ps
2    module MUX4to1_vlg_tst();
3    // constants
4    // general purpose registers
5    reg eachvec;
6    // test vector input registers
7    reg [1:0] A;
8    reg D0;
9    reg D1;
10   reg D2;
11   reg D3;
12   // wires
13   wire y;
14
15   // assign statements (if any)
16   MUX4to1 i1 (
17   // port map - connection between master ports and signals/registers
18       .A(A),
19       .D0(D0),
20       .D1(D1),
21       .D2(D2),
22       .D3(D3),
23       .y(y)
24   );
25   initial
26   begin
27   // code that executes only once
28   // insert code here --> begin
29
30   // --> end
31   $display("Running testbench");
32   end
33   always
34   // optional sensitivity list
35   // @(event1 or event2 or .... eventn)
36   begin
37   // code executes for every event on sensitivity list
38   // insert code here --> begin
39
40   @eachvec;
41   // --> end
42   end
43   endmodule
```

图 3-53　4 选一数据选择器 testbench 模板

2. 编辑 Testbench 文件

编辑 testbench 文件，通过 initial 和 always 过程语句设置激励信号起始值和波形，同时加入需要观测的输出信号，如图 3-54 所示。

```
1    `timescale 10 ns/ 1 ns
2    module MUX4to1_vlg_tst();
3    ...
4    initial
5  ┌begin
6  │   D0=1'b0; D1=1'b0;D2=1'b0;D3=1'b0;
7  │   A=2'b00;
8  │   $display("Running testbench");
9  │   $monitor("%b",y);
10 └end
11   always #1 D0 = ~D0;
12   always #2 D1 = ~D1;
13   always #3 D2 = ~D2;
14   always #4 D3 = ~D3;
15
16   always #100 A[1] = ~A[1];
17   always #50 A[0] = ~A[0];
18
19   endmodule
```

图 3-54　设置激励信号和观测信号

3. 关联 Modelsim

在 Quartus II 主界面下，选择 Tools 菜单中的 Options 命令，在弹出的设置对话框中选择 General 栏下的 EDA Tool Options，进入 EDA 工具选择仿对话框，在 Modelsim-Altera 栏中设置 Modelsim 仿真软件的安装路径，具体与安装 Quartus 时的路径和选项有关，如图 3-55 所示。设置完成点击 OK 按钮退出。

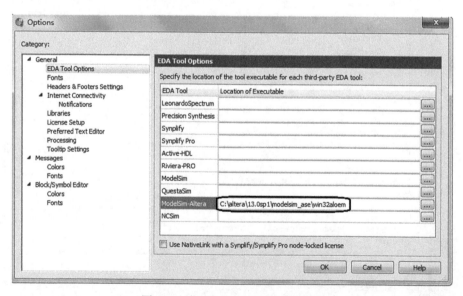

图 3-55　指定 Modelsim-Altera 路径

需要说明的是，当 Modelsim 随 Quartus II 一起安装时，Quartus II 会自动关联 Modelsim，本步骤可以省略。

4. 关联 testbench 文件

选择 Assignments 菜单栏中的 Settings，在弹出的设置对话框中选择 EDA Tool Settings 栏下的 Simulation，进入图 3-56 所示的仿真设置窗口，将图中 Time scale 参数值设置为

1ns（与 MUX41a.vt 中的参数设置一致）。

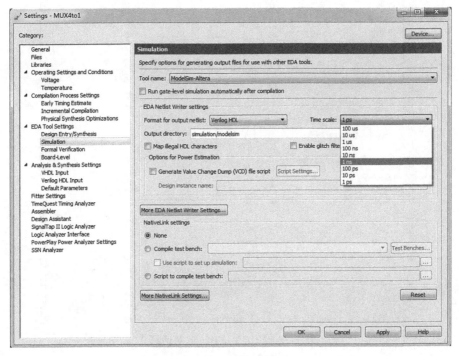

图 3-56　simulation 设置窗口

设置 NativeLink settings 栏中的相关信息以关联 testbench 文件。

（1）选定图 3-56 中的 Compile test bench 栏，单击右侧的 Test Benches... 按钮，弹出指定 Test Benches 文件对话框，以设定 testbench 相关文件信息。如果没有关联过 testbench 文件，则图中文件栏是空白的，如图 3-57 所示。

图 3-57　指定 testbench 文件对话框 1

（2）关联 testbench。点击上图中的 New... 按钮，弹出 New Test Bench Settings 对话框，如图 3-58 所示，需要将相应的 testbench 文件名和相应的顶层模块名填入对应栏中。对 4 选一数据选择器的仿真，在 Test bench name 栏中填入测试平台文件 MUX4to1.vt，在 Top level module in test bench 栏中填入 testbench 模块名 MUX41a_vlg_tst。

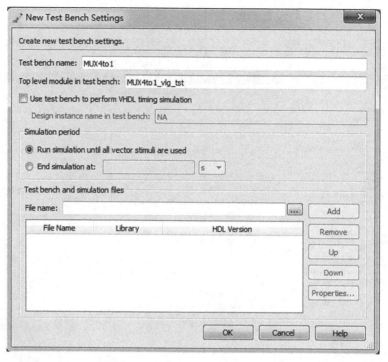

图 3-58　指定 Test Bench 对话框 2

（3）添加 testbench 文件。浏览"Quartus 安装目录 \simulation\modelsim"文件夹，查找 testbench 文件（MUX4to1.vt），选中并加入（Add）到 Test bench name 文件框中，如图 3-59 所示。

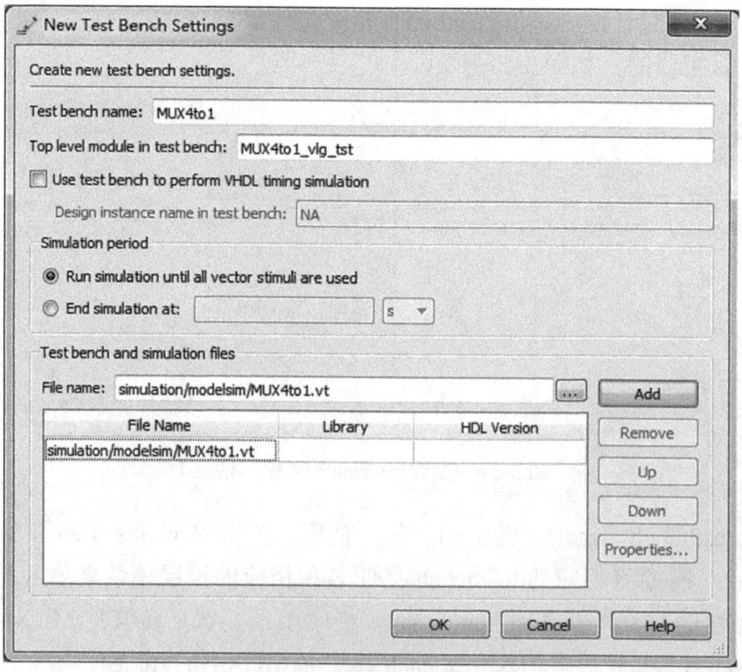

图 3-59　添加 Test Bench 文件

点击图 3-59 中的 OK 按钮，弹出 Test Benches 汇总消息框，如图 3-60 所示。一路点击 OK 按钮完成设置过程。

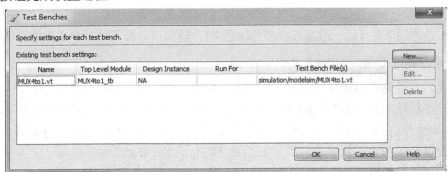

图 3-60　Test Benches 汇总消息框

5. 启动仿真

设定完成后，在 Quartus II 主界面下，选择 Tools 菜单栏下 Run Simulation Tool 栏中的 RTL Simulation 命令，调用 Modelsim 进行功能仿真。如果需要进行时序仿真，则选择 Tools 菜单栏下 Run Simulation Tool 栏中的 Gate Level Simulation 命令。仿真完成后，会自动弹出 Modelsim 波形窗口。选定波形栏，用 🔍 🔍 缩放波形以便于分析，如图 3-61 所示。

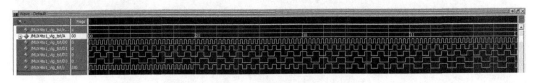

图 3-61　4 选一数据选择器仿真结果

3.4　逻辑分析仪的应用

数字系统开发不但需要进行仿真分析，还需要进行硬件测试。

传统的硬件测试方法是用逻辑分析仪和示波器等仪器设备，连接到数字芯片的管脚或者连线上进行测试。对于基于可编程逻辑器件设计的数字系统而言，这种测试方法需要预先将系统内部需要观测的信号锁定到 PLD 引脚上，然后再外接逻辑分析设备进行测试分析。

随着 FPGA 的密度越来越高和 I/O 引脚数越来越多，许多 FPGA 都采用了微间距的 TQFP 封装或者 BGA 封装，都使得采用传统的通过 I/O 口引出内部信号进行分析的方法变得越来越难以实现。

SignalTap II 是集成于 Quartus II 开发环境中的第二代逻辑分析仪。设计者可以将 SignalTap II 随同设计电路一起编译并配置到 FPGA 芯片中，SignalTap II 能够在硬件电路工作期间实时捕获电路内部节点处的信号或总线上的信息流，然后通过 JTAG 接口将采集到的数据反馈给 Quartus II 软件以显示电路内部的信号波形或者信息流。

使用 SignalTap II 无须外接逻辑分析设备，设计者只需要通过 USB Blaster 连接到需要测试的目标器件上，就可以通过 Quartus II 集成开发环境对 FPGA 内部硬件电路的信息进行采集与显示，而且不影响硬件电路的正常工作。

本节仍以 4 选一数据选择器为例，说明应用逻辑分析仪 SignalTap II 进行电路测试的基本方法。

为了测试 4 选一数据选择器，首先需要提供 4 路激励数据 D_0、D_1、D_2、D_3，然后在两位地址 A 的作用下对 4 选一数据选择器的输出进行采样，以分析系统功能是否满足设计要求。

1. 建立测试工程

在 4 选一数据选择器工程目录（c:\EDA_lab）下，新建工程 MUX4to1_tst，然后定制锁相环宏功能模块（设模块名为 pll_for_MUX4to1_tst），设置锁相环的 5 路输出信号 c0、c1、c2、c3 和 c4 依次为 1 MHz、2 MHz、3 MHz、4 MHz 和 100 MHz 方波，分别作为 4 选一数据选择器的 4 路输入数据 D_0、D_1、D_2、D_3 和 SignalTap II 的时钟。

锁相环宏功能模块的定制方法参看第 5.1 节。

新建原理图顶层设计文件，将定制好的锁相环模块 PLL_for_MUX4to1_tst.qip 和 4 选一数据选择器原理图符号文件 MUX4to1.bsf（在 MUX4to1 工程中，通过 Files 菜单下的 Create ∠ Update 中的 Create Symbol Files for Current File 生成）连接成图 3-62 所示的测试工程顶层电路，同时将 4 选一数据选择器的两位地址 A_1 和 A_0 分别锁定到两个外接开关 SW$_1$ 和 SW$_0$ 上，通过改变开关的状态观察数据选择器输出信号 y 的变化。

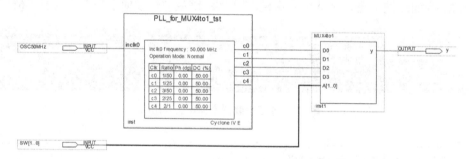

图 3-62　测试工程顶层电路

2. 打开 SignalTap II

在 Quartus II 主界面下，选择 File 菜单栏下的 New 命令打开新建文件对话页（见图 3-10），选中 Verification/Debugging Files 栏下的 SignalTap II Logic Analyzer File 文件类型，点击 OK 按钮确认，将弹出图 3-63 所示的 SignalTap II 窗口。

SignalTap II 窗口主要包含例化管理器（Instance Manager）、JTAG 链配置区（JTAG Chain Configuration）和 SOF 管理器（SOF Manager）、信号节点列表区（auto_singaltap_0）、信号配置区（Signal Configuration）、层次显示区（Hierarchy Display）和数据日志（Data Log）共七个区域。

例化管理器用于控制 SignalTap II 的工作过程，在没有设置待测信号和参数之前，例化管理器中的按钮是灰色的，为不可用状态。JTAG 链配置区用于指定具体的 JTAG 连接（对于 DE2-115 开发板，为 USB Blaster），SOF 管理器用于指定下载到 FPGA 的 .sof 配置文件名并进行配置。信号节点列表区用于选择需要观测的信号并设置相关参数。信号配置区用于指定 SignalTap II 的时钟源、设置采样深度，以及触发控制和触发条件等相关参数。

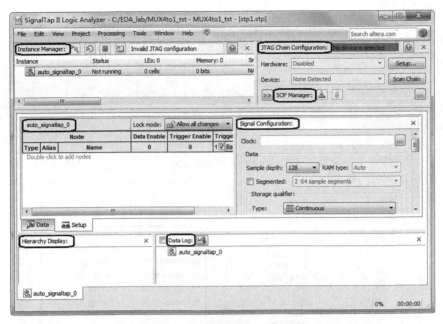

图 3-63 逻辑分析仪界面

单击例化管理区编辑窗口中的 auto_signaltap_0，将默认的逻辑分析仪名 auto_signaltap_0 更改为 signaltap_MUX4to1（以方便记忆）。更改之后，信号列表区、层次显示区和数据日志中的名称也随之调整。

3. 添加需要观测的信号

在节点列表区（signaltap_MUX4to1）的空白处双击鼠标将弹出查找节点（Node Finder）对话框。选择 Filter 栏下的 Design Entry（all names），点击 List 列出工程所有的端口信号，如图 3-64 所示。

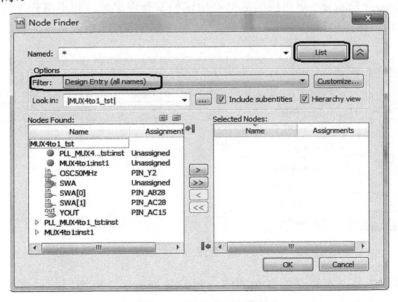

图 3-64 节点查找对话框

展开 Nodes Found 中的 MUX4to1_tst:inst，分别将数据选择器的 4 路输入数据 D_0、D_1、D_2、D_3 和两位地址 A 以及输出 y 添加到 Selected Nodes 区，作为待测信号，如图 3-65 所示。

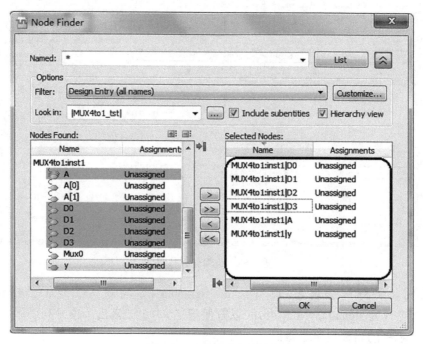

图 3-65　添加观测节点图

点击上图中的 OK 按钮后可以看到需要观测的节点已经添加到信号列表区，如图 3-66 所示。节点列表中的 Data Enable 和 Trigger Enable 复选框用于启用或者禁用已加入节点列表中相关信号的使用。如果禁用 Data Enable，启动 SignalTap II 时将不会采集相应的信号。如果禁用 Trigger Enable，则相应的信号不用作触发条件定义。利用这些选项有助于减少逻辑分析仪所占用的资源。

signaltap_MUX4to1		Lock mode:	Allow all changes		
Node		Data Enable	Trigger Enable	Trigger Conditions	
Type	Alias	Name	7	7	1 ☑ Basic AND
		MUX4to1:inst1|D0	☑	☑	
		MUX4to1:inst1|D1	☑	☑	
		MUX4to1:inst1|D2	☑	☑	
		MUX4to1:inst1|D3	☑	☑	
		⊞ MUX4to1:inst1|A	☑	☑	Xh
		MUX4to1:inst1|y	☑	☑	

图 3-66　待测节点列表图

需要强调的是，不要添加多余的节点到信号列表区，因为添加过多的信号会导致 SignalTap II 占用更多的 FPGA 存储资源。

4. 设置采样时钟和采样深度

信号添加完成后，还需要指定 SignalTap II 的采样时钟，设置采样深度，以及触发流控制、触发位置设置和触发条件等相关信息。

（1）指定采样时钟。在信号配置区，点击 Clock 栏右侧的浏览按钮，用 Node Finder 查找到锁相环 PLL_for_MUX4to1_tst 的 c4 输出端，添加到 Clock 栏中，即指定 SignalTap II 的采样时钟来自于锁相环 PLL_for_MUX4to1_tst 的 c4 输出的 100 MHz 信号。

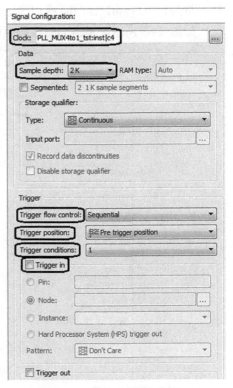

（2）设置采样深度。在 Data 栏的 Sample Depth 中选择采样深度，如图 3-67 所示。采样深度决定了待测信号采样存储的大小，应根据测量要求、被测信号的数量和 FPGA 内部 RAM 资源的大小决定。图中已设置为 2 K。采样深度确定之后，所有待测信号都获得同样的采样深度。

另外，对于复杂的设计工程，还可以选择触发位置、触发级别、触发信号和触发方式等相关参数。

（1）指定触发位置。Trigger 栏中的 Trigger position 项用于设置采样触发器位置，具体是指触发前和触发后应采集的数据量。SignalTap II 默认选择前触发 Pre trigger position，则表示采样的数据 12% 为触发前、88% 为触发后。

图 3-67　设置采样时钟和参数

（2）选择触发级别。Trigger 栏中的 Trigger condition 项用于设置触发级别，共 10 级选项，为设置复杂的触发条件提供了足够的灵活性，帮助设计者分离和排查错误。如果设置了多触发级别，直到所有触发条件顺序满足后，才开始采集数据。SignalTap II 默认触发级别为 1 级。

选择触发信号和触发方式。若选中 Trigger in 复选框，则应在 Source 栏中选择触发信号和触发电平，即当触发信号有效时，SignalTap II 在采样时钟的作用下对待观测组中的信号进行单次或连续采样。SignalTap II 默认未选中 Trigger in，如图 3-67 所示。

5. 保存逻辑分析仪文件

选择 SignalTap II File 菜单栏中的 Save As 命令，修改 SignalTap II 默认的文件名 stp1.stp 为 MUX4to1_tst.stp（stp 为逻辑分析仪文件扩展名），保存，将弹出"Do you want to enable SignalTap II File 'MUX4to1_tst.stp' for the current project"提示页。

单击 Yes 则表示同意，再次编译时将 SignalTap II 文件（MUX4to1_tst.stp）集成于工程中一起编辑、综合和适配，以便将逻辑分析仪 SignalTap II 随同硬件电路一起配置到 FPGA 芯片中。

单击 No 则需要手动设置 SignalTap II。在 Quartus II 主界面下选择 Assignments 菜单栏下的 Settings... 命令，在弹出页面的 Category 栏中选择 SignalTap II Logic Analyzer，点击 SignalTap II File name 右侧的浏览按钮，在弹出的窗口中选择已经保存的逻辑分析仪文件，将其（MUX4to1_tst.stp）添加到工程中，并选中 Enable SignalTap II Logic Analyzer 复选框，如图 3-68 所示，单击 OK 按钮返回。

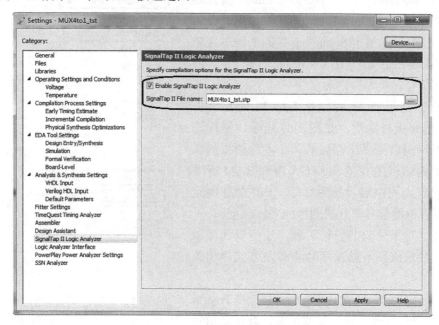

图 3-68　逻辑分析仪设置界面

6. 重新编译和下载

点击 按钮，弹出如图 3-69 所示的提示页，单击 Yes 按钮，这时 Quartus II 会自动对工程进行一次编译、综合与适配过程。

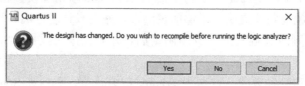

图 3-69　重新编译提示图

编译完成后，需要将配置文件 MUX4to1_tst.sof 下载到 FPGA 中。如果连接好硬件后没有自动检测到 USB-Blaster，则需要手动设置 USB-Blaster。点击图 3-70 中的 Setup... 按钮，然后选择 USB-Blaster [USB-0] 选项。

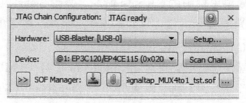

图 3-70　USB-Blaster 设置界面

点击图 3-70 中的 ⬚ 按钮，在工程目录中 output_files 子目录下选中新生成的配置文件 MUX4to1_tst.sof，再点击图标 ⬚ 进行下载。下载完成后可以看到例化管理器 Instance Manager 右侧提示为 Ready to acquire，如图 3-71 所示，表示可以进行逻辑分析了。

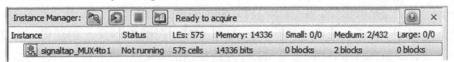

图 3-71　设置完参数后待编译界面图

7. 启动逻辑分析仪进行测试

设置开关 SW_1 和 $SW0_1$ 均为低电平（$A_1A_0 = 00$），点击例化管理器中的 ⬚ 按钮（或者选择 Processing 菜单下的 Run Analysis 命令）启动 SignalTap II 进行单次数据采集，得到的信号波形如图 3-72 所示，可以看到输出 y 的波形与数据 D_0 的波形一致。

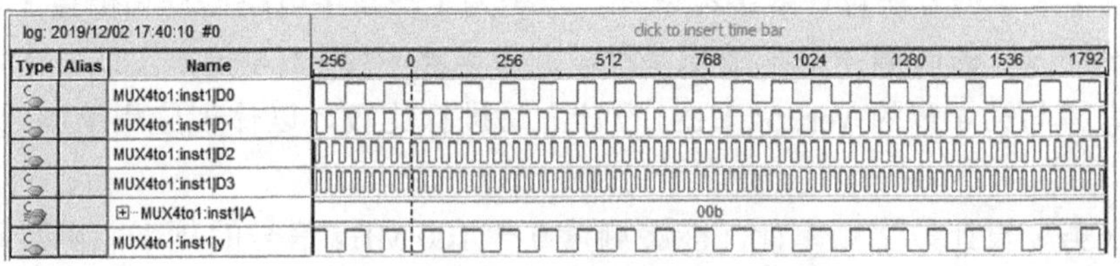

图 3-72　$A_1A_0 = 00$ 时的测试波形图

分别设置开关 SW_1 和 $SW0_1$ 为 01、10 和 11，然后点击例化管理器中的 ⬚ 按钮启动 SignalTap II 进行数据采集。得到的信号波形分别如图 3-73、图 3-74 和图 3-75 所示，可以看到 4 选一数据选择器的实际工作情况与逻辑功能相同。

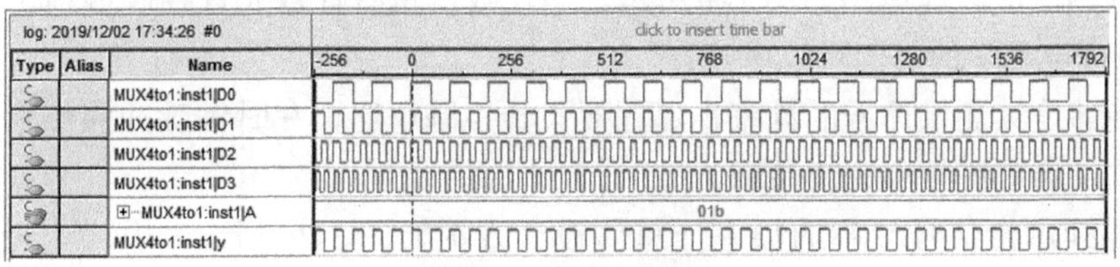

图 3-73　$A_1A_0 = 01$ 时的测试波形图

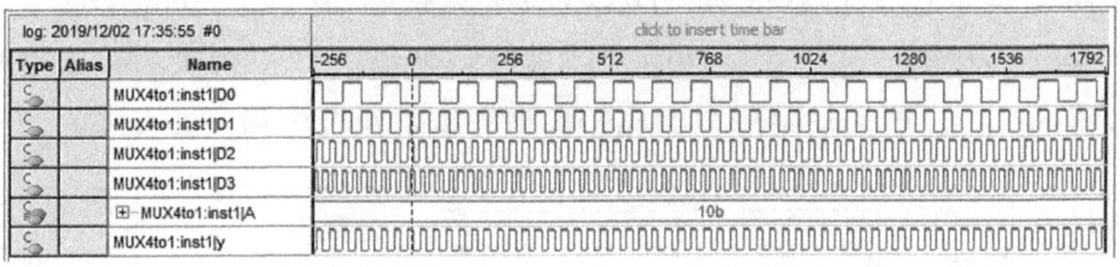

图 3-74　$A_1A_0 = 10$ 时的测试波形图

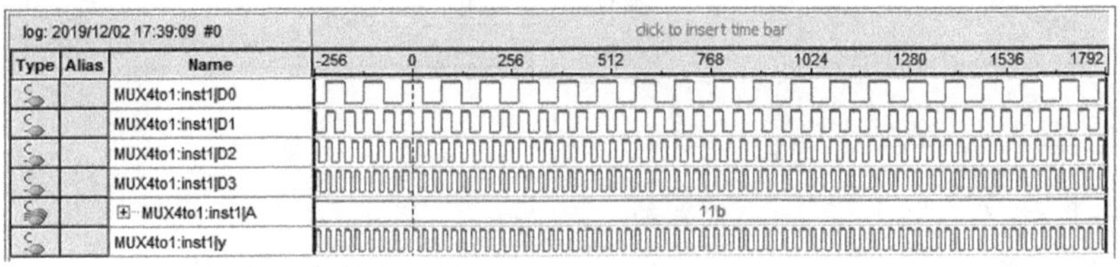

图 3-75　$A_1A_0 = 11$ 时的测试波形图

另外，还可以点击例化管理器中的 🔁 按钮（或者选择 Processing 菜单下的 AutoRun Analysis 命令）进行连续测试，这时 SignalTap II 将实时采集和显示信号的波形，拨动 SW1 和 SW0 改变数据选择器的地址就可以观察到输出 y 的实时变化。点击 ⬛ 按钮（或者选择 Processing 菜单下的 Stop Analysis 命令）时，SignalTap II 将停止数据采集。

测试完成后，需要从工程中移除 SignalTap II 时，在图 3-68 所示的逻辑分析仪设置界面中消除 Enable SignaTap II Logic Analyzer 复选框前的"√"，重新进行编译与综合后即可移除。

3.5 数字频率计设计——基于原理图方法

原理图具有直观形象的优点，是电子电路传统的设计方法。

本节基于原理图方法设计数字频率计，一是为了与数字电路课程相衔接，使得只掌握了原理图设计方法的同学在电子技术课程设计中能够应用 EDA 技术实现中小规模数字系统；二是为了与第 4 章的 Verilog HDL 设计方法进行比较，以体现应用 HDL 设计数字系统的优点。

设计任务：设计数字频率计，能够测量 $0 \sim 100$ MHz 信号的频率，用数码管显示测频结果，要求测量精度为 1Hz。

分析：目前，FPGA 的传输延迟时间不超过 7 ns，因此基于 FPGA 设计的频率计能够测量 100 MHz 以上信号的频率。要求测量精度为 1 Hz 时，在门控信号作用时间为 1 秒的情况下，需要应用 10^8 进制计数器进行计数。

直接测频法的原理电路如图 1-1 所示。当计数器带有计数允许控制端（如 74HC160 的 EP）时，原理电路中的与门可以省略。

为了能够连续测量信号的频率，还需要设计控制电路，在时钟脉冲的作用下，循环将计数器清零、启动测频和刷新显示。

能够连续测量信号频率的频率计总体设计方案如图 3-76 所示，其中 f_x 为被测信号。主控电路输出的 CLR' 为清零信号，用于将计数器清零，$CNTEN$ 为闸门信号，用于控制计数器在固定时间内对 CLK 进行计数，$DISPEN'$ 为显示刷新信号，用于控制锁存译码电路刷新测量结果。当被测信号为正弦波时，还需要将被测信号 f_x 放大整形为脉冲信号后作为测频计数器的时钟。放大与整形电路属于模拟和模数混合电路，在此不再复述。

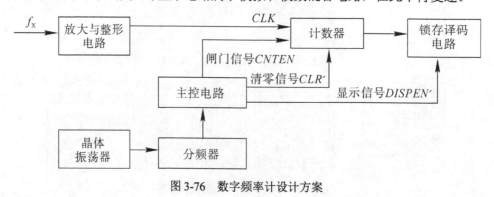

图 3-76 数字频率计设计方案

设计过程：由设计方案可以看出，数字频率计主要由主控电路、计数器、锁存与译码电路和分频器构成。

1. 计数、锁存与译码电路设计

要求测量信号的频率为 $0 \sim 100\,\text{MHz}$、分辨率为 $1\,\text{Hz}$ 时，需要用 10^8 进制计数器进行计数，用 8 位数码管显示。具体的实现方法是从 Quartus II 原理图符号库中调用 8 个十进制计数器 74160 级联构成。

CD4511 是具有锁存功能的 BCD 显示译码器，所以因此锁存与译码电路基于 CD4511 设计最为方便。但遗憾的是，Quartus II 提供的符号库中没有 CD4511，因此只能调用库中提供的显示译码器 7448 设计。

显示译码器 7448 没有锁存功能，为了能够锁存测量结果，还需要在每个计数器 74160 和显示译码器 7448 之间插入 4 位锁存器（如 7475）以锁存需要显示的 BCD 码。另外，DE2-115 基于共阳数码管设计，因此用 DE2-115 开发板实现频率计时，还需要在每个 7448 的输出端加反相器将高电平有效的输出信号转换为低电平有效，以适应驱动共阳数码管的要求。

综上分析，BCD 码计数、锁存与译码电路的设计方案如图 3-77 所示。

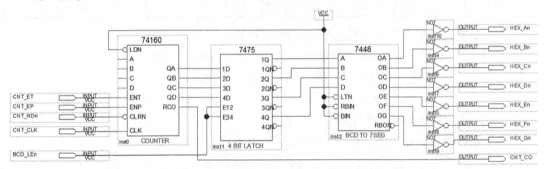

图 3-77　BCD 计数、锁存与显示译码电路

为了使顶层设计电路清晰简洁，建立工程 BCD_CNT_7SEG，将图 3-77 所示的 BCD 计数、锁存及显示译码电路封装成图 3-78 所示的图形符号，以便在顶层设计电路中调用。

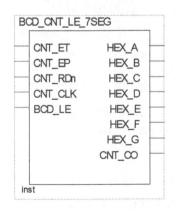

图 3-78　计数锁存与显示译码模块符号

2. 主控电路设计

主控电路用于产生周期性的清零信号、闸门信号和显示刷新信号。

用十进制计数器 74160 作为主控器件、取时钟脉冲为 8 Hz 时，测频计数器的清零信号 CLR'、门控信号 $CNTEN$、显示刷新信号 $DISPEN'$ 与主控计数器的输出 $Q_3Q_2Q_1Q_0$ 之间的时序关系设计，如表 3-4 所示，其中清零信号作用时间为 1/8s、闸门信号 $CNTEN$ 的作用时间为 1s、显示刷新信号作用时间为 1/8 s。

表 3-4　主控电路功能表

CLK	Q_3 Q_2 Q_1 Q_0	状态	CLR' $CNTEN$ $DISPEN'$
1	0 0 0 0	P_0	0 0 1
2	0 0 0 1	P_1	1 1 1
3	0 0 1 0	P_2	1 1 1
4	0 0 1 1	P_3	1 1 1
5	0 1 0 0	P_4	1 1 1
6	0 1 0 1	P_5	1 1 1
7	0 1 1 0	P_6	1 1 1
8	0 1 1 1	P_7	1 1 1
9	1 0 0 0	P_8	1 1 1
10	1 0 0 1	P_9	1 0 0

由功能表写出三个控制信号的逻辑函数表达式：

$$\begin{cases} CLR' = P_0' = (Q_3'Q_2'Q_1'Q_0')' = Q_3 + Q_2 + Q_1 + Q_0 \\ CNTEN = (P_0 + P_9)' = CLR' \cdot DISPEN' \\ DISPEN' = P_9' = C' \end{cases}$$

其中，C 为计数器 74160 的进位信号。

由上述函数式设计出的主控电路如图 3-79 所示。

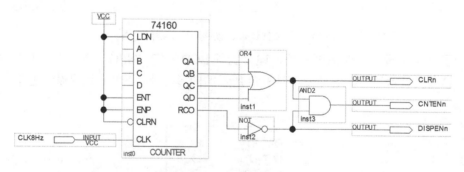

图 3-79　主控电路设计图

建立工程 Freqer_CTRL，将主控电路封装成图 3-80 所示的图形符号，以便在顶层设计电路中调用。

3. 分频器设计

分频器用于为主控电路提供时钟脉冲。

以 DE2-115 开发板所用的 50 MHz 晶振频率计算，需要设计分频系数为 $(50 \times 10^6 / 8 =) 6\,250\,000$ 的分频器，才能

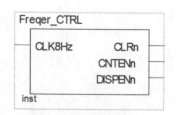

图 3-80　主控电路符号

将 50 MHz 的信号分频为 8 Hz。用原理图方法直接设计这么大分频系数的分频器时，电路结构相当复杂。

为了简化分频电路设计，先定制 Cyclone IV E FPGA 内部的锁相环（ALTPLL）将 50 MHz 的晶振信号分频为 10 kHz，然后再应用分频系数为（$10 \times 10^3/8=$）1250 的分频器将频率降为 8 Hz。

锁相环的定制方法和具体步骤参看 5.1 节。分频系数为 1250 的分频器的实现方法是，应用（1250/2=）625 进制计数器级联一位二进制计数器实现，如图 3-81 所示，其中 625 进制计数器每经过 625 个脉冲输出一个进位信号，驱动一位二进制计器翻转输出 8 Hz 方波。

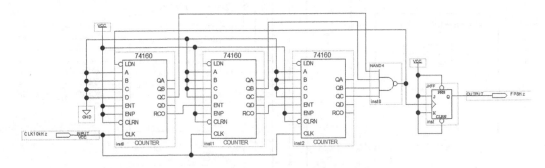

图 3-81　分频系数为 1250 的分频器

建立工程 FP10k_8 Hz，将图 3-81 所示的分频电路封装成图 3-82 所示的图形符号以便在顶层设计电路中调用。

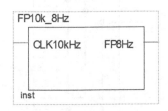

图 3-82　分频器符号

4. 顶层电路设计

顶层电路是基于图 3-76 所示的设计方案，应用已经封装好的分频电路，主控电路，计数、锁存与译码显示电路，以及定制好的锁相环搭建而成，如图 3-83 所示。由于篇幅的限制，图中的顶层设计电路只连接了 4 组计数、锁存与数码管驱动电路模块，因此，当闸门时间为 1 秒时，测频范围为 0~10 kHz，分辨率为 1 Hz。设计测频范围为 0~100 MHz 的频率计只需要将 4 组计数、锁存与数码管驱动电路模块扩展为 8 组即可实现。

需要说明的是，图中的 D 触发器部分为超量程指示电路，当待测信号的频率超出测量范围时，OVLED 输出高电平，驱动外部发光二极管显示信号频率超量程。

另外，将图中测频信号输入端（FX0_100 MHz）锁定到 50 MHz 晶振的输出端时，可以验证 0~100 MHz 频率计功能的正确性。

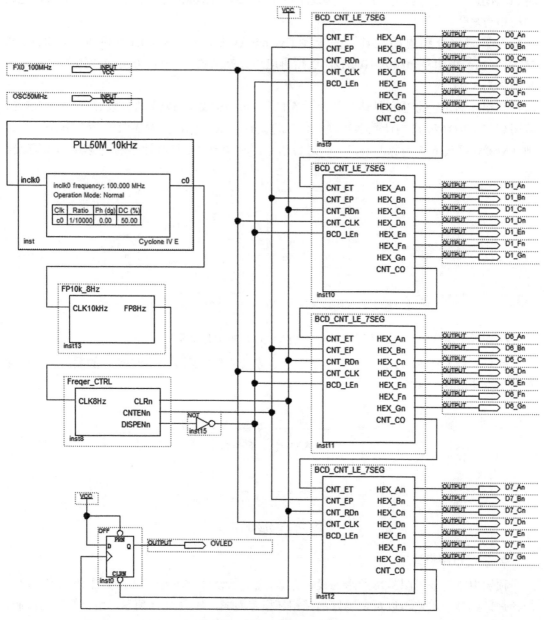

图 3-83　频率计顶层设计电路

思考与练习

3.1 简述在 Quartus II 平台下进行 EDA 设计的基本流程。

3.2 用 Verilog HDL 描述 4 线 -16 线的译码器 74LS154。当两个控制端 $S_A{}'$ 和 $S_B{}'$ 均为低电平时，译码器正常工作，将输入的 4 位二进制码翻译成高 / 低电平信号，低电平有效；

否则译码器不工作,输出全部强制为高电平。在 Quartus II 平台下描述并进行仿真验证,并在 EDA 开发板上完成功能测试。

3.3 用 Verilog HDL 描述具有功能控制端 S′ 的 8 选 1 的数据选择器。当 S′ 为低电平时,数据选择器正常工作,根据地址码的不同从 8 路输入数据中选择其中一路输出 ;当 S′ 为高电平时数据选择器不工作,输出强制为低电平。在 Quartus II 平台下描述并进行仿真验证,并在 EDA 开发板上完成功能测试。

3.4 用两片十进制加 / 减计数器 74192 设计 100 进制的加 / 减计数器,并进行仿真验证。

3.5 在 Quartus II 平台下,调用 Modelsim 对例 2-27 进行仿真验证。

3.6 在 Quartus II 平台下,调用 Modelsim 对例 2-28 进行仿真验证。

3.7* 用原理图方法设计洗衣机定时控制器。具体要求如下 :

(1)洗衣机开机后,在设定的洗涤时间范围内,按"停 10 s →正转 20 s →停 10 s →反转 20 s"的模式运转,洗涤时间到后自动停机 ;

(2)洗涤时间可以设定为 0~99 min ;

(3)用两位数码管实时显示洗涤剩余时间 ;

(4)洗涤时间到时,洗衣机停止工作的同时发出光电信号和音频信号提醒用户注意。

在 Quartus II 平台下进行设计,并下载到 EDA 开发板进行功能测试。

(提示 :可用三个 LED 表示洗衣机的工作状态)

3.8* 用原理图方法设计数码管控制电路。具体要求如下 :

(1)在单个数码管上自动依次显示自然数序列(0 ～ 9)、奇数序列(1、3、5、7 和 9)、音乐符号序列(0 ～ 7)和偶数序列(0、2、4、6 和 8);

(2)加电时先显示自然数序列,然后按上述规律变化。

在 Quartus II 平台下进行设计,并下载到 EDA 开发板进行功能测试。

常用数字器件的描述

4

数字电路根据其逻辑功能的不同特点进行划分，可分为组合逻辑电路和时序逻辑电路两大类。组合逻辑电路的输出只与输入有关，时序逻辑电路的输出不但与输入有关，而且与电路的状态也有关系。

小试牛刀。掌握了 Verilog HDL 并且熟悉了 Quartus II 集成开发环境之后，本章主要对数字电路中常用的功能器件进行描述，然后讲述分频器的设计原理及其应用，最后通过数字频率计的设计说明基于 HDL 的数字系统设计方法。

4.1 组合器件的描述

组合逻辑器件除基本逻辑门之外，有编码器、译码器、数据选择器、数据比较器、三态门和奇偶校验器等多种类型。

4.1.1 基本逻辑门

逻辑代数中定义了与、或、非、与非、或非、异或和同或共七种运算，相应地，Verilog HDL 中定义了实现七种逻辑关系的基元，例化这些基元就可以描述门电路。同时，Verilog 中定义了九类操作符，应用逻辑运算符或者位操作符，也可以很方便地描述门电路。因此，基本逻辑门既可以应用行为描述方式或者数据流描述方式进行描述，也可以应用结构描述方式进行描述。

应用数据流描述时，可用连续赋值语句 assign 和逻辑运算符 / 位操作符实现。

【例 4-1】基本逻辑门的描述。

```
module Basic_Gates (a,b,Yand,Yor,Ynot,Ynand,Ynor,Yxor,Yxnor);
    // 端口描述
    input a,b;
    output Yand,Yor,Ynot,Ynand,Ynor,Yxor,Yxnor;
    // 数据流描述，应用位操作符
    assign Yand  = a & b;
    assign Yor   = a | b;
    assign Ynot  = ~a;
    assign Ynand = ~( a & b);
```

```
      assign Ynor  = ~(a | b);
      assign Yxor  = a ^ b;
      assign Yxnor = ~(a ^ b);
   endmodule
```

4.1.2　编码器

编码器用于将输入的高 / 低电平信号转换成编码输出。二进制编码器有 4 线 –2 线、8 线 –3 线、16 线 –4 线等多种类型。

74HC148 为 8 线 –3 线优先编码器，能够将 8 个高 / 低电平信号编成 3 位二进制码。同时，74HC148 还附加了三个功能端，以方便器件的功能扩展和应用。

74HC148 的逻辑功能如表 4-1 所示。

表 4-1　74HC148 功能表

输　入								输　出				
S'	I_0'	I_1'	I_2'	I_3'	I_4'	I_5'	I_6'	I_7'	Y_2'	Y_1'	Y_0'	Y_S'	Y_{EX}'
1	×	×	×	×	×	×	×	×	1	1	1	1	1
0	1	1	1	1	1	1	1	1	1	1	1	0	1
0	×	×	×	×	×	×	×	0	0	0	0	1	0
0	×	×	×	×	×	×	0	1	0	0	1	1	0
0	×	×	×	×	×	0	1	1	0	1	0	1	0
0	×	×	×	×	0	1	1	1	0	1	1	1	0
0	×	×	×	0	1	1	1	1	1	0	0	1	0
0	×	×	0	1	1	1	1	1	1	0	1	1	0
0	×	0	1	1	1	1	1	1	1	1	0	1	0
0	0	1	1	1	1	1	1	1	1	1	1	1	0

Verilog HDL 中的多重条件语句（if-else if-else if…）隐含有优先级的概念，因此可以用来描述优先编码器。另外，分支语句 casex/casez 也可以用来描述优先编码器。

【例 4-2】用条件语句描述 74HC148。

```
   module HC148a(input S_n,        // 控制端，低电平有效
                 input [7:0] I_n,  // 高、低电平输入端，低电平有效
                 output reg [2:0] Y_n,  // 二进制反码输出端
                 output reg YS_n,  // 无编码信号指示，低电平有效
                 output reg YEX_n  // 有编码输出指示，低电平有效
                 );
   always @(S_n,I_n)  // 当控制信号或输入高、低电平发生变化时
     if （!S_n）      // 当控制信号有效时
       if （!I_n[7]）
```

```
               begin  Y_n = 3'b000; YS_n = 1'b1; YEX_n = 1'b0; end
        else if（!I_n[6]）
               begin  Y_n = 3'b001; YS_n = 1'b1; YEX_n = 1'b0; end
        else if（!I_n[5]）
               begin  Y_n = 3'b010; YS_n = 1'b1; YEX_n = 1'b0; end
        else if（!I_n[4]）
               begin  Y_n = 3'b011; YS_n = 1'b1; YEX_n = 1'b0; end
        else if（!I_n[3]）
               begin  Y_n = 3'b100; YS_n = 1'b1; YEX_n = 1'b0; end
        else if（!I_n[2]）
               begin  Y_n = 3'b101; YS_n = 1'b1; YEX_n = 1'b0; end
        else if（!I_n[1]）
               begin  Y_n = 3'b110; YS_n = 1'b1; YEX_n = 1'b0; end
        else if（!I_n[0]）
               begin  Y_n = 3'b111; YS_n = 1'b1; YEX_n = 1'b0; end
        else        // 无编码信号输入时
               begin  Y_n = 3'b111; YS_n = 1'b0; YEX_n = 1'b1; end
        else        // 控制信号无效时
               begin  Y_n = 3'b111; YS_n = 1'b1; YEX_n = 1'b1; end
    endmodule
```

【例 4-3】用分支语句描述 74HC148。

```
    module HC148b( S_n,I_n,Y_n,YS_n,YEX_n);
      input S_n;
      input [7:0] I_n;
      output reg [2:0] Y_n;
      output reg YS_n;
      output reg YEX_n;
      always @(S_n,I_n)
        if （!S_n)
          casex（I_n）
            8'b0???????: begin Y_n =3'b000; YS_n =1'b1; YEX_n =1'b0; end
            8'b10??????: begin Y_n =3'b001; YS_n =1'b1; YEX_n =1'b0; end
            8'b110?????: begin Y_n =3'b010; YS_n =1'b1; YEX_n =1'b0; end
            8'b1110????: begin Y_n =3'b011; YS_n =1'b1; YEX_n =1'b0; end
            8'b11110???: begin Y_n =3'b100; YS_n =1'b1; YEX_n =1'b0; end
            8'b111110??: begin Y_n =3'b101; YS_n =1'b1; YEX_n =1'b0; end
            8'b1111110?: begin Y_n =3'b110; YS_n =1'b1; YEX_n =1'b0; end
            8'b11111110: begin Y_n =3'b111; YS_n =1'b1; YEX_n =1'b0; end
```

```
        8'b11111111:begin Y_n =3'b111; YS_n =1'b0; YEX_n =1'b1; end
        default:    begin Y_n =3'b111; YS_n =1'b1; YEX_n =1'b1; end
      endcase
    else
        begin Y_n =3'b111; YS_n =1'b1; YEX_n =1'b1; end
  endmodule
```

4.1.3　译码器

译码器的功能与编码器相反，用于将编码重新翻译为高 / 低电平信号。二进制译码器有 2 线 -4 线、3 线 -8 线和 4 线 -16 线等多种类型。

74HC138 是 3 线 -8 线译码器，能够将 3 位二进制码翻译成 8 个高 / 低电平信号，其逻辑功能如表 4-2 所示。

表 4-2　74HC138 功能表

输　入		输　出	
S_1　S_2'　S_3'	A_2　A_1　A_0	Y_0'　Y_1'　Y_2'　Y_3'　Y_4'　Y_5'　Y_6'　Y_7'
0　×　×	×　×　×	1　1　1　1　1　1　1　1
×　1　×	×　×　×	1　1　1　1　1　1　1　1
×　×　1	×　×　×	1　1　1　1　1　1　1　1
1　0　0	0　0　0	0　1　1　1　1　1　1　1
1　0　0	0　0　1	1　0　1　1　1　1　1　1
1　0　0	0　1　0	1　1　0　1　1　1　1　1
1　0　0	0　1　1	1　1　1　0　1　1　1　1
1　0　0	1　0　0	1　1　1　1　0　1　1　1
1　0　0	1　0　1	1　1　1　1　1　0　1　1
1　0　0	1　1　0	1　1　1　1　1　1　0　1
1　0　0	1　1　1	1　1　1　1　1　1　1　0

译码器可以应用行为描述、数据流描述和结构描述三种方式进行描述。

【例 4-4】74HC138 的行为描述。

```
module HC138(s1,s2_n,s3_n,bin_code,y_n);
  input s1,s2_n,s3_n;
  input [2:0] bin_code;
  output [7:0] y_n;
  reg [7:0] y_n;
  wire en;
  assign en = s1&(~s2_n)&(~s3_n);
```

```
   always @(en,bin_code)
   if (en)
     case (bin_code)
       3'b000: y_n = 8'b11111110;
       3'b001: y_n = 8'b11111101;
       3'b010: y_n = 8'b11111011;
       3'b011: y_n = 8'b11110111;
       3'b100: y_n = 8'b11101111;
       3'b101: y_n = 8'b11011111;
       3'b110: y_n = 8'b10111111;
       3'b111: y_n = 8'b01111111;
       default: y_n = 8'b11111111;
     endcase
     else
       y_n = 8'b11111111;
   endmodule
```

显示译码器是一种特殊的译码器，用于将 BCD/二进制码翻译成高/低电平信号，以驱动数码管显示数字信息。

CD4511 是常用的 BCD 显示译码器，输出高电平有效，同时具有灯测试、灭灯和锁存三种附加功能。

CD4511 的逻辑功能如表 4-3 所示。

表 4-3　CD4511 功能表

输入		输出							显示数字
LE BI' LT'	*D B C A*	Y_a Y_b Y_c Y_d Y_e Y_f Y_g							
× × 0	× × × ×	1　1　1　1　1　1　1							8
× 0 1	× × × ×	0　0　0　0　0　0　0							
0 1 1	0 0 0 0	1　1　1　1　1　1　0							0
0 1 1	0 0 0 1	0　1　1　0　0　0　0							1
0 1 1	0 0 1 0	1　1　0　1　1　0　1							2
0 1 1	0 0 1 1	1　1　1　1　0　0　1							3
0 1 1	0 1 0 0	0　1　1　0　0　1　1							4
0 1 1	0 1 0 1	1　0　1　1　0　1　1							5
0 1 1	0 1 1 0	0　0　1　1　1　1　1							6
0 1 1	0 1 1 1	1　1　1　0　0　0　0							7
0 1 1	1 0 0 0	1　1　1　1　1　1　1							8
0 1 1	1 0 0 1	1　1　1　0　0　1　1							9
0 1 1	1 0 1 0	0　0　0　0　0　0　0							

续表

输入		输出							显示数字
LE BI' LT'	*D B C A*	Y_a	Y_b	Y_c	Y_d	Y_e	Y_f	Y_g	
0 1 1	1 0 1 1	0	0	0	0	0	0	0	
0 1 1	1 1 0 0	0	0	0	0	0	0	0	
0 1 1	1 1 0 1	0	0	0	0	0	0	0	
0 1 1	1 1 1 0	0	0	0	0	0	0	0	
0 1 1	1 1 1 1	0	0	0	0	0	0	0	
1 1 1	× × × ×	*							*

注："*"表示保持原状态不变。

【例 4-5】CD4511 的逻辑描述。

```verilog
module CD4511(LE,BI_n,LT_n,BCD,SEG7);
    input LE,BI_n,LT_n;
    input [3:0] BCD;
    output reg [6:0] SEG7;
    always @(LE,BI_n,LT_n,BCD)
    if(!LT_n)                          // 灯测试信号有效时
      SEG7 <= 7'b1111111;              // SEG7: gfedcba
    else if(!BI_n)                     // 灭灯输入有效时
        SEG7 <= 7'b0000000;
      else if(!LE)                     // 锁存信号无效时
      case(BCD)                        // SEG7: gfedcba
        4'b0000: SEG7 <= 7'b0111111;       // 显示 0
        4'b0001: SEG7 <= 7'b0000110;       // 显示 1
        4'b0010: SEG7 <= 7'b1011011;       // 显示 2
        4'b0011: SEG7 <= 7'b1001111;       // 显示 3
        4'b0100: SEG7 <= 7'b1100110;       // 显示 4
        4'b0101: SEG7 <= 7'b1101101;       // 显示 5
        4'b0110: SEG7 <= 7'b1111100;       // 显示 6
        4'b0111: SEG7 <= 7'b0000111;       // 显示 7
        4'b1000: SEG7 <= 7'b1111111;       // 显示 8
        4'b1001: SEG7 <= 7'b1100111;       // 显示 9
        default: SEG7 <= 7'b0000000;       // 不显示
      endcase
endmodule
```

4.1.4 数据选择器

数据选择器在地址信号的作用下，能够从多路输入数据中选择其中一路输出，有 2 选一、4 选一、8 选一和 16 选一等多种类型。

74HC151 为 8 选一数据选择器，具有两个互补的输出端，其逻辑功能如表 4-4 所示。

表 4-4　74HC151 功能表

输入		输出
S'	地 址	Y　W'
	A_2　A_1　A_0	
1	× × ×	0　1
0	0　0　0	D_0　D_0'
0	0　0　1	D_1　D_1'
0	0　1　0	D_2　D_2'
0	0　1　1	D_3　D_3'
0	1　0　0	D_4　D_4'
0	1　0　1	D_5　D_5'
0	1　1　0	D_6　D_6'
0	1　1　1	D_7　D_7'

【例 4-6】74HC151 的行为描述。

```verilog
module HC151(s_n,d,addr,y,w_n);
  input s_n;
  input [7:0] d;
  input [2:0] addr;
  output y,w_n;
  reg y;
  assign w_n=~y;
  always @(s_n,d,addr)
    if (!s_n)
      case (addr)
        3'b000: y = d[0];
        3'b001: y = d[1];
        3'b010: y = d[2];
        3'b011: y = d[3];
        3'b100: y = d[4];
        3'b101: y = d[5];
        3'b110: y = d[6];
        3'b111: y = d[7];
```

```
              default: y = d[0];
          endcase
      else
          y = 1'b0;
  endmodule
```

应用 HDL 设计数字系统时，不受具体器件的限制，可以根据需要设计任何功能电路。

【例4-7】设计四位 4 选一数据选择器，用于从四路 4 位数据中选择其中一路输出。

```
  module MUX4b4to1(S_n,Addr,D0,D1,D2,D3,y);
  input S_n;
  input [1:0] Addr;
  input [3:0] D0,D1,D2,D3;     // 4位四路数据
  output [3:0] y;
  reg [3:0] y;
  always @(S_n,Addr,D0,D1,D2,D3)
    if（!S_n）
      case（Addr）
        2'b00: y = D0;
        2'b01: y = D1;
        2'b10: y = D2;
        2'b11: y = D3;
        default: y = D0;
      endcase
    else
      y = 4'b0000;
  endmodule
```

4.1.5 数值比较器

数值比较器用于比较数值的大小。

74HC85 是 4 位数值比较器，用于比较两个 4 位二进制数的大小。同时，考虑到器件功能扩展的需要，74HC85 还附加有三个来自低位比较结果的输入端。

74HC85 的具体功能如表 4-5 所示。

表 4-5 74HC85 功能表

数 值 输 入				级 联 输 入			输 出		
A_3, B_3	A_2, B_2	A_1, B_1	A_0, B_0	$I_{(A>B)}$	$I_{(A<B)}$	$I_{(A=B)}$	$Y_{(A>B)}$	$Y_{(A=B)}$	$Y_{(A<B)}$
$A_3>B_3$	×	×	×	×	×	×	1	0	0
$A_3<B_3$	×	×	×	×	×	×	0	0	1
$A_3=B_3$	$A_2>B_2$	×	×	×	×	×	1	0	0

续表

数 值 输 入				级 联 输 入			输 出		
A_3, B_3	A_2, B_2	A_1, B_1	A_0, B_0	$I_{(A>B)}$	$I_{(A<B)}$	$I_{(A=B)}$	$Y_{(A>B)}$	$Y_{(A=B)}$	$Y_{(A<B)}$
$A_3=B_3$	$A_2<B_2$	×	×	×	×	×	0	0	1
$A_3=B_3$	$A_2=B_2$	$A_1>B_1$	×	×	×	×	1	0	0
$A_3=B_3$	$A_2=B_2$	$A_1<B_1$	×	×	×	×	0	0	1
$A_3=B_3$	$A_2=B_2$	$A_1=B_1$	$A_0>B_0$	×	×	×	1	0	0
$A_3=B_3$	$A_2=B_2$	$A_1=B_1$	$A_0<B_0$	×	×	×	0	0	1
$A_3=B_3$	$A_2=B_2$	$A_1=B_1$	$A_0=B_0$	1	0	0	1	0	0
$A_3=B_3$	$A_2=B_2$	$A_1=B_1$	$A_0=B_0$	0	1	0	0	1	0
$A_3=B_3$	$A_2=B_2$	$A_1=B_1$	$A_0=B_0$	0	0	1	0	0	1

【例 4-8】74HC85 的逻辑描述。

```verilog
module HC85(dat_A,dat_B,iA_gt_B,iA_eq_B,iA_lt_B,yA_gt_B,yA_eq_B,yA_lt_B);
  // gt=greater than, eq=equal,lt=less than.
  input [3:0] dat_A,dat_B;
  input iA_gt_B,iA_eq_B,iA_lt_B;
  output yA_gt_B,yA_eq_B,yA_lt_B;
  reg yA_gt_B,yA_eq_B,yA_lt_B;
  wire [2:0] iIN;
  assign iIN={iA_gt_B,iA_eq_B,iA_lt_B};  // 拼接操作
  always @(dat_A,dat_B,iIN)
    if (dat_A > dat_B)
      begin yA_gt_B=1'b1; yA_eq_B=1'b0; yA_lt_B=1'b0; end
    else if (dat_A < dat_B)
      begin yA_gt_B = 1'b0; yA_eq_B=1'b0; yA_lt_B=1'b1; end
    else if (iIN == 3'b100)
      begin yA_gt_B = 1'b1; yA_eq_B=1'b0; yA_lt_B=1'b0; end
    else if (iIN == 3'b001)
      begin yA_gt_B = 1'b0; yA_eq_B=1'b0; yA_lt_B=1'b1; end
    else
      begin yA_gt_B = 1'b0; yA_eq_B=1'b1; yA_lt_B=1'b0; end
endmodule
```

4.1.6 三态缓冲器

三态缓冲器有低电平、高电平和高阻三种输出状态，用于总线驱动或双向数据接口的构建。

　　三态缓冲器有三态反相器和三态驱动器两种类型。当控制端有效时，三态反相器的输出与输入反相，三态驱动器的输出与输入同相。

　　74HC240/244 是双 4 位三态缓冲器，其中 74HC240 为三态反相器，74HC244 为三态驱动器。74HC240/244 的逻辑功能如表 4-6 所示。

表 4-6　74HC240/244 功能表

输　入		输　出	
G'	A	74HC240	74HC244
0	0	1	0
0	1	0	1
1	×	Z	Z

【例 4-9】74HC240 的逻辑描述。

```
module HC240(G1_n,A1,y1,G2_n,A2,y2);
  input G1_n,G2_n;                        // 控制端
  input [3:0] A1,A2;                      // 数据输入端
  output [3:0] y1,y2;
  assign y1 = (!G1_n)? ~A1 : 4'bz;        // 第一组 4 位三态反相器
  assign y2 = (!G2_n)? ~A2 : 4'bz;        // 第二组 4 位三态反相器
endmodule
```

74HC245 为 8 位双向驱动器，逻辑功能如表 4-7 所示。

表 4-7　74HC245 功能表

输　入		输入 / 输出	
OE'	DIR	A_n	B_n
0	0	$A=B$	输入
0	0	输入	$B=A$
1	×	Z	Z

【例 4-10】74HC245 的逻辑描述。

```
module HC245(port_A,port_B,DIR,OE_n);
  inout [7:0] port_A,port_B;
  input DIR,OE_n;
  reg [7:0] port_A,port_B;
  always @(OE_n,DIR,port_A,port_B)
    if (!OE_n)
      if (DIR == 1'b0)
        begin  port_A = port_B;  port_B = 8'bz;  end
      else
```

```
        begin  port_B = port_A;  port_A = 8'bz;  end
    else
        begin  port_A = 8'bz;  port_B = 8'bz;  end
endmodule
```

4.1.7　奇偶校验器

奇偶校验是并行通信中最基本的检错方法，分为奇校验和偶校验两种。

奇偶校验的原理是：在发送端，根据"n 位数据"产生"1 位校验码"，使发送的"n 位数据 +1 位校验码"中 1 的个数为奇 / 偶数；在接收端，检查每个接收到的"n+1"位数据中 1 的个数是否仍然为奇 / 偶数，从而判断信息在传输过程中是否发生了错误。其中"n+1 位"数据中 1 的个数为奇数的称为奇校验，为偶数的称为偶校验。相应地，产生奇偶校验码和进行奇偶检测的器件称为奇偶校验器。

一般地，n 位奇 / 偶校验器的逻辑函数表达式分别为

$$Y_{\mathrm{ODD}} = (\mathrm{D}_{n-1} \oplus D_{n-2} \oplus \cdots \oplus D_1 \oplus D_0)'$$
$$Y_{\mathrm{EVEN}} = D_{n-1} \oplus D_{n-2} \oplus \cdots \oplus D_1 \oplus D_0$$

其中 $D_{n-1}D_{n-2}\cdots D_1 D_0$ 表示 n 位数据，Y_{ODD} 和 Y_{EVEN} 分别为产生的奇 / 偶校验码或者奇偶校验结果。

74LS280 是集成奇偶校验发生 / 校验器，能够根据输入的 8/9 位数据产生一位偶校验码（$\sum$ ODD）和奇校验码（$\sum$ EVEN），满足单字节数据的检测要求。74LS280 的功能如表 4-8 所示。

表 4-8　74LS280 功能表

9 位输入数据中 1 的个数	输　出	
	偶校验码	奇校验码
0, 2, 4, 6, 8	0	1
1, 3, 5, 7, 9	1	0

【例 4-11】74LS280 的功能描述。

```
module LS280(Din,y_odd,y_even);
    input [8:0] Din;                    // 9 位输入数据
    output y_odd,y_even;                // 奇校验码，偶校验码
    assign y_odd = ~(^Din);            // 奇校验码输出
    assign y_even = ^Din;              // 偶校验码输出
endmodule
```

4.2　时序器件的描述

时序逻辑电路任一时刻的输出不但与当时的输入信号有关，而且与电路的状态也有关系。时序逻辑器件分为寄存器和计数器两种类型，两者均以存储电路为核心构成。

4.2.1 锁存器与触发器

锁存器与触发器是两种最基本的存储电路。锁存器是电平敏感器件，而触发器是边沿触发器件。为了使用灵活方便，商品化的锁存器 / 触发器都附加有复位端和置位端，分为异步和同步两类。

异步复位 / 置位不需要时钟的参与，当复位 / 置位信号有效时能够立即将锁存器 / 触发器置为 0 或置 1。用 always 语句描述时，需要将异步复位 / 置位信号列入 always 语句的事件列表中，当复位 / 置位有效时就能立即执行指定的操作。

描述具有异步复位功能的 JK 触发器的 Verilog 代码参考如下：

```verilog
module JKFF_async_rst(clk,rst_n,j,k,q);
  input clk,rst_n,j,k;
  output reg q;
  always @(posedge clk or negedge rst_n)
    if (!rst_n)                          // 低电平有效
      q <= 1'b0;
    else
      case ({j,k})
        2'b01 : q <= 1'b0;               // 置 0
        2'b10 : q <= 1'b1;               // 置 1
        2'b11 : q <= ~q;                 // 翻转
       default : q <= q;                 // 保持
      endcase
endmodule
```

同步复位 / 置位信号受时钟的控制，只有当时钟脉冲的有效沿到来时才能将触发器复位或者置位。用 always 语句描述时，在 always 语句的事件列表中只需要检测时钟脉冲的边沿，在过程体内部再检测复位 / 置位信号是否有效。

描述具有同步复位功能的 D 触发器的 Verilog 代码参考如下：

```verilog
module DFF_sync_rst(clk,rst_n,d,q);
  input clk,rst_n,d;
  output reg q;
  always @(posedge clk)
    if (!rst_n)
      q <= 1'b0;
    else
      q <= d;
endmodule
```

4.2.2 寄存器

寄存器由锁存器/触发器构成,用于存储一组二值信息,有2位、4位和8位等多种类型。

74HC573 是 8 位三态寄存器，内部由 D 锁存器构成，在微处理器/控制器系统中用于数据或者地址信号的锁定。

74HC573 的功能如表 4-9 所示，其中 Q_0 表示保持原状态不变。

表 4-9 74HC573 功能表

输　入			输出
OE'	LE	数据 D	Q
L	H	H	H
L	H	L	L
L	L	×	Q_0
H	×	×	Z

【例 4-12】74HC573 的功能描述。

```verilog
module HC573(D,LE,OE_n,Q);
  input [7:0] D;
  input LE,OE_n;
  output [7:0] Q;
  reg [7:0] Qtmp;                    // 定义内部变量
  // 功能描述
  assign Q = (OE_n)? Qtmp : 8'bz;    // 输出控制
  always @(D,LE)                     // 锁存过程
    if (LE)
      Qtmp <= D;
endmodule
```

74HC574 是 8 位三态寄存器，内部由 D 触发器构成。与 74HC573 作用类似，在微处理器/控制器系统中用于数据或者地址信号的锁定。

74HC574 的功能如表 4-10 所示，其中 Q_0 表示保持原值不变。

表 4-10 74HC574 功能表

输　入			输出
OE'	CLK	数据 D	Q
L	↑	H	H
L	↑	L	L
L	L	×	Q0
H	×	×	Z

【例 4-13】74HC574 的功能描述。

```verilog
module HC574(D,Clk,OE_n,Q);
  input [7:0] D;
```

```
    input Clk,OE_n;
    output [7:0] Q;

    reg [7:0] Qtmp;                          // 定义内部变量
    always @(posedge Clk)                    // 锁存过程
      Qtmp <= D;
      assign Q = (OE_n)? Qtmp : 8'bz;        // 输出控制
  endmodule
```

移位寄存器是在寄存器的基础上进行扩展，具有数据移位功能。

74HC194 是四位双向移位寄存器，具有异步复位，同步左移 / 右移、并行输入和保持功能。74HC194 的功能如表 4-11 所示。

表 4-11　74HC194 功能表

输　入			功能说明	
CLK	$R_D{'}$	S_1　S_0	功能	说明
×	0	×　×	复位	$Q_0Q_1Q_2Q_3=0000$
↑	1	0　0	保持	$Q_0{*}Q_1{*}Q_2{*}Q_3{*} = Q_0Q_1Q_2Q_3$
↑	1	0　1	右移	$Q_0{*}Q_1{*}Q_2{*}Q_3{*} = D_{IR}Q_0Q_1D_2$
↑	1	1　0	左移	$Q_0{*}Q_1{*}Q_2{*}Q_3{*} = Q_1Q_2Q_3Q_{IL}$
↑	1	1　1	并行输入	$Q_0{*}Q_1{*}Q_2{*}Q_3{*} = D_0D_1D_2D_3$

【例 4-14】74HC194 的功能描述。

```
    module HC194(clk,rd_n,s,din,dil,dir,q);
      input clk,rd_n,dil,dir;
      input [0:3] din;
      input [1:0] s;
      output [0:3] q;
      reg [0:3] q;
      always @(posedge clk or negedge rd_n)
      if (!rd_n)
        q <= 4'b0000;
       else
        case (s)
          2'b01: q[0:3] <= {dir,q[0:2]};      // 右移
          2'b10: q[0:3] <= {q[1:3],dil};      // 左移
          2'b11: q <= din;                    // 并行输入
          default: q <= q;                    // 保持
        endcase
```

```
endmodule
```

4.2.3　计数器

计数器是应用最为广泛的时序逻辑器件，分为同步计数器和异步计数器两大类。计数器根据计数的容量又可以分为二进制、十进制和其他进制计数器，根据计数方式又可以分为加法、减法和加 / 减计数器三种类型。

74HC160/162 为常用的同步十进制计数器，74HC161/163 为常用的同步十六进制计数器。74HC160/161/162/163 的管脚排列完全相同，不同的是，74HC160/161 具有异步复位功能，具体功能如表 4-12 所示，74HC162/163 具有同步复位功能，具体功能如表 4-13 所示。

表 4-12　74HC160/161 功能表

输　入				功能说明		
CLK	$R_D{}'$	$L_D{}'$	EP　ET	功能	说明	
×	0	×	×　×	异步复位	$Q_3Q_2Q_1Q_0 = 0000$	
↑	1	0	×　×	同步置数	$Q_3{}^*Q_2{}^*Q_1{}^*Q_0{}^* = D_3D_2D_1D_0$	
×	1	1	0　1	保持	$Q^* = Q$	C 保持
×	1	1	×　0			$C = 0$
↑	1	1	1　1	计数	$Q^* \leftarrow Q+1$	

表 4-13　74HC162/163 功能表

输　入				功能说明		
CLK	CLR'	$L_D{}'$	EP　ET	功能	说明	
↑	0	×	×　×	同步复位	$Q_3{}^*Q_2{}^*Q_1{}^*Q_0{}^* = 0000$	
↑	1	0	×　×	同步置数	$Q_3{}^*Q_2{}^*Q_1{}^*Q_0{}^* = D_3D_2D_1D_0$	
×	1	1	0　1	保持	$Q^* = Q$	C 保持
×	1	1	×　0			$C = 0$
↑	1	1	1　1	计数	$Q^* \leftarrow Q+1$	

【例 4-15】74HC160 的功能描述。

```
module HC160(CLK,Rd_n,LD_n,EP,ET,D,Q,CO);
  input CLK;
  input Rd_n,LD_n,EP,ET;
  input [3:0] D;
  output reg [3:0] Q;
  output CO;
  assign CO = ( (Q == 4'b1001) & ET );      // 进位逻辑
  always @( posedge CLK or negedge Rd_n )    // 计数逻辑
    if (!Rd_n)
      Q <= 4'b0000;
    else if (!LD_n)
```

```
          Q <= D;
        else if ( EP & ET )
        if ( Q==4'b1001 )
          Q <= 4'b0000;
        else
          Q <= Q + 1'b1;
     endmodule
```

【例 4-16】74HC163 的功能描述。
```
     module HC163( CLK,CLR_n,LD_n,EP,ET,D,Q,CO );
       input CLK,CLR_n,LD_n,EP,ET;
       input [3:0] D;
       output reg [3:0] Q;
       output CO;
       assign CO = ( ( Q==4'b1111 ) & ET );        // 进位逻辑
       always @( posedge CLK )                      // 计数逻辑
         if ( !CLR_n )
           Q <= 4'b0000;
         else if ( !LD_n )
           Q <= D;
         else if ( EP & ET )
           Q <= Q + 1'b1;
     endmodule
```

加 / 减计数器在时钟脉冲下既能实现加法计数，也能实现减法计数，分为单时钟和双时钟两种类型。单时钟加 / 减计数器的计数方式由加 / 减控制端（U'/D）控制，双时钟加 / 减计数器则通过不同的时钟输入控制加法计数和减法计数。

74HC191 是单时钟 16 进制加 / 减计数器，功能如表 4-14 所示，其中 U'/D 是计数方式控制端，当 $U'/D = 0$ 时实现加法计数，$U'/D = 1$ 时实现减法计数。进 / 借位信号 C/B 在进行加法计数时，在状态 "1111" 输出进位信号，在进行减法计数时，在状态 "0000" 输出借位信号。

表 4-14　74HC191 功能表

输　入				功能说明	
CLK_I	S'	LD'	U'/D	功能	说明
×	×	0	×	异步置数	$Q_3Q_2Q_1Q_0 = D_3D_2D_1D_0$
×	1	1	×	保持	$Q* = Q$
↑	0	1	0	加法计数	$Q* \leftarrow Q+1$
↑	0	1	1	减法计数	$Q* \leftarrow Q-1$

【例 4-17】74HC191 的功能描述。
```
     module HC191( clk,S_n,LD_n,UnD,D,Q,oCB );
       input clk,S_n,LD_n,UnD;
```

```
input [3:0] D;
output reg [3:0] Q;
output oCB;
assign oCB = (((~UnD)&(Q==4'b1111)) | (UnD &(Q==4'b0000)));
always @(posedge clk or negedge LD_n)
  if (!LD_n)
    Q <= D;
  else if (!S_n)
    if (!UnD)
      Q <= Q + 1'b1;
    else
      Q <= Q - 1'b1;
endmodule
```

4.3 分频器及其应用

分频器用于降低信号的频率。

设分频器的时钟信号频率用 f_{clk} 表示，分频输出信号频率用 f_{fpout} 表示，则 N 分频器输出信号的频率与时钟信号频率之间的关系为

$$f_{fpout} = f_{clk}/N$$

其中，N 称为分频系数。

通用分频器的实现方法是：应用 N 进制计数器，将待分频的信号作为计数器的时钟脉冲，分频信号作为输出。设 M 为 1 到 $N-1$ 的任意整数，在计数器从 0 计到 $M-1$ 期间，分频信号输出为低（或高）电平，再从 M 计到 $N-1$ 期间，分频信号输出为高（或低）电平，其中 M 的具体数值可根据占空比的要求进行调整。

【例 4-18】通用分频器的功能描述。

```
module fp_N(clk,en,N,M,fp_out);
  input clk,en;            // en 为分频器控制信号，高电平有效
  input [11:0] N;          // 分频系数 N，定义为 12 位时最大分频系数为 4096
  input [11:0] M;          // 高低电平分界设置，根据需要可在 0~4096 调整
  output fp_out;           // 分频输出信号

  reg [11:0] cnt;          // 定义内部计数器，容量应满足 2ⁿ ≥ N

  assign fp_out = ( cnt < M ) ? 0 : 1;    // 分频输出逻辑
  always @(posedge clk)                    // 计数逻辑
    if (!en)                               // 控制信号无效时
      cnt <= 12'b0;
```

```
           else
             if ( cnt < N-1)
               cnt <= cnt + 1'b1;
           else
               cnt <= 12'b0;
      endmodule
```

通用分频器是实现 PWM（Pulse Width Modulation，脉冲宽度调制）的基础，改变 M 的取值，即可以改变输出信号的占空比。

取 N=11、M=7 时，通用分频器的仿真结果如图 4-1 所示。

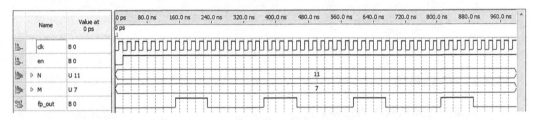

图 4-1　通用分频器仿真波形图

根据分频系数 N 的特性，可以将分频器分为偶分频器、奇分频器和半整数分频器三种类型。

4.3.1　偶分频器

偶分频器的分频系数 N 为偶数。

时钟信号为方波时，输出为方波的偶分频器除了应用例 4-18 的通用分频器，取 $M = N/2$ 的实现方法之外，还有另一种实现方法：应用 $N/2$ 进制计数器，将待分频的信号作为计数器的时钟脉冲，分频信号作为输出。每当计数器计满 $N/2$ 个脉冲时，将分频输出信号翻转，同时将计数器清零，在下次时钟到来时重新开始计数。如此循环反复，可以实现任意偶数分频。

【例 4-19】偶分频器的功能描述。

```
      module fp_even(clk,en,N_even,fp_out);
        input clk,en;            // en 为分频器控制信号，高电平有效
        input [11:0] N_even;     // 偶分频系数 N，定义为 12 位时最大分频系数为 4096
        output reg fp_out;       // 分频输出信号

        reg [11:0] cnt;          // 定义内部 n 位计数器，计数容量应满足 2ⁿ ≥（N/2）

        always @ ( posedge clk)
          if ( ! en )            // 控制信号无效时
            begin  cnt <= 12'b0;  fp_out<= 1'b0;  end
          else
```

```
        if ( cnt < N_even/2-1)
          cnt <= cnt + 1'b1;
        else
            begin  cnt <= 12'b0; fp_out<= ~fp_out;  end
    endmodule
```

取 N_even=10 时，偶分频器的仿真结果如图 4-2 所示。

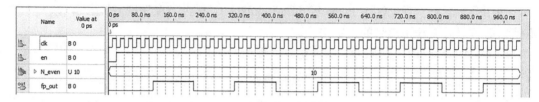

图 4-2　偶分频器仿真波形图

4.3.2　奇分频器

奇分频器的分频系数 N 为奇数。

时钟信号为方波时，如果不要求分频输出信号为方波，则奇分频可以用例 4-18 的通用分频器实现。如果要求分频输出信号为方波，则奇分频器的实现相对复杂一些。具体的实现方法是：应用两个 N 进制计数器，将待分频的信号作为计数器的时钟脉冲，分别在时钟脉冲的上升沿和下降沿进行 N 进制计数。当计数器从 0 计到 $(N-1)/2$ 时分频输出为低电平，再从 $(N+1)/2$ 计到 $N-1$ 时分频输出为高电平，分别得到两个占空比非 50% 的分频信号，然后将两个分频输出信号相或即可得到方波信号。

【例 4-20】奇分频器的功能描述。

```
    module fp_odd(clk,en,N_odd,fp_out);
    input clk,en;                   // en 为分频器控制信号，高电平有效
    input [11:0] N_odd;             // 奇分频系数 N，定义为 12 位最大分频系数为
                                       4095
    output fp_out;

    reg [11:0] cnt1,cnt2;           // 定义内部计数器，计数容量应满足 2ⁿ>N
    (* synthesis,probe_port,keep *) wire  fp1,fp2;

    assign fp1 = ( cnt1 <= ( N_odd-1)/2)? 0:1;
    assign fp2 = ( cnt2 <= ( N_odd-1)/2)? 0:1;
    assign fp_out = fp1 | fp2;

    always @(posedge clk)
      if (!en)
        cnt1 <= 12'b0;
```

```
   else if（cnt1 < N_odd-1 ）
     cnt1 <= cnt1 + 1'b1;
   else
     cnt1 <= 4'b0;
 always @（negedge clk）
   if（!en）
     cnt2 <= 12'b0;
   else if（cnt2 < N_odd-1 ）
     cnt2 <= cnt2 + 1'b1;
   else
     cnt2 <= 4'b0;
endmodule
```

上述代码中的"（* synthesis,probe_port,keep *）"为属性语句，告诉 Quartus II 综合器在进行综合时保留（keep）内部线网 fp1 和 fp2，不要优化掉，从而使 fp1 和 fp2 能够出现在仿真软件的信号列表中。

取 N_odd=11 时，例 4-20 的仿真结果如图 4-3 所示。

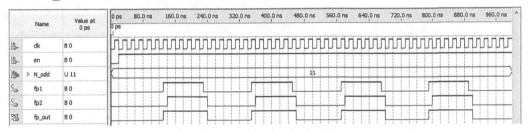

图 4-3 奇分频器仿真波形图

4.3.3 半整数分频器

半整数分频器是指分频系数为整数一半的分频器，如分频系数为 5.5 或 10.5 的分频器。

半整数分频器的实现电路如图 4-4 所示，其中模块 N_Counter 为上升沿工作的 N 进制计数器，co 为其进位信号。

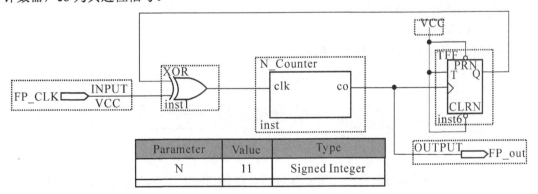

图 4-4 半整数分频器原理电路

半整数分频器的工作原理是：计数开始前 T 触发器状态为 0 时，经过异或门控制 N 进制计数器的时钟脉冲为外部时钟信号 FP_CLK，因此计数器将在时钟脉冲的上升沿计数。每当 N 进制计数器计到最后一个状态时，co 跳变为高电平，导致 T 触发器状态翻转，Q 输出为高电平，经过异或门后控制计数器 N_Counter 的时钟信号转换为 FP_CLK′，因此计数器将在下次时钟脉冲 FP_CLK 的下降沿计数，这会使得 N 进制计数器的最后一个状态只有半个时钟周期，因此分频输出信号 FP_out 的周期为时钟脉冲周期的 N−0.5 倍。

按照上述工作原理，描述分频系数为 10.5 的半分频器的 Verilog 参考代码如下：

```verilog
module fp10p5(clk,fp_out);
  input clk;
  output fp_out;
  // 定义内部变量和信号
  reg [3:0] cnt;
  wire co;
  reg q;
  wire cnt_clk;
  // 描述异或门和输出
  assign cnt_clk = clk ^ q;
  // 描述输出
  assign fp_out = co;
  // 描述11进制计数器
  assign co = ( cnt == 4'd10 );       // 进位信号
  always @( posedge cnt_clk )         // 计数逻辑
    if ( cnt == 4'd10 )
      cnt <= 4'd0;
    else
      cnt <= cnt + 1'b1;
  // 描述 T′ 触发器
  always @( posedge co )
    q <= ~q ;
endmodule
```

上述代码的仿真结果如图 4-5 所示。

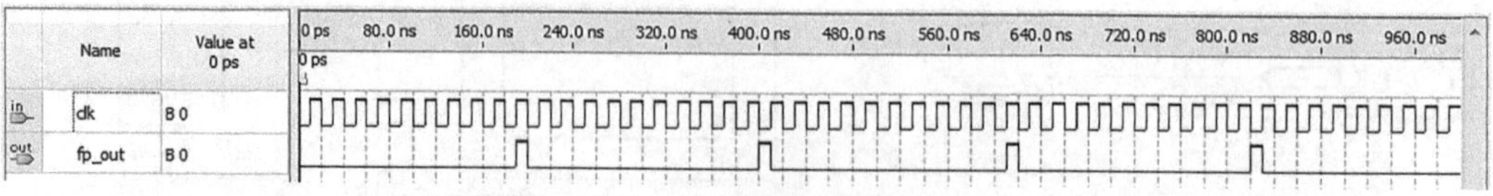

图 4-5　半整数分频器

应用半整数分频器级连一个二进制计数器可以得到输出为方波的奇分频器。例如，用分频系数为 10.5 的半整数分频器驱动 T′ 触发器即可得到 21 分频器。

4.3.4　分频器的应用

分频器在数字系统中应用广泛。例如，要使用逻辑电路控制直流电机的速度，通常采用图 4-6 所示的脉冲周期固定、占空比可调的 PWM 信号应用图 4-7 所示的驱动电路控制直流电机的转速，其中 SSR 为固态继电器（Solid State Relay），而 PWM 信号则基于例 4-18 所示的通用分频器实现。

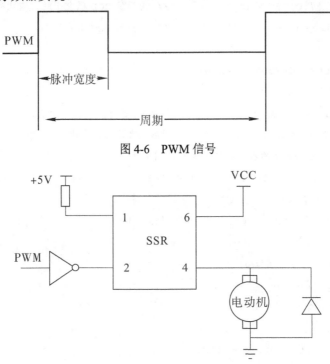

图 4-6　PWM 信号

图 4-7　直流电机驱动电路

用 PWM 信号控制电机转速的原理是：PWM 信号的平均直流量与占空比成正比。PWM 信号的占空比越大，电机得到的平均电流越高，电机的转速就越高。所以，只需要改变 PWM 信号的占空比，就可以调节电机的转速。

【例 4-21】设计一个频率为 2 kHz、占空比在 0 ～ 100% 可调的 PWM 信号。要求占空比的分辨率为 1%。

分析：要求 PWM 的占空比在 0 ～ 100% 可调，分辨率为 1% 时，应有 101 种控制字。若用复位信号控制占空比为 1、用 100 进制 BCD 码计数器控制实现占空比为 0 ～ 99% 时，刚好能够满足分辨率要求。

DE2-115 开发板提供有 50MHz 的晶振信号。将 50 MHz 的信号分频至 2 kHz，则要求分频计数器的容量应为

$$50 \times 10^{6}/(2 \times 10^{3}) = 25000$$

要产生 101 种占空比，则需要将计数器的容量等分为 100 份，每份应占 25000/100 =250 个计数值。当计数值小于"占空比的数值 ×250"时，PWM 输出为高电平，否则输出为低电平。

根据上述分析，产生频率为 2 kHz、占空比满足设计要求的 PWM 信号的 Verilog 参考代码如下：

```verilog
module pwmN(clk,clr,duty,pwm);
  input clk;                    // 50 MHz 晶振信号
  input clr;                    // 复位信号，高电平有效
  input [7:0] BCDduty;          // 用两位 BCD 码表示的占空比数值
  output reg pwm;               // 输出的 PWM 信号

  parameter N=25000,M=250;

  reg [13:0] cnt_q;      // 定义内部 14 位计数器，其中 2^14=16384>(N/2=12500)
  reg [7:0] duty;        // 二进制形式表示的占空比
  // 将 BCD 码表示的占空比转换为二进制形式
  assign duty = BCDduty[7:4]<<3+BCDduty[7:4]<<1+ BCDduty[3:0];
  // 分频计数过程
  always @(posedge clk or posedge clr)
    if (clr)
      cnt_q <= 14'b0;
    else if (cnt_q == N)
      cnt_q <= 14'b0;
    else
      cnt_q <= cnt_q + 1'b1;
  // 控制 PWM 输出
  always @(clr,duty,cnt_q)
    if ( clr )
      pwm = 1'b1;
    else if(cnt_q < (duty+1)*M))
      pwm = 1'b1;
    else
      pwm = 1'b0;
endmodule
```

需要对上述代码进行测试时，可以用输出的 PWM 信号驱动 EDA 开发板上的 LED，在 PWM 信号的作用下，能够调节 LED 的亮度。另外，还可以应用三组 PWM 信号控制一组红、绿、蓝三基色 LED，通过不同占空比的组合来调节灯光的亮度和色调。

利用不同分频系数的分频器能够产生不同频率信号的功能，还可以应用分频器设计音乐播放器或者简易电子琴。

【例 4-22】设计数控分频器，能够产生音乐中的音调。

分析：歌曲的旋律有两个主要因素：音调和时值。音调是指音符频率的高低，可以用

分频器来实现，而时值是指音调持续时间的长短。

十二平均律是把两倍音程（从 f_0 到 $2f_0$）几何平均分成 12 个半音音程的音律体制，两个相邻半音之间的频率之比为 $\sqrt[12]{2} \approx 1.059463$ 倍。另外，国际标准音规定，钢琴小字一组的 a 音的频率为 440 Hz，因此，根据频率的比例关系，可以推算出所有音调的频率。

钢琴键盘上的小字一组、小字二组和小字三组的音调名、音调频率如表 4-15 所示。

表 4-15　常用音调的参数（单位：Hz）

唱名	小字一组			小字二组			小字三组		
	音调名	频率	分频系数	音调名	频率	分频系数	音调名	频率	分频系数
do	c1	261.63	3364	c2	523.25	1682	c3	1046.50	841
	c1#	277.18	3175	c2#	544.37	1587	c3#	1108.73	794
re	d1	293.66	2997	d2	587.33	1498	d3	1174.66	749
	d1#	311.13	2828	d2#	622.25	1414	d3#	1244.51	707
mi	e1	329.63	2670	e2	659.26	1335	e3	1318.51	667
fa	f1	349.23	2520	f2	698.46	1260	f3	1396.91	630
	f1#	369.99	2378	f2#	739.99	1189	f3#	1479.98	595
sol	g1	392.00	2245	g2	783.99	1122	g3	1567.98	561
	g1#	415.30	2119	g2#	830.61	1059	g3#	1661.22	526
la	a1	440	2000	a2	880	1000	a3	1760	500
	a1#	466.16	1888	a2#	932.33	944	a3#	1864.66	472
si	b1	493.88	1782	b2	987.77	891	b3	1975.53	445

基于 DE2-115 开发板实现时，为了简化分频电路设计，首先设计分频器（或者定制锁相环）将板载的 50 MHz 晶振信号分频为 880 kHz，然后根据每个音调的频率基于 880 kHz 计算分频系数。小字一组、小字二组和小字三组分频系数的具体值如表 4-15 所示。

设计过程：从表 4-15 可以看出，三组音调中最大分频系数为 3364，最小分频系数为 445，因此数控分频器的分频系数应设计为 12 位二进制数。

新建工程，将例 4-19 所示的偶分频器和例 4-20 所示的奇分频器分别封装成原理图符号 fp_even 和 fp_odd，然后设计分频器控制模块 tone_ctrl，根据分频系数控制奇偶分频器的工作。控制模块 tone_ctrl 的 Verilog 描述代码参考如下：

```
module tone_ctrl(fpN,fp_even_en,fp_odd_en);
  input [11:0] fpN;
  output reg fp_even_en,fp_odd_en;

  always @ (fpN)
    if (fpN == 12'b0) // fpN 为 0 时控制奇偶分频器均不工作
      begin fp_even_en = 1'b0; fp_odd_en = 1'b0; end
```

```
    else  // fpN不为0时，奇偶分频器的工作由fpN的最低位决定
      begin fp_even_en = ~fpN[0]; fp_odd_en = fpN[0]; end
 endmodule
```

新建工程，将分频器控制模块 tone_ctrl 封装成原理图符号，并建立图 4-8 所示的数控分频器顶层设计电路，用于产生音乐中的音调。

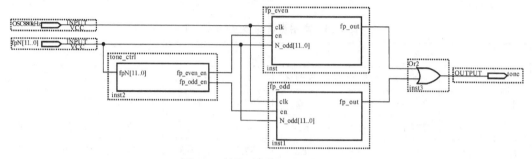

图 4-8　数控分频器顶层设计电路

分频系数 fpN 用开关量控制时，可以测试数控分频器的功能。将按键（应用编码器）编码成分频系数控制数控分频器时，即可以实现简易电子琴。

4.4　存储器的描述

存储器分为 ROM 和 RAM 两种类型。ROM 为只读存储器，应用时主要用于存储固定不变的数据信息。RAM 为随机存取存储器，存储的信息能够随时被读取或修改，应用时主要用作数据存储器，用来保存电路工作时产生的数据信息。

4.4.1　ROM 的描述

ROM 本质上为组合逻辑器件。简单的 ROM 可以直接应用 case 语句定义存储数据。例如，描述二进制显示译码的 16×7 位 ROM 的 Verilog 代码如下：

```
 module rom_16x7b(bincode,romdat);
  input [3:0] bincode;
  output reg [6:0] romdat;
  always @(bincode)
   case (bincode)    // gfedcba, 高电平有效
    4'b0000: romdat = 7'b0111111;  // 显示 0
    4'b0001: romdat = 7'b0000110;  // 显示 1
    4'b0010: romdat = 7'b1011011;  // 显示 2
    4'b0011: romdat = 7'b1001111;  // 显示 3
    4'b0100: romdat = 7'b1100110;  // 显示 4
    4'b0101: romdat = 7'b1101101;  // 显示 5
    4'b0110: romdat = 7'b1111101;  // 显示 6
    4'b0111: romdat = 7'b0000111;  // 显示 7
```

```
        4'b1000: romdat = 7'b1111111;   // 显示 8
        4'b1001: romdat = 7'b1101111;   // 显示 9
        4'b1010: romdat = 7'b1110111;   // 显示 A
        4'b1011: romdat = 7'b1111100;   // 显示 b
        4'b1100: romdat = 7'b0111001;   // 显示 c
        4'b1101: romdat = 7'b0011110;   // 显示 d
        4'b1110: romdat = 7'b1111001;   // 显示 E
        4'b1111: romdat = 7'b1110001;   // 显示 F
        default: romdat = 7'b0000000;   // 不显示
    endcase
endmodule
```

【例 4-23】设计音乐播放器，能够在时钟脉冲的作用下播放乐曲。

分析：音调可以用例 4-22 所示的数控分频器产生，音调的持续时间由音调的重复次数决定。将音调的分频系数存入 ROM 中，在时钟脉冲的作用下，依次取出，控制数控分频器实现乐曲的自动播放。

设计过程：以图 4-9 所示的舞剧《天鹅湖》场景音乐为例说明。

图 4-9　《天鹅湖》场景音乐乐谱

从乐谱可以看出，全曲共有 18 个小节，以八分音符为基准进行计算，全曲共有 18×8=144 个八分音符（包括休止符）。将 144 个音符的分频系数存入 ROM 中，在时钟脉冲的作用下依次取出，即可以控制数控分频器实现乐曲的自动演奏。

另外，图中乐曲的演奏速度标注为每分钟 84 个四分音符，所以读取 ROM 中的数据需要使用（84×2/60=）2.8 Hz 的时钟信号。

一般地，通用 ROM 用寄存器数组定义，然后将存储 ROM 数据的存储器初始化数据文件（.mif 或 .hex）加载到 ROM 中。

在 Quartus II 主界面下，选择 File 菜单栏下的 New 命令，弹出新建文件对话框。选择 Memory Files 栏下的 Memory Initialization File 命令，建立存储器初始化数据文件，将弹出

图 4-10 所示的存储器参数设置对话框。

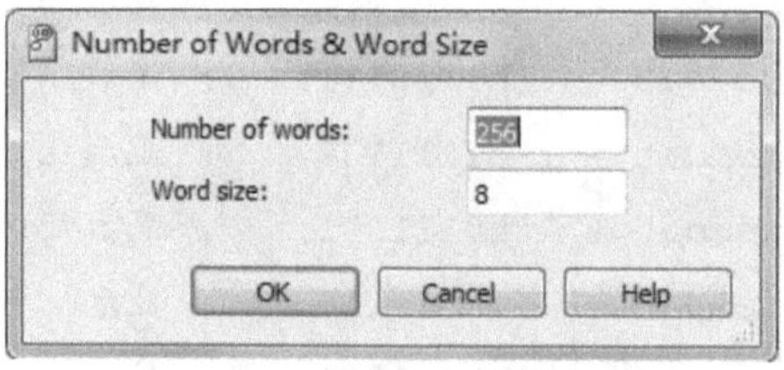

图 4-10　存储器参数设置对话框

将对话框中默认的参数 256 和 8 修改为 144 和 12，表示需要建立 144×12 位的存储器初始化数据表，点击 OK 按钮，弹出图 4-11 所示的存储器初始化数据页。

将乐曲分解为八分音符序列的分频系数依次填入初始化数据表中，如图 4-12 所示，保存时修改文件名为 swanlake_scene_fpdat.mif。

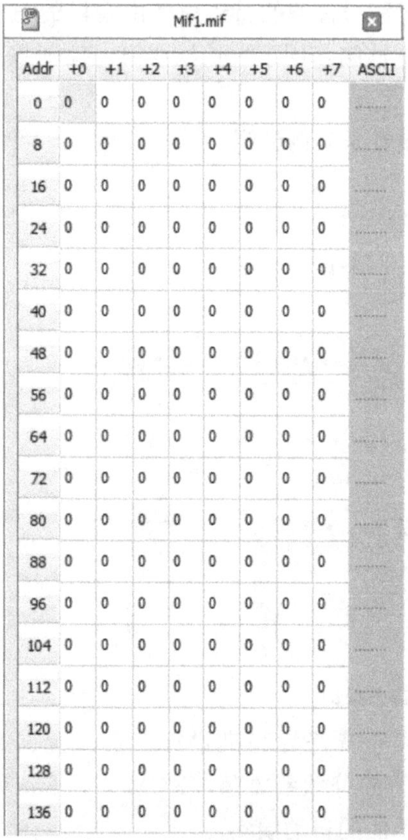

Mif1.mif

Addr	+0	+1	+2	+3	+4	+5	+6	+7	ASCII
0	0	0	0	0	0	0	0	0	....
8	0	0	0	0	0	0	0	0	....
16	0	0	0	0	0	0	0	0	....
24	0	0	0	0	0	0	0	0	....
32	0	0	0	0	0	0	0	0	....
40	0	0	0	0	0	0	0	0	....
48	0	0	0	0	0	0	0	0	....
56	0	0	0	0	0	0	0	0	....
64	0	0	0	0	0	0	0	0	....
72	0	0	0	0	0	0	0	0	....
80	0	0	0	0	0	0	0	0	....
88	0	0	0	0	0	0	0	0	....
96	0	0	0	0	0	0	0	0	....
104	0	0	0	0	0	0	0	0	....
112	0	0	0	0	0	0	0	0	....
120	0	0	0	0	0	0	0	0	....
128	0	0	0	0	0	0	0	0	....
136	0	0	0	0	0	0	0	0	....

图 4-11　存储器初始化数据页

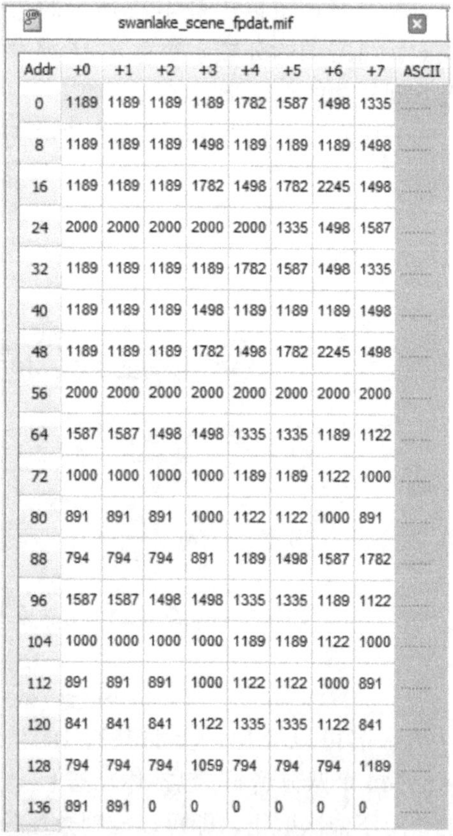

swanlake_scene_fpdat.mif

Addr	+0	+1	+2	+3	+4	+5	+6	+7	ASCII
0	1189	1189	1189	1189	1782	1587	1498	1335	....
8	1189	1189	1189	1498	1189	1189	1189	1498	....
16	1189	1189	1189	1782	1498	1782	2245	1498	....
24	2000	2000	2000	2000	2000	1335	1498	1587	....
32	1189	1189	1189	1189	1782	1587	1498	1335	....
40	1189	1189	1189	1498	1189	1189	1189	1498	....
48	1189	1189	1189	1782	1498	1782	2245	1498	....
56	2000	2000	2000	2000	2000	2000	2000	2000	....
64	1587	1587	1498	1498	1335	1335	1189	1122	....
72	1000	1000	1000	1000	1189	1189	1122	1000	....
80	891	891	891	1000	1122	1122	1000	891	....
88	794	794	794	891	1189	1498	1587	1782	....
96	1587	1587	1498	1498	1335	1335	1189	1122	....
104	1000	1000	1000	1000	1189	1189	1122	1000	....
112	891	891	891	1000	1122	1122	1000	891	....
120	841	841	841	1122	1335	1335	1122	841	....
128	794	794	794	1059	794	794	794	1189	....
136	891	891	0	0	0	0	0	0	....

图 4-12　填入分频系数数据值

建立描述《天鹅湖》场景音乐音调的 ROM 模块，具体的 Verilog 描述代码参考如下：

```
module swanlake_scene( addr, fpdat );
  input [7:0] addr;
  output reg [11:0] fpdat;
```

```
reg [11:0] swanlake_scene_rom [143:0]
    /*synthesis ram_init_file= "swanlake_scene_fpdat.mif"  */;
always @( addr )
    fpdat = swanlake_scene_rom [addr];
endmodule
```

其中初始化数据文件"swanlake_scene_fpdat.mif"通过属性语句"synthesis ram_init_file"加载到 ROM 中。

模块 swanlake_scene 的（部分）仿真结果如图 4-13 所示。

图 4-13　模块 swanlake_scene 的仿真结果

建立工程，将模块 swanlake_scene 进行编译与综合后，封装成原理图符号以备在顶层设计文件中调用。

建立工程，描述 144 进制计数器，编译与综合后封装成原理图符号以备在顶层设计文件中调用。144 进制计数器的 Verilog 描述代码参考如下：

```
module cnt144( clk2p8Hz, q );
  input clk2p8Hz;
  output reg [7:0] q;
  always @( posedge clk2p8Hz )
    if ( q == 8'd143 )
      q <= 8'd0;
    else
      q <= q+1'b1;
endmodule
```

建立工程，将图 4-8 所示的数控分频器顶层设计电路封装成原理图符号以备在顶层设计文件中调用。

建立顶层设计工程 MIDI_player，新建原理图设计文件，调用上述模块连接成图 4-14 所示的音乐播放器顶层设计电路。其中 880 kHz 信号既可以由定制锁相环产生，也可以用分频器实现。2.8 Hz 的脉冲信号建议由分频器产生，具体描述代码略。

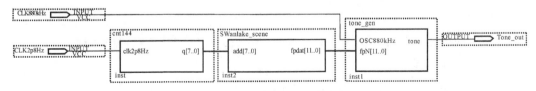

图 4-14　音乐播放器顶层设计电路

4.4.2 RAM 的描述

RAM 为时序逻辑器件。在 Verilog HDL 中，RAM 用寄存器数组描述，既可以用锁存器实现，也可以用触发器实现。例如，描述 256×16 位 RAM 的 Verilog 参考代码如下：

```verilog
module ram_latch ( iWE_n,iOE_n,iAddr,iDat,oDat);
  input iWE_n,iOE_n;
  input [7:0] iAddr;
  input [15:0] iDat;
  output [15:0] oDat;
  reg [15:0] mem [255:0];
  always @ ( iWE_n,iAddr,iDat )
    if (!iWE_n )                      // 锁存器实现
      mem[iAddr] <= iDat;
  assign oDat =(!iOE_n)? mem[iAddr] : 8'bz;
endmodule
```

双口 RAM 是指 RAM 的读操作和写操作在不同的端口进行，电路框图如图 4-15 所示，其中 clock 为时钟端，wren 为写控制端，wraddr 为写地址端，rdaddr 为读地址端，data 为数据输入端，q 为数据输出端。

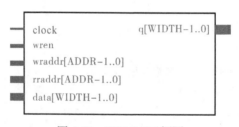

图 4-15　双口 RAM 框图

【例 4-24】16×8 位双口 RAM 功能描述。

```verilog
module dpram16x8b (clk,wren,wraddr,rdaddr,data,q);
  parameter WIDTH=8,DEPTH=16,ADDR=4;
  input clk;
  input wren;
  input [ADDR-1:0] wraddr,rdaddr;
  input [WIDTH-1:0] data;
  output [WIDTH-1:0] q;

  reg [WIDTH-1:0] mem_data [DEPTH-1:0];     // 定义存储器数组
  // 触发器实现
  always @(posedge clk)                     // 写过程
    if (wren)
```

```
    mem_data[wraddr] <= data;
  assign q = mem_data[rdaddr];                    // 读操作
endmodule
```

4.5　数字频率计设计——基于 HDL 方法

由 3.5 节中数字频率计的设计过程可以看出，应用原理图方法设计数字系统时，受到 Quartus II 图形符号库中提供器件的限制，设计灵活性差，既不利于节约 FPGA 资源，也不利于优化系统的性能。

基于 HDL 设计数字系统时，不再受具体器件功能的限制，可以根据需要描述所需要的单元电路，既有利于节约芯片资源，同时又有利于提高系统的性能和可靠性。

本节仍以设计能够测量 0 ～ 100 MHz 信号频率的数字频率计为目标，讲述基于 Verilog HDL 的设计方法。频率计仍用数码管显示测频结果，要求测量精度为 1 Hz。

设计过程：频率计仍基于图 3-76 的方案设计，由主控电路、计数器、锁存与译码电路和分频电路构成。

1. 计数、锁存与显示译码电路设计

测频计数器仍然采用 8 个十进制计数器级联构成。

74160 是具有异步清零、同步置数、计数允许控制和进位链接功能的同步十进制计数器。设计频率计时，可以简化掉不需要的置数功能以优化电路设计。

描述具有异步清零、计数允许控制和进位链接功能的同步十进制计数器的 Verilog 代码参考如下：

```
module HC160s(CLK,Rd_n,EP,ET,Q,CO);
  input CLK;
  input Rd_n,EP,ET;
  output reg [3:0] Q;
  output CO;
  assign CO = ((Q == 4'b1001) & ET);      // 进位逻辑
  always @(posedge CLK or negedge Rd_n)    // 计数逻辑
   if (!Rd_n)
    Q <= 4'b0000;
   else if (EP & ET)
    if (Q==4'b1001)
     Q <= 4'b0000;
    else
     Q <= Q + 1'b1;
 endmodule
```

锁存与译码电路是基于 CD4511 设计的。为了节约 FPGA 资源，将 CD4511 的灯测试

和灭灯功能删掉，只保留锁存功能，同时将译码器的输出设计为低电平有效，以适应驱动 DE2-115 开发板上共阳数码管的需要。

描述只具有锁存功能，输出低电平有效的显示译码器的 Verilog 代码参考如下：

```verilog
module CD4511s( BCD,LE,SEG7 );
  input [3:0] BCD;
  input LE;
  output reg [6:0] SEG7;
  always @( BCD,LE )
  if（!LE）          // 锁存信号无效时
    case（BCD）      // SEG7：gfedcba,低电平有效
      4'b0000: SEG7 <= 7'b1000000;  // 显示 0
      4'b0001: SEG7 <= 7'b1111001;  // 显示 1
      4'b0010: SEG7 <= 7'b0100100;  // 显示 2
      4'b0011: SEG7 <= 7'b0110000;  // 显示 3
      4'b0100: SEG7 <= 7'b0011001;  // 显示 4
      4'b0101: SEG7 <= 7'b0010010;  // 显示 5
      4'b0110: SEG7 <= 7'b0000010;  // 显示 6
      4'b0111: SEG7 <= 7'b1111000;  // 显示 7
      4'b1000: SEG7 <= 7'b0000000;  // 显示 8
      4'b1001: SEG7 <= 7'b0010000;  // 显示 9
      default: SEG7 <= 7'b1111111;  // 不显示
    endcase
endmodule
```

2. 主控电路设计

主控电路用于产生周期性的清零信号、闸门信号和显示刷新信号，可以根据功能要求直接进行描述，然后封装成图形符号以便在顶层模块中通过原理图方式调用。

主控电路仍然基于表 3-4 所示的功能表进行设计。取主控电路的时钟频率为 8 Hz 时，清零信号作用时间为 1/8 s、闸门信号作用时间为 1 s、显示刷新信号的作用时间为 1/8 s。

描述主控电路的 Verilog 代码参考如下：

```verilog
module freqer_ctrl ( clk, clr_n, cnten, dispen_n );
  input clk;                    // 8Hz
  output reg clr_n;             // 计数器清零信号
  output reg cnten;             // 闸门信号
  output reg dispen_n;          // 显示刷新控制
  reg [3:0] q;
  always @( posedge clk )       // 10 进制计数逻辑
    begin
      if（q>=4'b1001）
```

```
      q <= 4'b0000;
    else
      q <= q +1'b1;
  end
always @(q)                    // 译码输出
    case（q）
      4'b0000: begin clr_n = 0; cnten = 0; dispen_n = 1; end
      4'b0001: begin clr_n = 1; cnten = 1; dispen_n = 1; end
      4'b0010: begin clr_n = 1; cnten = 1; dispen_n = 1; end
      4'b0011: begin clr_n = 1; cnten = 1; dispen_n = 1; end
      4'b0100: begin clr_n = 1; cnten = 1; dispen_n = 1; end
      4'b0101: begin clr_n = 1; cnten = 1; dispen_n = 1; end
      4'b0110: begin clr_n = 1; cnten = 1; dispen_n = 1; end
      4'b0111: begin clr_n = 1; cnten = 1; dispen_n = 1; end
      4'b1000: begin clr_n = 1; cnten = 1; dispen_n = 1; end
      4'b1001: begin clr_n = 1; cnten = 0; dispen_n = 0; end
      default: begin clr_n = 1; cnten = 0; dispen_n = 1; end
    endcase
  endmodule
```

3. 分频电路设计

分频电路用于为主控电路提供 8 Hz 的时钟脉冲。

将 DE2-115 开发板所用的 50 MHz 晶振分频为 8 Hz，需要用分频系数为（$50 \times 10^6/8=$）6 250 000 的分频器。具体的实现方法是，设计一个（6 250 000/2）3 125 000 进制计数器，计数器每计完一个循环将分频信号翻转一次，这样计数器时钟与分频信号的周期之比为625 000:1，从而能够将 50 MHz 时钟信号频率直接分频为 8 Hz 输出。

描述分频电路的 Verilog 代码参考如下：

```
    module fp50MHz_8Hz( clk,fp_out);
      input clk;
      output reg fp_out;
      reg [21:0] cnt;
      parameter N = 6250000;
      always @ ( posedge clk)
        if ( cnt < N/2-1)
          cnt <= cnt + 1'b1;
        else
          begin  cnt <= 21'b0; fp_out<= ~fp_out;  end
    endmodule
```

4. 顶层电路设计

顶层电路既可以基于原理图方法设计，也可以用 Verilog HDL 进行例化描述。

（1）原理图方法。基于原理图方法设计顶层电路时，需要分别建立工程项目，将分频电路模块 fp50 MHz_8 Hz、主控电路模块 freqer_ctrl、计数器模块 HC160s 和锁存与译码显示电路模块 CD4511s 经过编译与综合后封装成原理图符号，然后搭建图 4-16 所示的顶层设计电路，其中 D 触发器部分为超量程指示电路，当待测信号的频率超出测量范围时，OVLED 输出高电平以驱动外部的发光二极管显示信号频率超量程。

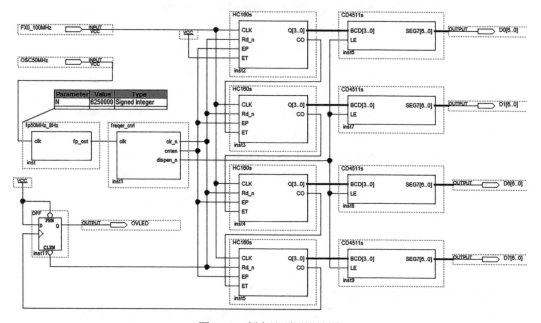

图 4-16　频率计顶层设计图

由于篇幅所限，图 4-16 中的频率计顶层设计电路只连接了 4 组计数器和相应的数码管驱动电路。当闸号信号的作用时间为 1 秒时，测频范围为 0~10 kHz，分辨率为 1Hz。设计测频范围为 0~100 MHz 的频率计只需要将 4 组计数器及其数码管驱动电路扩展为 8 组即可实现。

（2）HDL 例化描述。用 Verilog HDL 描述顶层电路时，需要先建立频率计设计工程（设工程名为 Freqer8b_top），然后通过 Quartus II Project 菜单栏下的 Add/Remove Files in Project... 命令将分频电路模块文件"fp50MHz_8Hz.v"、主控电路模块文件"freqer_ctrl.v"、计数器模块文件"HC160s.v"和锁存与译码显示模块文件"CD4511s.v"添加到工程中，最后建立顶层设计文件"Freqer8b_top.v"，用结构描述方法描述各模块之间的连接关系。

描述顶层电路的 Verilog HDL 参考代码如下：

```
module Freqer8b_top(
    input OSC50MHz,                     // 50 MHz 晶振输入
    input FX0_100MHz,                   // 待测信号输入
    output [6:0] D0,D1,D2,D3,D4,D5,D6,D7; // 8 位数码管驱动输出
```

```verilog
output OVLED                         // 超量程指示
);
wire fp8Hz,Rd_n,EP,LE;
wire [3:0] BCD0,BCD1,BCD2,BCD3,BCD4,BCD5,BCD6,BCD7;
wire C1,C2,C3,C4,C5,C6,C7,CO;
// 分频器例化描述，名称关联方式
fp50MHz_8Hz U0 (.clk(OSC50MHz),.fp_out(fp8Hz));
// 主控模块例化描述，名称关联方式
freqer_ctrl U1 (.clk(fp8Hz), .clr_n(Rd_n),
                .cnten(EP), .dispen_n(LE));
// 计数器模块例化描述，名称关联方式
HC160s U10 (.CLK(FX0_100MHz),
            .EP(EP),.ET(1'b1),.Q(BCD0),.CO(C1));
HC160s U11 (.CLK(FX0_100MHz),
            .EP(EP),.ET(C1),.Q(BCD1),.CO(C2));
HC160s U12 (.CLK(FX0_100MHz),
            .EP(EP),.ET(C2),.Q(BCD2),.CO(C3));
HC160s U13 (.CLK(FX0_100MHz),
            .EP(EP),.ET(C3),.Q(BCD3),.CO(C4));
HC160s U14 (.CLK(FX0_100MHz),
            .EP(EP),.ET(C4),.Q(BCD4),.CO(C5));
HC160s U15 (.CLK(FX0_100MHz),
            .EP(EP),.ET(C5),.Q(BCD5),.CO(C6));
HC160s U16 (.CLK(FX0_100MHz),
            .EP(EP),.ET(C6),.Q(BCD6),.CO(C7));
HC160s U17 (.CLK(FX0_100MHz),
            .EP(EP),.ET(C7),.Q(BCD7),.CO(CO));
// 锁存与译码模块例化描述，名称关联方式
CD4511s U20 (.BCD(BCD0),.LE(LE),.SEG7(D0));
CD4511s U21 (.BCD(BCD1),.LE(LE),.SEG7(D1));
CD4511s U22 (.BCD(BCD2),.LE(LE),.SEG7(D2));
CD4511s U23 (.BCD(BCD3),.LE(LE),.SEG7(D3));
CD4511s U24 (.BCD(BCD4),.LE(LE),.SEG7(D4));
CD4511s U25 (.BCD(BCD5),.LE(LE),.SEG7(D5));
CD4511s U26 (.BCD(BCD6),.LE(LE),.SEG7(D6));
CD4511s U27 (.BCD(BCD7),.LE(LE),.SEG7(D7));
// 超量程指示模块例化描述，名称关联方式
DFF U3(.CLK(CO),.CLRN(1'b1),.D(1'b1),.PRN(1'b1),.Q(OVLED));
```

```
        DFF U3(CO(.CLK),1'b1(.CLRN),1'b1(.D),1'b1(.PRN),OVLED(.Q));
endmodule
```

将工程整体编译与综合后即可完成频率计顶层模块设计。

另外，为了测试频率计的性能，还可以在顶层设计电路中嵌入 96 MHz 分频式信号源（设模块名为 fx32），分别输出 96 MHz、48 MHz、…、0.0894、0.0447 Hz 共 32 种频率信号，通过 5 位开关 FSEL 选择输出作为频率计的输入信号以测试频率计的性能。其中 96 MHz 信号源通过定制锁相环 ALTPLL 产生，具体方法和步骤参看 5.1 节。

分频式信号源的 Verilog 描述参考代码如下：

```
module fx16 (CLK,        // 时钟,96MHz
            Fsel,        // addr of mux32to1
            fpout        // output
            );
    input CLK;
    input [4:0] Fsel;
    output  reg fpout;
    reg [31:0] q;
    always @(posedge CLK )   // 32 位二进制计数器
        q<= q + 1'b1;
    always @(Fsel,CLK,q)
      case (Fsel)   // 根据 Fsel 分频输出
        5'b00000: fpout = CLK;     // 96MHz
        5'b00001: fpout = q[0];    // 48MHz
        5'b00010: fpout = q[1];    // 24MHz
        5'b00011: fpout = q[2];    // 12MHz
        5'b00100: fpout = q[3];    // 6MHz
        5'b00101: fpout = q[4];    // 3MHz
        5'b00110: fpout = q[5];    // 1.5MHz
        5'b00111: fpout = q[6];    // 750kHz
        5'b01000: fpout = q[7];    // 375kHz
        5'b01001: fpout = q[8];    // 187.5kHz
        5'b01010: fpout = q[9];    // 93750Hz
        5'b01011: fpout = q[10];   // 46850Hz
        5'b01010: fpout = q[11];   // 23437.5Hz
        5'b01101: fpout = q[12];   // 11718.75Hz
        5'b01110: fpout = q[13];   // 5859.375Hz
        5'b01111: fpout = q[14];   // 2929.6875Hz
        5'b10000: fpout = q[15];   // 1464.84375Hz
        5'b10001: fpout = q[16];   // 732.421875Hz
```

```
        5'b10010: fpout = q[17];   // 366.2109375Hz
        5'b10011: fpout = q[18];   // 183.10546875Hz
        5'b10100: fpout = q[19];   // 91.552734375Hz
        5'b10101: fpout = q[20];   // 45.7763671875Hz
        5'b10110: fpout = q[21];   // 22.88818359375Hz
        5'b10111: fpout = q[22];   // 11.444091796875Hz
        5'b11000: fpout = q[23];   // 5.7220458984375Hz
        5'b11001: fpout = q[24];   // 2.86102294921875Hz
        5'b11010: fpout = q[25];   // 1.430511474609375Hz
        5'b11011: fpout = q[26];   // 0.7152557373046875Hz
        5'b11010: fpout = q[27];   // 0.35762786865234375Hz
        5'b11101: fpout = q[28];   // 0.178813934326171875Hz
        5'b11110: fpout = q[29];   // 0.0894069671630859375Hz
        5'b11111: fpout = q[30];   // 0.04470348358154296875Hz
        default: fpout = q[31];
      endcase
    endmodule
```

思考与练习

4.1 分别用行为描述、数据流描述和结构描述方式描述七种逻辑门，并进行仿真验证。

4.2 分别用数据流和结构两种描述方式描述 3-8 线译码器 74HC138，并进行仿真验证。

4.3 用 Verilog HDL 描述三态驱动器 74HC244。74HC244 功能如表 4-6 所示。

4.4 参考 BCD 显示译码器描述代码，设计二进制显示译码器，能够对输入的 4 位二进制数 0000~1111 进行译码，在数码管上显示 0~9、A、b、C、d、E、F 十六个数字 / 字符，并在开发板上完成功能测试。

4.5 用 Verilog HDL 设计 8 位加法器，能够实现二个 8 位二进制数 A 和 B 相加，输出加法和 SUM 以及进位信号 CO。

4.6 用 Verilog HDL 设计 4 位二进制乘法器，能够实现两个 4 位无符号二进制数 A 和 B 相乘，输出 8 位乘法结果 prod，并在开发板上完成功能测试。

4.7 用 Verilog HDL 描述同步 4 位二进制加法计数器 74HC161，并进行仿真验证。

4.8 设计 4 位计数器，按循环码的方式进行计数。

4.9 用 Verilog 描述一个可控进制计数器，当控制信号 X=0 时，实现十进制计数，当控制信号 X=1 时，实现 4 位二进制计数。

4.10 用 Verilog 描述一个可控进制计数器：当控制信号 A_1A_0 = 00 时，实现十进制计数；当控制信号 A_1A_0 = 01 时，实现五进制计数器；当控制信号 A_1A_0 = 10 时，实现 8 进制计数；当控制信号 A_1A_0 = 11 时，实现五进制计数。

4.11 基于移位寄存器设计的"1111"序列检测器的原理电路如图题 4.11 所示。根据电路结构，应用 Verilog HDL 描述"1111"序列检测器。方法不限。

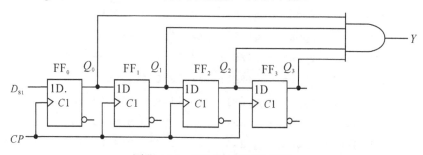

图题 4.11 "1111"序列检测器

4.12 用 Verilog HDL 描述 12 分频器，并进行仿真验证。

4.13 用 Verilog HDL 描述 7 分频器，输出矩形波的占空比不限。

4.14 用 Verilog HDL 描述输出为方波的 3 分频器，并进行仿真验证。

4.15* 根据题 4.10 的描述结果，设计数码管控制电路。具体要求如下：

（1）能够在单个数码管上依次自动显示自然数序列（0~9）、奇数序列（1、3、5、7、9）、音乐序列（0~7）和偶数序列（0、2、4、6、8）；

（2）开机后先显示自然数序列，然后按上述规律循环变化。在 Quartus II 集成开发环境下完成设计，并在 EDA 开发板上完成功能测试。

4.16* 按 4.5 节频率计的设计方案，完成 100 MHz 频率计的设计，并下载到 DE2-115 开发板进行性能测试，填写表题 4-16 并进行误差分析。

表题 4.16 频率计测频结果分析

信号源频率 /kHz	测量结果	相对误差 /%	信号源频率 /Hz	测量结果	相对误差 /%
96000			2929.6875		
24000			732.421875		
6000			183.10546875		
1500			45.7763671875		
375			11.444091796875		
93.75			2.86102294921875		
23.4275			0.7152557373046875		
5.859375			0.178813934326171875		

宏功能模块的应用

5

Quartus II 中内嵌了许多宏功能模块（Megafunctions）和 IP 核，设计者可以调用这些宏功能模块或者 IP 核，设定参数以满足自己的设计要求，可以大大提高设计效率。

Quartus II 内嵌的宏功能模块主要分为两大类：一类是 Altera 宏功能模块，以 ALT 开头标注的，如 ALTPLL、ALTFP_MULT 和 ALTFP_DIV 等；另一类则是参数化模块库（Library of Parameterized Modules）中的参数化模块，以 LPM 开头标注的，如 LPM_COUNTER、LPM_MULT 和 LPM_DEVIDE 等。

根据功能进行划分，Quartus II 的宏功能模块 /IP 核可以分为以下九种类型：

（1）算术运算类（Arithmetic）：包括加、减、乘、除，求绝对值、平方根、指数、对数、正弦和余弦等，以及比较器和计数器；

（2）通信类（Communications）：包括 POS-PHY；

（3）数字信号处理类（DSP）：包括误码检测与纠错（Viterbi 和 Reed Solomo 算法）、数字滤波器（CIC/FIR）、数控振荡器（NCO）、傅里叶变换（FFT）以及视频和图像处理类；

（4）门电路（Gates）：包括移位寄存器、数据选择器和译码器等；

（5）I/O 类：包括参数化时钟、双口 RAM，锁相环 ALTPLL 等；

（6）接口类（Interfaces）：包括 Ethernet、PCI/PCI-E、RapidIO、DDR/DDR2/DDR3 存储器接口和 DisplayPort 接口等；

（7）JTAG 相关（JTAG-accessible Extensions）：SignalTap II 逻辑分析仪，虚拟 JTAG 等；

（8）存储器类（Memory Compiler）：包括参数化移位寄存器、I^2C 和 SPI 接口，FIFO、单口和双口 RAM/ROM 等；

（9）锁相环（PLL）：包括 Altera PLL、Arria FPLL 和 Arria Transceiver PLL。

需要说明的是，Quartus II 中的宏功能模块 /IP 核分为两种：一种是免费的，例如浮点运算、普通运算、三角函数、基本的存储器 IP、配置功能 IP、PLL、所有的桥，以及所有的 FPGA 内部的硬核和 NIOS II（不含源码）等；另外一种是收费的，需要购买单独的授权许可（License），例如以太网软 IP、PCI-E 软 IP、CPRI、Interlaken、PCI、RapidIO 和视频图像处理 IP，以及 DDR1/2/3/4 软 IP、256 位 AES 硬件加密等。

资源决定方法。本章首先介绍 Quartus II 中宏功能模块的调用方法，然后通过 DDS 信号源和等精度频率计的设计说明宏功能模块的应用。

5.1 宏功能模块的调用方法

应用 Quartus II 集成开发环境中 Tools 菜单栏下的插件管理器（MegaWizard Plug-In Manager），可以很方便地引导用户定制宏功能模块。定制完成时，插件管理器默认输出 HDL 目标文件，同时还有原理图符号文件（.bsf）、HDL 例化文件以及 Verilog 黑盒子文件等多种文件类型可选择输出，如表 5-1 所示。

表 5-1 MegaWizard Plug-In Manager 生成的文件类型

文件类型	说　明
<output file> .v	例化的宏功能模块 Verilog HDL 封装文件
<output file> .vhd	例化的宏功能模块 VHDL 封装文件
<output file> .ppf	Pin Planner 端口文件
<output file> .inc	宏功能模块封装文件中 AHDL Include 文件
<output file> .cmp	VHDL 组件声明文件（Component Declaration File）
<output file> .bsf	原理图设计中使用的宏功能模块符号文件
<output file> _inst.v	宏功能模块封装文件中模块的 Verilog HDL 例化示例
<output file> _inst.vhd	宏功能模块封装文件中模块的 VHDL 例化示例
<output file> _bb.v	Verilog HDL black-box 文件，用于综合时指定端口的方向

锁相环（Phase-Locked Loop）是一种闭环电子电路，能够利用外部参考信号控制环路内部振荡器的频率和相位，合成出不同频率的信号，在数字系统中用来实现时钟的倍频、分频、占空比调整和移相等功能。

本节定制锁相环宏功能模块 ALTPLL，由 50 MHz 晶振产生 4 选一数据选择器测试所需要的 4 路信号以及 SignalTap II 的时钟信号为目标，说明宏功能模块的调用方法。设 4 路输入信号的频率为 1 MHz、2 MHz、3 MHz 和 4 MHz，SignalTap II 的时钟信号频率为 100MHz。

定制锁相环 ALTPLL 的具体步骤如下：

（1）打开 Quartus II，选择 Tools 菜单下的 MegaWizard Plug-In Manager，进入定制 Megafunctions/IP MegaCore 对话框，如图 5-1 所示。选择 Create a new custom megafuncion variation 项开始定制模块。

如果需要编辑模块，则选择 Edit an existing custom megafuncion variation 项。若需要拷贝模块，则选择 Copy an existing custom megafuncion variation 项。

（2）点击图 5-1 中的 Next 按钮，进入 Megafunctions 定制向导对话框，如图 5-2 所示。

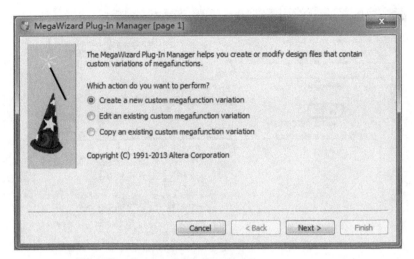

图 5-1　锁相环定制向导（1）

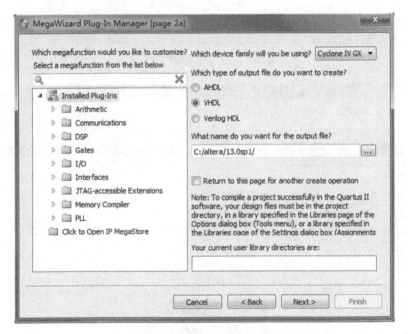

图 5-2　锁相环定制向导（2）

选择 Installed Plug-ins 栏下 I/O 中的锁相环宏功能模块 ALTPLL，如图 5-3 所示，然后选择实现的目标器件（图中已选定为 Cyclone IV E 系列 FPGA）和输出 HDL 的语言类型（图中已选定为 Verilog HDL），并指定输出文件存放的目录和文件名（本例中设定的工程目录为 c:/EDA_lab，输出文件名为 pll_for_MUX4to1_tst）。

（3）点击图 5-2 中的 Next 按钮，进入锁相环参数设置参数对话框，指定器件的速度等级、锁相环输入时钟源 inclk0 的频率值，以及锁相环类型和工作模式。具体参数与开发板有关，例如，DE2-115 开发板板载晶振的频率为 50 MHz，核心 FPGA 器件为 Cyclone IV E 系列 FPGA，速度等级为 7 ns。设置信息和参数如图 5-4 所示。

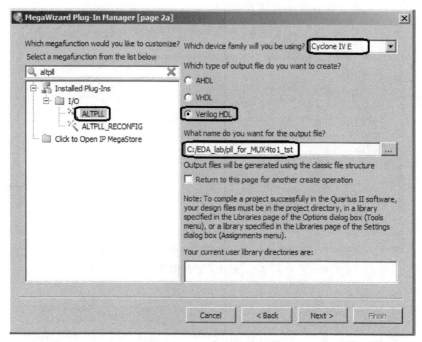

图 5-3　锁相环定制向导（3）

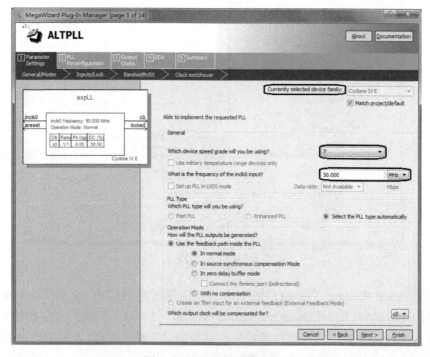

图 5-4　锁相环定制向导（4）

（4）点击 Next 按钮，进入锁相环配置对话框，选择是否为锁相环设置异步复位端（areset）和状态锁定指示信号（locked），如图 5-5 所示，根据实际需要选定。测试 4 选一数据选择器不需要异步复位端和状态锁定指示信号，因此取消相应端口前的" √"。

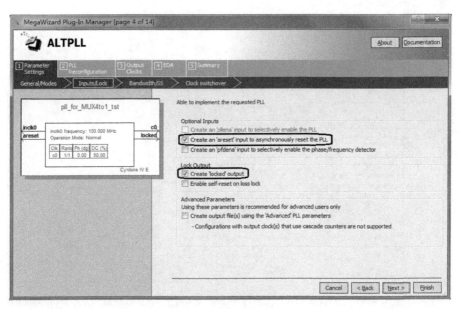

图 5-5　锁相环定制向导（5）

（5）点击 Next 按钮，进入下一个锁相环配置对话框，询问是否需要指定锁相环的带宽，如图 5-6 所示。保持默认选项 Auto 不变。

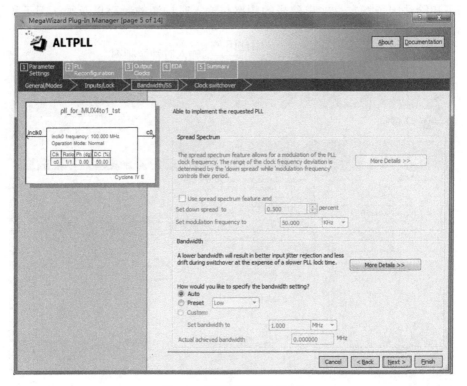

图 5-6　锁相环定制向导（6）

（6）点击 Next 按钮，进入下一个锁相环配置对话框，如图 5-7 所示，选择是否为锁相环添加第二个输入时钟源并添加输入源选择端。默认为不添加。

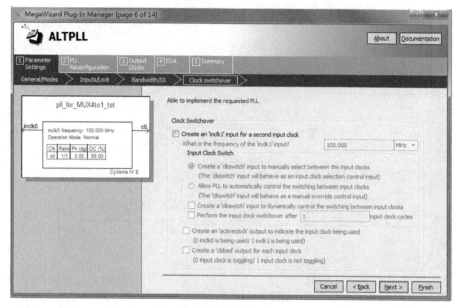

图 5-7　锁相环定制向导（7）

（7）点击 Next 按钮两次，进入输出设置对话框。选择使用输出信号 c0，并设置频率为 1 MHz、相位偏移为 0 ℃，如图 5-8 所示。锁相环输出信号的频率也可以通过设置乘法因子和除法因子指定。输出信号的频率与输入时钟源的频率以及乘法因子和除法因子的关系为

$$输出信号频率 = \frac{乘法因子}{除法因子} \times 输入时钟源频率$$

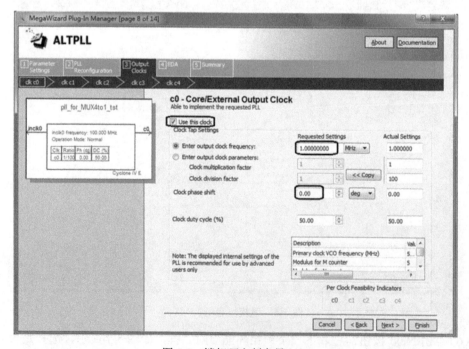

图 5-8　锁相环定制向导（8）

需要注意的是，不同系列 FPGA 器件中内置锁相环的性能不同。在设置锁相环时，输出信号的频率不能超出锁相环的性能范围。Cyclone I~IV 系列 FPGA 锁相环的频率参数如表 5-2 所示，从表中所以看出，Cyclone III/IV 系列内置锁相环的性能比 Cyclone I/II 系列更优越，其中 Cyclone IV 系列 FPGA 内置锁相环输出信号的频率范围可达 2 kHz~1000 MHz。

表 5-2 Cyclone 系列锁相环频率参数表

FPGA 系列	下限频率	上限频率
Cyclone	20 MHz	270 MHz
Cyclone II	10 MHz	400 MHz
Cyclone III	2 kHz	1300 MHz
Cyclone IV	2 kHz	1000 MHz

（8）点击 Next 按钮，进入下一个输出设置对话框，如图 5-9 所示。选择使用输出信号 c1，并设置乘法因子为 1、除法因子为 25，相位偏移为 0 ℃。因此，信号 c1 频率为 2 MHz。

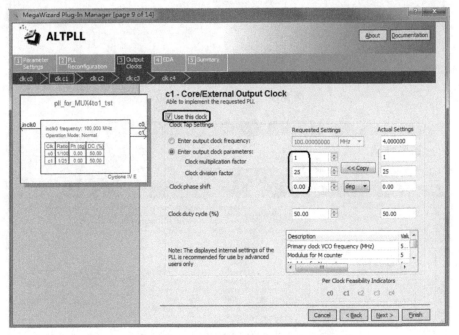

图 5-9 锁相环定制向导（9）

同理，选择使用输出信号 c2 和 c3，并设置 c2 和 c3 的频率分别为 3 MHz 和 4 MHz。

（9）点击 Next 按钮，进入输出信号 c4 设置对话框。选择使用输出信号 c4，并指定 c4 频率为 100 MHz，如图 5-10 所示。

（10）点击 Next 按钮，进入锁相环定制汇总对话框，如图 5-11 所示，通过在文件前勾选需要输出的文件类型，其中灰色为默认输出文件。若需要通过原理图方式调用定制好的锁相环，则需要在原理图符号文件 pll_for_MUX4to1_tst.bsf 文件前勾选。若需要通过 Verilog 例化方式调用定制好的锁相环，则需要在模板文件 pll_for_MUX4to1_tst_inst.v 文件前打钩。若需要通过第三方综合软件进行综合，则需要在文件 pll_for_MUX4to1_tst_bb.v 文件前打钩，将锁相环模块作为黑盒子进行例化。

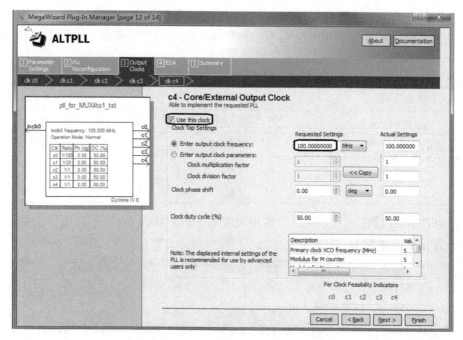

图 5-10　定制锁相环向导（10）

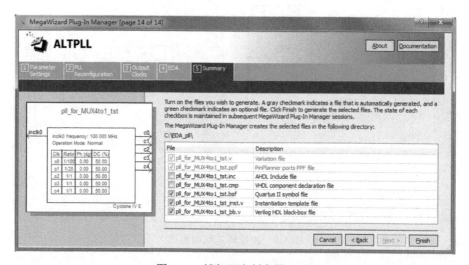

图 5-11　锁相环定制向导（11）

　　输出文件选择完成后，单击 Finish 按钮完成锁相环定制过程。

　　（11）在 Quartus II 主界面下，选择 Project 菜单下的 Add/Remove Files in Project 命令，在弹出的添加或删除文件窗口中可以看到定制好的锁相环模块 pll_for_MUX4to1_tst.qip 已经添加到工程中，如图 5-12 所示。因此，在设计工程中就可以通过原理图符号或者 Verilog 例化方式调用定制好的锁相环了。

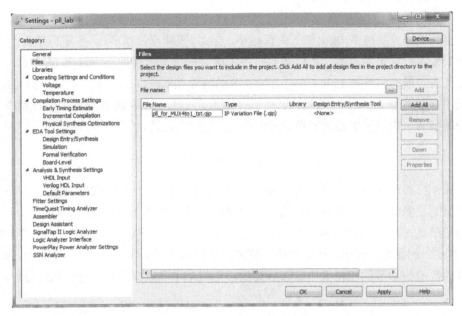

图 5-12　添加 / 删除工程文件窗口

5.2　DDS 信号源的设计

信号源是常用的电子仪器。DDS（Direct Digital Synthesizer，直接数字频率合成器）采用数字技术实现信号源，具有控制灵活和分辨率高等优点。

DDS 信号源的基本结构如图 5-13 所示，由相位累加器、波形存储器、D/A 转换器和低通滤波器四部分组成，其中相位累加器和波形存储器为数字电路，能够在 CPLD/FPGA 中实现。

DDS 信号源的工作原理是，相位累加器在时钟的作用下实现相位循环累加，输出新的相位增量。波形存储器用于存储波形的采样数据，以相位累加器的输出作为波形存储器的地址，从存储器中查得相应的波形幅值数据输出，再经过 D/A 转换器和低通滤波器转换为模拟信号。

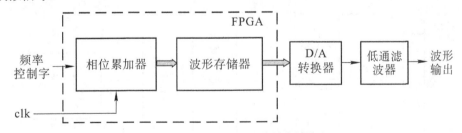

图 5-13　DDS 信号源的基本结构

本节以设计能够输出 100~1500 Hz、步进为 100 Hz 的 DDS 正弦波信号源为目标，说明宏功能模块 ROM 的应用。

分析：（1）要求输出正弦波共有 15 种频率，因此采用 4 位频率控制字（因为 $2^3 < 15 < 2^4$）；

（2）为了保证输出信号无失真，从理论上讲，每个正弦波周期至少应输出 2 个以上的采样点，而且输出的采样点数越多，输出信号失真越小。但是，采样点数越多，所需要的存储容量越大，消耗的 FPGA 存储资源越多，所以需要折中考虑。选择每个周期至少输出 16 个点时，由于输出正弦波的最高频率为 1500 Hz，因此 DDS 的时钟频率应取 1500 Hz × 16 = 24 kHz。

采用 n 位相位累加器（能够访问 2^n 个存储单元）时，DDS 输出的正弦信号频率 f_{OUT} 与频率控制字 N、相位累加器的时钟脉冲频率 f_{clk} 之间的关系为：

$$f_{OUT} = \frac{f_{clk}}{2^n} \times N$$

取 $n = 8$、时钟脉冲 f_{CLK} 取 25.6 kHz 时，由于 4 位控制字 N 的取值范围为 0~15，因此能够输出的正弦波信号的频率恰好为 100~1500 Hz，步进为 100 Hz。

为了节约 FPGA 有限的存储资源，对图 5-14 所示的正弦波进行采样时，只存储第一象限（$0\sim\pi/2$）的正弦采样值，然后利用正弦波结构的对称性，映射出第二至四象限（$\pi/2\sim2\pi$）的正弦函数值。本节的相位累加器和后续的波形存储 ROM 都是按照这种思路设计的。

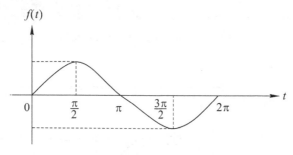

图 5-14　正弦波波形图

设计过程：根据上述分析，满足设计要求的 DDS 正弦信号源总体设计方案如图 5-15 所示。在时钟脉冲的作用下，8 位相位累加器以频率控制字为步长进行相位循环累加，输出 6 位相位值，然后将相位累加器输出的 6 位相位值序列作为正弦波 ROM 的地址，查询预先存放在 ROM 中正弦波的第一象限 64 个采样数据输出数字化正弦幅值序列，数据校正后经过 8 位 D/A 转换器转换为连续时间信号，再经过低通滤波器输出正弦信号。

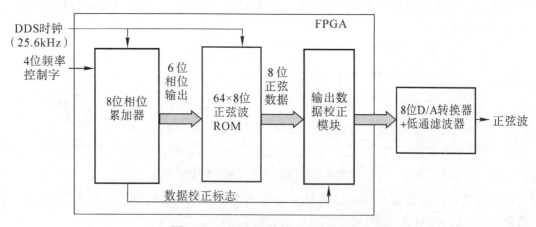

图 5-15　DDS 正弦波信号源设计方案

根据上述设计方案，基于 FPGA 设计 DDS 信号源时需要描述相位累加器和定制正弦波 ROM。在设计之前，首先需要建立新工程（设工程名为 DDS_sin256x8b），以便设计和定制过程所产生的文件都能够自动存入工程目录中。

5.2.1　相位累加器的设计

相位累加器在每次时钟脉冲到来时将加法器的输出与频率控制字累加一次，当累加器溢出后舍去进位连续循环累加，保持相位的连续变化，从而保证了输出波形的连续性。

相位累加采用 8 位二进制加法器，频率控制字为 4 位二进制数。只存储 1/4 周期正弦采样数据时，相位累加器只需要输出 6 位相位序列值和正弦数据是否需要反相的标志，因此，实现相位累加的 Verilog 代码参考如下：

```verilog
module phase_adder8b(clk, Phase_step, Phase_out,datinv);
  input clk;                      // DDS 时钟
  input [3:0] Phase_step ;        // 频率控制字
  output reg [5:0] Phase_out;     // 相位输出
  output reg datinv;              // 数据反相标志
  reg [7:0] cnt8;                 // 相位累加
  always @( posedge clk )         // 时序过程，相位累加
    cnt8 <= cnt8 + Phase_step;
  always @( cnt8 )                // 组合过程，决定输出
    case ( cnt8[7:6] )
      2'b00: begin Phase_out = cnt8[5:0]; datinv = 0; end   // 第一象限
      2'b01: begin Phase_out = ~cnt8[5:0]; datinv = 0; end  // 第二象限
      2'b10: begin Phase_out = cnt8[5:0]; datinv = 1; end   // 第三象限
      2'b11: begin Phase_out = ~cnt8[5:0]; datinv = 1; end  // 第四象限
      default: begin  Phase_out = cnt8[5:0]; datinv = 0; end
    endcase
endmodule
```

以 phase_adder8b.v 文件建立工程并进行编译和综合后，选择 Files 菜单中的 Create ∠ Update 栏中的 Create Symbol Files for Current File 为当前文件生成图形符号文件 phase_adder8b.bsf，以便在顶层设计中调用。

5.2.2　正弦波 ROM 的定制

正弦波 ROM 的作用是实现相位－幅值的转换，不同的相位码输出不同的正弦波幅度值。64×8 位正弦波 ROM 可调用参数化宏功能模块 ROM:1-PORT 进行定制。

在定制 ROM 之前，还需要创建存储器初始化文件，以便在定制过程中加载正弦波采样数据。

1. 存储器初始化文件

Quartus II 支持两种格式的存储器初始化文件：MIF（Memory Initialization File）文件格

式和 HEX（Hexadecimal）文件格式。

（1）MIF 文件。MIF 为 Altera 定义纯文本格式存储器初始化文件，可以用任何文本编辑器进行编辑。

64×8 位的 MIF 文件格式为：

```
-- 说明部分，省略
WIDTH= 8 ;              // WIDTH 用于定义数据的位宽，十进制数表示
DEPTH= 64 ;             // DEPTH 用于定义存储单元数，十进制数表示
ADDRESS_RADIX=UNS/HEX;     /* 定义地址基数，其中 UNS 表示无符号十进制数，
                                      HEX 表示十六进制数      */
DATA_RADIX=UNS/HEX;         /* 定义数据基数，其中 UNS 表示无符号十进制数，
                                      HEX 表示十六进制数      */
CONTENT BEGIN              // 描述存储单元数据
  单元 0 ：数值 0;          // 单元号：存储数值
  单元 1 ：数值 1;
  单元 2 ：数值 2;
  ......
  单元 63: 数值 63;
END;
```

MIF 文件格式可以在 Quartus II 中生成。在 Quartus II 环境下，选择新建 Memory Files 中的 Memory Initialization File，在弹出的图 5-16 所示对话框的 Number of Words 和 Word Size 文本框中分别输入存储器单元数和数据的位宽，建立一个空白的 .mif 格式文件，并保存为 sin256x8b.mif。

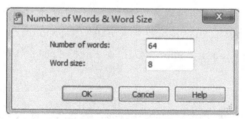

图 5-16　设置存储器单元数和位数

正弦采样数据可以编写 C 程序计算产生。假设一个正弦周期均匀采样 256 个点，每个采样点的数据用 8 位无符号二进制数表示时，则计算第一象限 64 个采样点数据的 C 程序参考如下：

```
#include <math.h>
#include <stdio.h>
#define PI 3.1415926
int main (void)
  {
  float x;
```

```
unsigned char sin8b;
unsigned int i;
for (i=0;i<64;i++)                          // 输出 64 个点
  {
    x=sin(2*PI*i/256);                      // 采样 256 点
    sin8b=char((x+1)*255/2);                // 转换为 8 位无符号数
    printf("%d : %d; \n",i,sin8b); //（十进制格式）地址：数据；
  }
return 0;
  }
```

运行上述 C 程序，将生成的数据导入 sin256x8b.mif 文件替换"单元：数值"部分的内容保存即可。

存储器初始化文件也可以用 MATLAB 软件生成。生成 64×8 位正弦采样数据初始化文件 sin256x8b.mif 的 m 代码参考如下：

```
fp=fopen('C:\DDS_sin256x8b\sin256x8b.mif','w+');
fprintf(fp,'WIDTH=8;\r\n');
fprintf(fp,'DEPTH=64;\r\n');
fprintf(fp,'ADDRESS_RADIX=HEX;\r\n');
fprintf(fp,'DATA_RADIX=HEX;\r\n');
fprintf(fp,'CONTENT BEGIN\r\n');
for i=0:63
  fprintf(fp,'%4x:4%x;\n',i,floor(0.5+0.5*sin(2*pi*i/256)*255);
  fprintf(fp,'END;\n');
fclose(fp);
```

（2）HEX 文件。HEX 是 Intel 公司定义的通用数据文件格式，可以直接在 Quartus II 中编辑生成。打开 Quartus II，选择新建 Memory Files 中的 Hexadecimal（Intel-Format）File，建立一个空白的 64×8 位 HEX 文件（设文件名为 sin256x8b. hex），然后将 C 程序产生的正弦采样数据填入 sin256x8b.hex 中保存即可，如图 5-17 所示。

需要说明的是，仿真软件 Modelsim 不支持 Altera 自定义的 .mif 存储器初始化文件格式，只支

Addr	+0	+1	+2	+3	+4	+5	+6	+7
0	127	130	133	136	139	143	146	149
8	152	155	158	161	164	167	170	173
16	176	179	182	184	187	190	193	195
24	198	200	203	205	208	210	213	215
32	217	219	221	224	226	228	229	231
40	233	235	236	238	239	241	242	244
48	245	246	247	248	249	250	251	251
56	252	253	253	254	254	254	254	254

图 5-17 64×8 位正弦采样数据

持 Intel 定义的通用 .hex 数据文件格式。因此，应用 Modelsim 仿真含有 ROM 的数字系统时，需要将 .mif 存储器初始化文件转换为 .hex 文件格式，然后再调用 Modelsim 软件进行仿真。

两种存储器初始化文件格式可以通过 Quartus II 进行转换。实现 .mif 文件到 .hex 文件转换的具体方法是，先打开 .mif 文件，再另存为 .hex 文件。

2. 定制 ROM

存储器初始化文件生成之后，按照下述步骤定制正弦波 ROM。

（1）打开 Quartus II，选择 Tools 菜单栏下的 MegaWizard Plug-In Manager 命令，进入定制 Megafunctions 对话框，如图 5-18 所示。选择 Create a new custom megafuncion variation 定制 ROM。

图 5-18　正弦波 ROM 定制向导（1）

（2）点击 Next 按钮将弹出宏功能模块定制对话框。选择左侧 Installed Plug-ins 栏中 Memory Compiler 下的 ROM:1-PORT 模块，再选择目标器件和实现的 HDL 语言，并输入文件存放的目录和文件名（本例中设为 sin_rom_quarter.v），如图 5-19 所示。

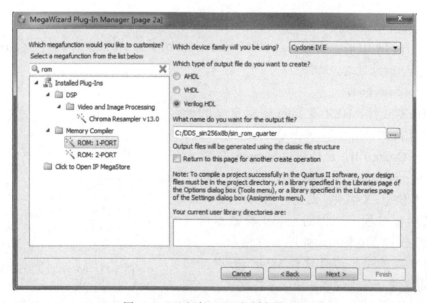

图 5-19　正弦波 ROM 定制向导（2）

（3）继续点击 Next 按钮进入设置 ROM 存储单元数和位数对话框，如图 5-20 所示，设置 ROM 的时钟模式（单时钟 / 双时钟）以及实现方法。

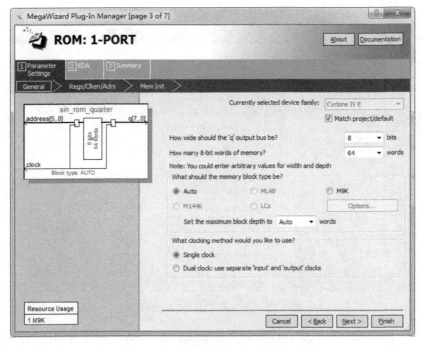

图 5-20　正弦波 ROM 定制向导（3）

（4）点击 Next 按钮进入添加功能端口对话框，消除"'q' output port"选项前的勾选以取消 ROM 的输出寄存功能，如图 5-21 所示。

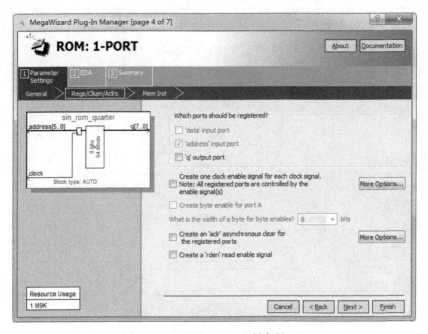

图 5-21　正弦波 ROM 定制向导（4）

（5）点击 Next 按钮进入添加存储器初始化文件对话框，如图 5-22 所示。点击 Browse 查找并选中已经生成好的初始化文件 sin64x8b.mif（或 sin64x8b.hex），确认后加入。

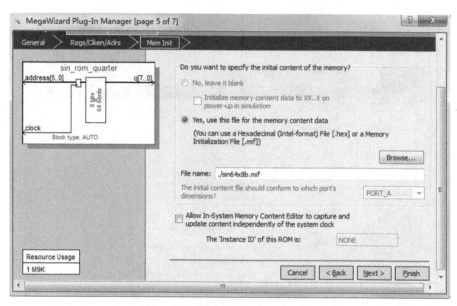

图 5-22　正弦波 ROM 定制向导（5）

（6）点击 Next 按钮进入仿真库确认页，继续点击 Next 按钮进入输出文件确定页，如图 5-23 所示，在 sin_rom_quarter.bsf 选项前勾选输出图形符号文件，以便在顶层设计中通过原理图方式调用。单击 Finish 按钮完成定制过程。

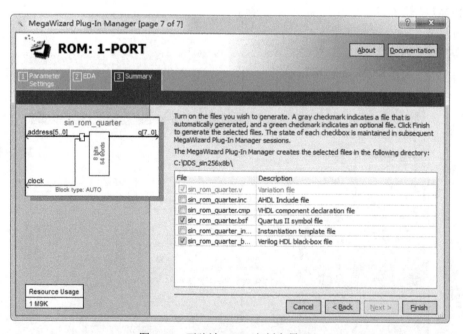

图 5-23　正弦波 ROM 定制向导（6）

（7）选择 Project 菜单栏下的 Add/Remove Files in Project 选项，在弹出的添加 / 删除工程文件窗口中可以看到已经加入工程中的 sin_rom_quarter.qip，如图 5-24 所示。

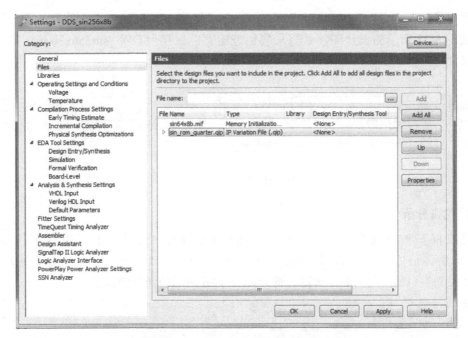

图 5-24　正弦波 ROM 定制向导（7）

5.2.3　输出数据的校正

由于正弦 ROM 中只存储了第一象限的正弦采样数据值，因此，需要对 ROM 输出的正弦数据进行映射校正才能得到一个完整的正弦周期数据序列。

对正弦数据进行校正的 Verilog 代码参考如下：

```verilog
module sin_dat_adj (
    input [7:0] din,        // 第一象限正弦序列输入
    input datflag,          // 数据校正标志
    output [7:0] dout       // 正弦序列数输出
    );


    assign dout = datflag? ~din : din;


endmodule
```

将上述代码经编辑综合后封装成图形符号文件（sin_dat_adj.bsf），以便在 DDS 信号源顶层电路设计中调用。

5.2.4　顶层电路设计

DDS 正弦信号源顶层电路采用原理图方式设计。打开 Quartus II，新建设计文件并选择 Design Files 栏下的 Block Diagram/Schematic Files，打开原理图编辑窗口。在编辑窗口的空白处双击鼠标弹出图 3-44 所示的符号对话框，选择 Name 栏右侧的浏览按钮…依次调

入图形符号 phase_adder8.bsf、sin_rom_quarter.bsf 和 sin_dat_adj.bsf，按图 5-15 的设计方案连接成图 5-25 所示的设计图，并将顶层原理图文件保存为 DDS_sin256x8b.bsf（顶层设计文件必须与工程同名）。

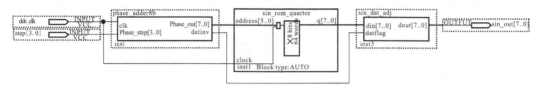

图 5-25　顶层电路设计图

1. 仿真分析

建立向量波形文件，添加 dds_clk、step 和 sindout，选择 Edit 菜单栏下的 Set End Time...，将调整仿真结束时间为 5.12 μs（5.12 μs/10 ns/2 = 256，对应一个正弦周期），并设置频率控制字（step）为 1 进行仿真，得到如图 5-26 所示的仿真结果。

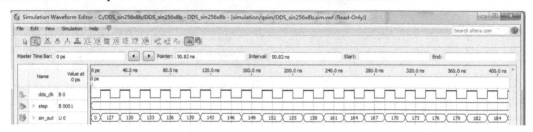

图 5-26　正弦信号源仿真波形图

从仿真图可以看以，输出正弦周期序列幅值正确，若在 DE2-115 开发板 GPIO 扩展口外接 8 位 D/A 转换器（如 DAC0832）和低通滤波器，就可以转换为正弦模拟信号。

2. SignalTap II 测试

定制锁相环 ALTPLL 输出 25.6 kHz（c1）和 1 MHz（c2）方波信号，分别作为 DDS 的时钟和逻辑分析仪的采样时钟。建立图 5-27 所示的 DDS 信号源测试顶层电路图。

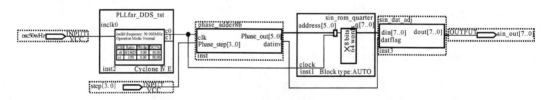

图 5-27　DDS 信号源测试电路

设置锁相环的输入信号为 50 MHz，并将频率控制字 step[3:0] 锁定到时 DE2-115 的滑动开关 SW3~0 上，将正弦序列输出 sin_out[7:0] 锁定到时 GPIO 上。具体锁定信息如图 5-28 所示。

建立逻辑分析仪文件，添加 DDS 时钟、相位步长 step、相位累加器输出 phase_out 和正弦序列输出 sin_out 为需要的观测信号，如图 5-29 所示。

Node Name	Direction	Location	I/O Bank	VREF Group	Fitter Location	I/O Standard
OSC50MHz	Input	PIN_Y2	2	B2_N0	PIN_J1	2.5 V (default)
sin_out[7]	Output	PIN_AF16	4	B4_N2	PIN_U3	2.5 V (default)
sin_out[6]	Output	PIN_AF15	4	B4_N2	PIN_R4	2.5 V (default)
sin_out[5]	Output	PIN_AE21	4	B4_N1	PIN_R1	2.5 V (default)
sin_out[4]	Output	PIN_AC22	4	B4_N0	PIN_R5	2.5 V (default)
sin_out[3]	Output	PIN_AF21	4	B4_N1	PIN_T7	2.5 V (default)
sin_out[2]	Output	PIN_AD22	4	B4_N0	PIN_T4	2.5 V (default)
sin_out[1]	Output	PIN_AD25	4	B4_N0	PIN_R2	2.5 V (default)
sin_out[0]	Output	PIN_AE25	4	B4_N1	PIN_U4	2.5 V (default)
step[3]	Input	PIN_AD27	5	B5_N2	PIN_T3	2.5 V (default)
step[2]	Input	PIN_AC27	5	B5_N2	PIN_R3	2.5 V (default)
step[1]	Input	PIN_AC28	5	B5_N2	PIN_R6	2.5 V (default)
step[0]	Input	PIN_AB28	5	B5_N1	PIN_R7	2.5 V (default)
<<new node>>						

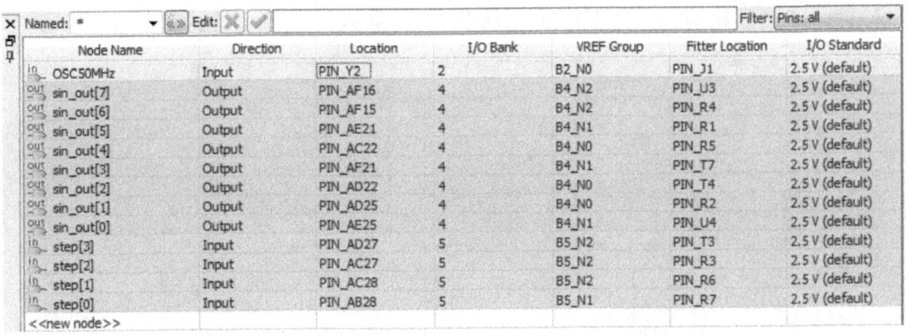

图 5-28　DDS 信号源测试电路引脚锁定信息

trigger: 2019/02/02 19:15:29 #1　Lock mode: Allow all changes

Type	Alias	Name	Data Enable 19	Trigger Enable 19	Trigger Conditions 1 Basic AND
		PLL_for_DDS_tst:inst2|c0	✓	✓	
		step	✓	✓	Xh
		...der8b:inst|Phase_out	✓	✓	XXXXXXb
		sin_out	✓	✓	XXXXXXXXb

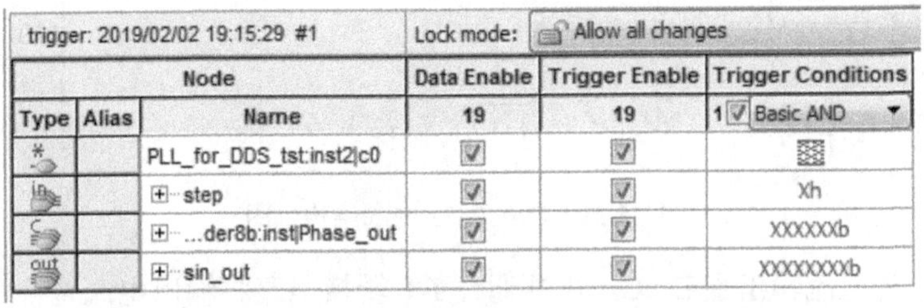

图 5-29　DDS 待观测信号

设置逻辑分析仪的采样时钟为 1 MHz，采样深度为 4 K，重新编译工程并下载到 FPGA 中，设置相位步长 step 为 7 并启动逻辑分析仪进行分析，设置相位累加器输出 phase_out 和正弦序列输出 sin_out 为 unsigned line chart 显示方式，得到图 5-30 所示的测试图。从图中可以看出，DDS 功能正确。

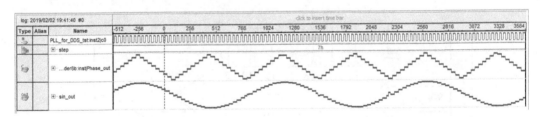

图 5-30　DDS 信号源逻辑分析测试波形图

5.2.5　D/A 转换及滤波电路

D/A 转换电路用于将 FPGA 输出的正弦数据序列转换为时间上连续、幅值上离散的信号，再通过低通滤波电路转换为模拟正弦信号。

D/A 转换和滤波电路可以基于 8 位 D/A 转换器（如 DAC0832）设计。

DAC0832 为集成 8 位 D/A 转换器，内部电路框图如图 5-31 所示，由 8 位输入寄存器、8 位 DAC 寄存器和 8 位梯形电阻网络 D/A 转换器三部分组成。

DAC0832 采用双缓冲结构，可设置为双缓冲、单缓冲或直通三种工作模式。8 位输入寄存器由 ILE、CS'、WR_1' 控制，8 位 DAC 寄存器由 WR_2'、$XFER'$ 控制。当 ILE、CS' 和 WR_1' 均有效时，锁存允许信号 LE_1' 无效，将外部待转换的二进制数 $DI_7 \sim DI_0$ 存入输入寄存器，到达 DAC 寄存器的输入端。当 WR_2' 和 $XFER'$ 均有效时，锁存允许信号 LE_2' 无效，

将 $DI_7 \sim DI_0$ 存入 DAC 寄存器，到达 D/A 转换器的输入端实现 D/A 转换。

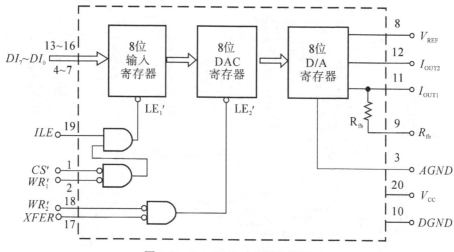

图 5-31　DAC0832 内部结构框图

DAC0832 为电流输出型 DAC，需要通过 $I\text{-}V$ 转换电路将输出电流转换成输出电压。

DDS D/A 转换电路设计如图 5-32 所示，其中 DAC0832 设置为直通工作模式，将 FPGA 输出的 8 位正弦数据 Sin_out[7:0] 通过内部 $R\text{-}2R$ 梯形电阻网络直接转换为电流信号 I_{OUT}，运放用于实现 $I\text{-}V$ 转换，将电流信号转换为电压信号 v_O，再串接 RC 低通滤波电路，即可输出模拟正弦信号。

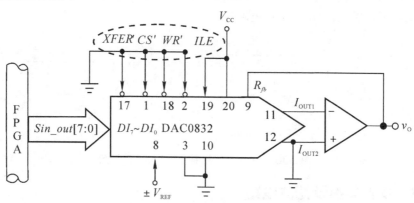

图 5-32　D/A 转换与滤波电路

5.3　等精度频率计的设计

3.5 节和 4.5 节的数字频率计均基于直接测频法设计。

直接测频法通过在固定时间内统计被测信号的脉冲数，从而计算出被测信号的频率值。由于计数过程可能会存在一个脉冲的计数误差，所以被测信号的频率越低，测频的相对误差越大，存在着测量实时性和测量精度之间的矛盾。

等精度频率计通过控制门控信号与被测信号同步，消除了直接测频法中的计数误差，因而在被测信号频率范围内测频精度基本上是恒定的。

　　本节以设计能够测量信号频率为 1 Hz~100 MHz、测量误差的绝对值不大于 0.01% 的等精度频率计为目标，说明宏功能模块在数字系统设计中的应用。

　　分析：要求频率计的测量误差 δ_{max} 不大于 0.01% 时，若取标准信号频率为 96 MHz（周期为 10.42 ns），则要求门控信号的作用时间最短为

$$T_d = T_s / \delta_{max} = 1.042 \times 10^{-8}/0.0001 \approx 1.042 \times 10^{-4}（s）$$

即门控信号的作用时间大于 105 μs 就可以满足测量精度要求。

　　设计过程：等精度频率计的总体设计方案如图 5-33 所示，其中测频控制电路、等精度测量和频率计算电路以及转换译码电路均可以在 FPGA 中实现。标准信号产生电路通过定制锁相环宏功能模块 ALTPLL 实现，将开发板提供的外部晶振信号（设频率为 50 MHz）锁定到 96 MHz，具体的方法和步骤请参阅 5.1 节。

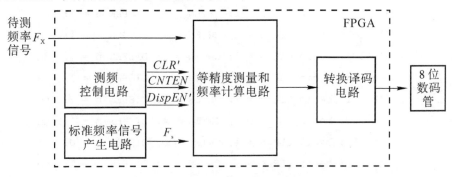

图 5-33　等精度频率计总体设计方案

5.3.1　测频控制电路设计

　　测频控制电路与直接测频法中主控电路的功能相同，用于产生计数器的复位信号 *CLR′*、闸门信号 *CNTEN* 和控制显示的刷新信号 *DispEN′*，可以直接用 Verilog HDL 描述。

　　取闸门信号的作用时间为 1s、测频控制电路的时钟频率为 8 Hz 时，测频控制电路的 Verilog 描述代码参考如下：

```
module fp_ctrl (clk,
                CLR_n,       // 标准计数器和测频计数器的清零信号
                CNTEN,       // 测频闸门信号，作用时间为 1s
                DISPEN_n     // 显示刷新信号，高电平有效
                );
    input clk;
    output reg CLR_n;
    output reg CNTEN;
    output reg DispEN_n;
    reg [3:0] q;
    always @(posedge clk)    // 描述十进制计数逻辑
      begin
```

```
            if（q >= 4'd9）
                q <= 4'b0000;
            else
                q <= q + 1'b1;
        end
    always @(q)          // 生成测频控制信号
      begin
        case（q）
          4'b0000: begin CLR_n = 0; CNTEN = 0; DISPEN_n = 1; end
          4'b0001: begin CLR_n = 1; CNTEN = 1; DISPEN_n = 1; end
          4'b0010: begin CLR_n = 1; CNTEN = 1; DISPEN_n = 1; end
          4'b0011: begin CLR_n = 1; CNTEN = 1; DISPEN_n = 1; end
          4'b0100: begin CLR_n = 1; CNTEN = 1; DISPEN_n = 1; end
          4'b0101: begin CLR_n = 1; CNTEN = 1; DISPEN_n = 1; end
          4'b0110: begin CLR_n = 1; CNTEN = 1; DISPEN_n = 1; end
          4'b0111: begin CLR_n = 1; CNTEN = 1; DISPEN_n = 1; end
          4'b1000: begin CLR_n = 1; CNTEN = 1; DISPEN_n = 1; end
          4'b1001: begin CLR_n = 1; CNTEN = 0; DISPEN_n = 0; end
          default: begin CLR_n = 1; CNTEN = 0; DISPEN_n = 1; end
        endcase
      end
    endmodule
```

新建工程，将模块 fp_ctrl 编译综合后封装成原理图符号以便在顶层设计电路中调用。

5.2.2 频率测量与计算电路设计

等精度频率测量和计算电路的实现原理电路如图 5-34 所示。门控信号 G 跳变为高电平时，此时计数器还不能立即开始计数，必须要等到被测信号的上升沿到来时通过 D 触发器将 SG 置 1 后才能对标准信号和被测信号同时进行计数。当门控信号 G 跳变为低电平后，同样需要等到被测信号的上升沿到来时通过 D 触发器将 SG 置 0 后才停止对标准信号和被测信号的计数。在主控电路的作用下锁存计数值，经过乘除法计算出被测信号的频率。

图 5-34 中的 D 触发器既可以在顶层设计模块中调用原理图库 Primitives 中的 D 触发器实现，也可以直接用 Verilog HDL 描述：

```
module DFF_mk(G,Fx,SG);
  input G,Fx;
  output reg SG;
  always @(posedge Fx)
    SG <= G;
endmodule
```

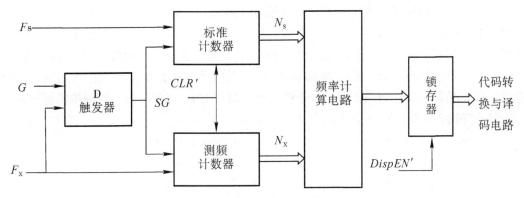

图 5-34 等精度测量与计算电路

新建工程,将模块 DFF_mk 编译综合后封装成原理图符号以便在顶层设计电路中调用。

当闸门时间取 1 秒、采用 96 MHz 标准信号时,若要测量 100 MHz 的信号,则标准计数器和测频计数器至少需要采用 27 位二进制计数器实现(因为 $2^{26} < 10^8 < 2^{27}$),同时需要为计数器添加异步复位端 CLR' 和计数允许控制端 ENA,以便与测频控制电路连接。

为了便于与乘法和除法宏模块的参数相匹配,标准计数器和测频计数器均设计为 28 位二进制计数器。计数器的 Verilog 描述代码参考如下:

```verilog
// 描述标准计数器 FScnt
module FScnt(BCLK,CLR_n,ENA,FSQ);
    input BCLK,CLR_n,ENA;
    output reg {27:0} FSQ;
    always @(posedge BCLK or negedge CLR_n)
      if (!CLR_n)
          FSQ <= 28'b0;
      else if (ENA)
          FSQ <= FSQ+1'b1;
endmodule
// 描述测频计数器 FXcnt
module TFcnt(TCLK,CLR_n,ENA,FXQ);
    input TCLK,CLR_n,ENA;
    output reg {27:0} FXQ;
    always @(posedge TCLK or negedge CLR_n)
      if (!CLR_n)
          FXQ <= 28'b0;
      else if (ENA)
          FXQ <= FXQ+1'b1;
endmodule
```

新建工程,分别将模块 FScnt 和 FXcnt 编译综合后封装成原理图符号以便在顶层设计电路中调用。

频率计算电路中所需要的乘法器和除法器通过定制参数化宏功能模块 LPM_MULT 和 LPM_DIV 实现，其中乘法器的输入定制为 28 位无符号二进制数、乘法结果定制为 56 位无符号二进制数，除法器的被除数定制为 56 位无符号二进制数、除数定制为 28 位无符号二进制数，整除结果和余数定制为 56 位和 28 位无符号二进制数，分别用 56 位和 28 位锁存器锁存。另外，锁存器需要添加一个锁存允许端口 EN，以便与测频控制电路连接。

56 位和 28 位锁存器用 Verilog 代码描述如下：

```verilog
module latch84 (en,din56,din28,dout56,dout28);
    input en;
    input [55:0] din56;
    input [27:0] din28;
    output reg [55:0] dout56;
    output reg [27:0] dout28;

    always @(en,din56,din28)
      if ( en )
        begin
          dout56 <= din56;
          dout28 <= din28;
      end
    endmodule
```

新建工程，将模块 latch84 编译综合后封装成原理图符号以便在顶层设计电路中调用。

5.3.3　代码转换与译码电路设计

代码转换与译码电路用于将计算得到的二进制频率值转换为 8 位 BCD 码，以驱动数码管显示测频结果，并在频率低于 10 kHz 时通过开关 SW_0 切换量程，便于提高低频显示精度。

将二进制数转换为 BCD 码从理论上可以应用整除和取余运算来实现，但是，反复使用除法操作会消耗大量的 FPGA 逻辑资源，因此，需要寻求实现二进制数到 BCD 码转换的高效算法。

将二进制数转换成十进制数的基本原理是按照其位权展开式进行展开，然后将各部分相加即可得到等值的十进制数，即

$$(d_{n-1}d_{n-2}\cdots d_1d_0)_2 = (d_{n-1}\times2^{n-1}+d_{n-2}\times2^{n-2}+\cdots+d_1\times2^1+d_0\times2^0)_{10}$$

上述位权展开式也可以写成

$$(d_{n-1}d_{n-2}\cdots d_1d_0)_2 = ((((d_{n-1}\times2+d_{n-2})\times2+\cdots)\times2+d_1)\times2+d_0)_{10}$$

上式说明，对于 n 位二进制数按位权展开式求和时，式中的 $2^i(i=n-1,\cdots,0)$ 可以转换为连续乘 2 运算 i 次。由于 Verilog HDL 中的逻辑左移相当于乘 2 运算，因此 2^i 就可以通过左移 i 次实现。

BCD 码是用二进制数码表示的十进制数，共有 0000~1001 十个数码，分别表示十进

制数的 0~9，其运算规则为逢十进一，而 4 位二进制数共有 0000~1001~1111 十六种取值，其运算规则为逢十六进一。对于 BCD 码，当数码大于等于 10 时应由低位向高位产生进位，但是对于 4 位二进制数，只有当数值大于等于 16 才会产生进位。因此，对二进制数进行移位时，移位前必须对数值进行修正，才能保证移位后得到正确的 BCD 码。

下面分析修正原理。

由于 BCD 码逢十进一，而 10/2=5，因此，移位前需要判断每 4 位二进制数值是否大于等于 5。当数值大于等于 5 时，就需要在移位前给相应的数值加上 6/2=3，这样左移时会跳过 1010~1111 这 6 个数码而得到正确的 BCD 码。例如，移位前数值若为 0110（对应十进制数 6）时，加 3 得到 1001，左移后数码值为 10010，看作 BCD 码时，为十进制数 12。

根据上述转换原理，将这种二进制数转换为 BCD 码的方法称为移位加 3 算法（Shift and Add 3 Algorithm）。具体的操作方法是：对于 n 位二进制数，需要将数值左移 n 次。每次移位前先判断移入的每 4 位数值是否大于等于 5，满足时给相应的数值加 3 修正，然后再进行移位。继续判断直到移完 n 次为止。

8 位二进制数 1111_1111 转换为 3 位 BCD 码的具体实现步骤如表 5-3 所示。

表 5-3　8 位二进制数转换为 BCD 码的实现步骤

操作	移位窗口			八位二进制数	
	高 4 位	中 4 位	低 4 位		
	—	—	—	1111	1111
第 1 次左移	—	—	1	1111	111
第 2 次左移	—	—	11	1111	11
第 3 次左移	—	—	111	1111	1
个位加 3	—	—	1010	1111	1
第 4 次左移	—	1	0101	1111	—
个位加 3	—	1	1000	1111	—
第 5 次左移	—	11	0001	111	
第 6 次左移	—	110	0011	11	
十位加 3	—	1001	0011	11	
第 7 次左移	1	0010	0111	1	
十位加 3	1	0010	1010	1	
第 8 次左移	10	0101	0101		
转换结果	2	5	5	BCD 码	

根据上述转换原理，将 28 位二进制数转换为 8 位 BCD 的 Verilog 描述代码参考如下：

```
module BinarytoBCD( BINdata, BCDout );
    input [27:0] BINdata ;      // 28 位二进制数输入
    output  [31:0] BCDout;      // 8 位 BCD 码输出
```

```
reg [31:0] BCDtmp;              // 移位缓存区
integer i;                      // 循环变量
always @( BINdata )
  begin
    BCDtmp = 32'b0;
    for( i = 0; i < 28 ; i = i + 1 )
    begin
    // 移位前调整
    if(BCDtmp[31:28] >= 5) BCDtmp[31:28] = BCDtmp[31:28]+ 3;
    if(BCDtmp[27:24] >= 5) BCDtmp[27:24] = BCDtmp[27:24]+3;
    if(BCDtmp[23:20] >= 5) BCDtmp[23:20] = BCDtmp[23:20]+3;
    if(BCDtmp[19:16] >= 5) BCDtmp[19:16] = BCDtmp[19:16]+3;
    if(BCDtmp[15:12] >= 5) BCDtmp[15:12] = BCDtmp[15:12]+3;
    if(BCDtmp[11:8]  >= 5)  BCDtmp[11:8] = BCDtmp[11:8]+3;
    if(BCDtmp[7:4]   >= 5)  BCDtmp[7:4]  = BCDtmp[7:4]+3;
    if(BCDtmp[3:0]   >= 5)  BCDtmp[3:0]  = BCDtmp[3:0]+3;
    // 左移操作
    BCDtmp[31:0] = {BCDtmp[30:0],BINdata[27-i]}
    end
  end
  assign BCDout = BCDtmp;
endmodule
```

调用上述 BinarytoBCD 模块，实现代码转换与译码显示的 Verilog 代码参考如下：

```
module HEX7_8 (iBIN28a,iBIN28b,      // 商数输入，余数输入
            SW0,                     // 显示切换开关
            oSEG0,oSEG1,oSEG2,oSEG3,oSEG4,oSEG5,oSEG6,oSEG7,
            DPoint                   // 显示小数点
            );
input    [27:0] iBIN28a;
input    [27:0] iBIN28b;
input SW0;
output [6:0] oSEG0,oSEG1,oSEG2,oSEG3,oSEG4,oSEG5,oSEG6,oSEG7;
output reg DPoint;
// 定义内部线网和变量
wire [31:0] BCD32a,BCD32b;
reg  [31:0] DispBCD;
```

```
// 例化转换
BinarytoBCD x1( iBIN28a,BCD32a);     // 商转换
BinarytoBCD x2( iBIN28b,BCD32b);     // 余数转换
// 切换显示格式
always @( SW0)
  if ( !SW0)
     begin
       DispBCD = BCD32a[31:0];
       DPoint  = 1'b0;
     end
   else
     begin
       DispBCD = {BCD32a[15:0],BCD32b[31:16]};
       DPoint  = 1'b1;
     end
// 例化显示模块
CD4511s u0 ( .LE( 1'b0),.BCD( DispBCD[3:0] ),.SEG7( oSEG0 ));
CD4511s u1 ( .LE( 1'b0),.BCD( DispBCD[7:4] ),.SEG7( oSEG1 ));
CD4511s u2 ( .LE( 1'b0),.BCD( DispBCD[11:8] ),.SEG7( oSEG2 ));
CD4511s u3 ( .LE( 1'b0),.BCD( DispBCD[15:12] ),.SEG7( oSEG3 ));
CD4511s u4 ( .LE( 1'b0),.BCD( DispBCD[19:16] ),.SEG7( oSEG4 ));
CD4511s u5 ( .LE( 1'b0),.BCD( DispBCD[23:20] ),.SEG7( oSEG5 ));
CD4511s u6 ( .LE( 1'b0),.BCD( DispBCD[27:24] ),.SEG7( oSEG6 ));
CD4511s u7 ( .LE( 1'b0),.BCD( DispBCD[31:28] ),.SEG7( oSEG7 ));
endmodule
```

新建工程，将模块 HEX7_8 编译综合后封装成原理图符号以便在顶层设计电路中调用。

5.3.4　顶层电路设计

等精度频率计的顶层设计如图 5-35 所示，其中分频模块 fpdiv 用于将锁相环产生的 96 MHz 信号分频为 8 Hz，为测频控制电路（fp_ctrl 模块）提供时钟。

图 5-35 中 fx32 为 32 路分频信号源，用于将锁相环输出的 96 MHz 信号分频为 96 MHz、48 MHz，…，0.0447 Hz 共 32 种频率信号，作为等精度频率计的输入信号，以测试频率计的性能。分频信号源的设计参看 4.5 节"数字频率计的设计 – 基于 HDL 方法"中的描述代码。

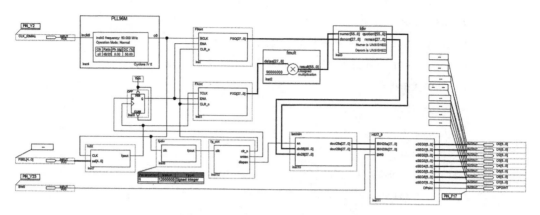

图 5-35　等精度频率计顶层设计图

思考与练习

5.1　应用宏功能模块 LPM_COUNTER 定制六十进制加法计数器，并进行仿真验证。

5.2　应用宏功能模块 LPM_MUX 定制 8 选一数据选择器，并进行仿真验证。

5.3　应用宏功能模块 LPM_DECODE 定制 4 线 -16 线译码器，并进行仿真验证。

5.4　应用宏功能模块 LPM_MULT 定制 8 位乘法器，能够实现两个 8 位有符号数的乘法，并进行仿真验证。

5.5　应用宏功能模块 LPM_DEVIDE 定制除法器，能够实现两个有符号数的除法，并进行仿真验证。设被除数为 16 位有符号二进制数，除数为 8 位有符号二进制数。

5.6*　基于 ROM 设计数码管控制电路。要求如下：（1）在单个数码管上自动依次显示自然数序列（0~9）、奇数序列（1、3、5、7 和 9）、音乐符号序列（0~7）和偶数序列（0、2、4、6 和 8）；（2）加电时先显示自然数序列，然后按上述规律变化。

（提示：数码管循环显示控制电路的参考设计方案如图题 5.6 所示）

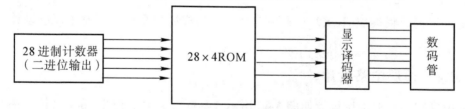

图题 5.6　数码管控制电路设计方案

5.7*　按 5.2 节中 DDS 的实现原理，设计 1024×10 位正弦信号源，要求输出信号的频率范围为 1 kHz~64 kHz，步进为 1 kHz。具体要求如下：

（1）在 Quartus II 平台下，完成 DDS 数字部分设计，并进行仿真验证；

（2）在 EDA 开发板上外接 10 位 D/A 转换器 AD7520，完成 DDS 性能测试。

5.8*　按 5.3 节中等精度频率计的设计原理，完成等精度频率计的设计，并下载到 DE2-115 开发板进行性能测试，填写表题 5-8。

表题 5.8　等精度频率计测量结果分析

信号源频率/kHz	测量结果	相对误差 /%	信号源频率/Hz	测量结果	相对误差 /%
96000			2929.6875		
24000			732.421875		
6000			183.10546875		
1500			45.7763671875		
375			11.444091796875		
93.75			2.86102294921875		
23.4275			0.7152557373046875		
5.859375			0.178813934326171875		

5.9* 参考 5.3 节中二进制码转换为 BCD 码的原理，编写 Verilog 代码将 13 位二进制码转换为 4 位 BCD 码，并按直接测频法原理，设计 0~9999 Hz 的频率计，并在 DE2-115 上进行测试验证。

状态机设计方法

6

状态机用于描述任何有逻辑顺序和时序规律的事件，是实现高效、高速和高可靠性逻辑控制的重要途径。

基于 HDL 的状态机设计具有固定的模式，结构清晰，而且易于构成性能良好的同步时序电路，因而在数字系统设计中应用广泛。

方法决定效率。本章先介绍状态机的基本概念及分类，然后讲述状态机设计的一般模式，最后通过实例说明状态机的应用。

6.1 状态机的概念与分类

时序电路在时钟脉冲的作用下，在有限个状态之间进行转换，所以将时序电路又称为有限状态机（Finite State Machine，FSM），简称为状态机。但广义地讲，状态机不单单是指时序逻辑电路，而是指任何有逻辑顺序和时序规律的事件。以大学生活为例，学生的校园生活可以简单地概括为"三点一线"，即在宿舍、教室和食堂之间活动，如图 6-1 所示，其中地点为状态，功能是输出。

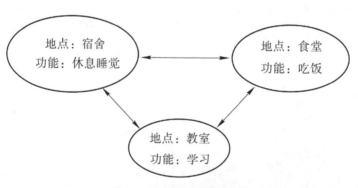

图 6-1　校园生活状态图 1

但是，把校园生活概括为"三点一线"过于简单，因为人不是机器，除了吃饭、学习和睡觉之外，不但需要进行体育锻炼来保持身心健康，还需要从事娱乐活动（如看电影）来丰富自己的生活。假设学校的活动场馆周一到周五 16:00~18:00 开放，学生在周末才有时间去看电影，那么，应该为校园生活引入时间概念。另外，学生没课的时候才能去活动场馆锻炼身体，有好电影才值得去看，因此，可以将校园生活表示成图 6-2 所示更加详细的状态图。

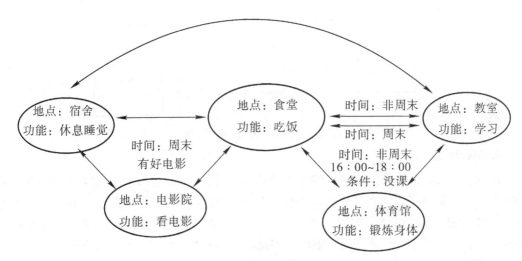

图 6-2　校园生活状态图 2

从上述例子可以看出，状态机有三个基本要素：状态、输出和输入。

1. 状态

状态用于划分逻辑顺序和时序规律。例如，校园生活中的宿舍、食堂、教室、活动场馆和电影院为不同的状态。对于数字系统设计，不同功能的电路状态设定的依据也不同。例如，对于售饮料机的逻辑电路，应该以有没有钱、有多少钱作为设定状态的依据。对于"1111"序列检测器，应该将检测到 1 的个数作为设定状态的依据。

2. 输出

输出是指在某个状态下发生的特定事件。例如，宿舍的功能是休息和睡觉，教室的功能是学习等。例如，对于电机监控系统，如果检测电机转速过高，则输出转速过高报警信号，或者输出随减速指令或启动降温设备等。

3. 输入

输入是指状态机中进入每个状态的条件。有些状态机没有输入条件，有些状态机有输入条件，当某个输入条件满足时才能转移到相应的状态中去。例如，学校的体育馆是否开放、没课和有好电影是状态转换的条件。

根据状态机的输出是否与输入有关，将状态机分为摩尔（Moore）型状态机和米里（Mealy）型状态机两大类。

1. Moore 型状态机

Moore 型状态机的输出仅取决于当前状态，与输入无关。例如，在图 6-1 所示的状态图中，将图中的"地点"认为是"状态"，将"功能"认为是状态的"输出"，则每个输出仅仅与状态相关，所以是 Moore 型状态机。

一般地，Moore 型状态机也可能有输入，只是输出不直接与输入信号相关，因此，在数字电路中，Moore 型状态机表示为图 6-3 所示的结构形式，其中输出 $z(t) = F[s(t)]$，而与输入 $x(t)$ 无关。

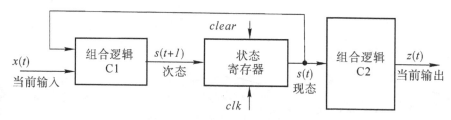

图 6-3　Moore 型状态机的结构

2. Mealy 型状态机

　　Mealy 型状态机的输出不仅依赖于当前状态，而且与输入有关。例如，在图 6-2 所示的状态图中，仍然将"地点"认为是"状态"，将"功能"认为是"输出"，而状态转换是有"条件"的，学校的体育馆周一到周五 16:00~18:00 才开放，因此，只有在这个时间段并且在没课的情况才能到体育馆去锻炼。因此，图 6-2 是一个 Mealy 型状态机。

　　既然 Mealy 型状态机的输出既与状态有关，也与输入有关，因此，在数字电路中，Mealy 型状态机表示为图 6-4 所示的结构形式，其中输出 $z(t) = F[x(t), s(t)]$。

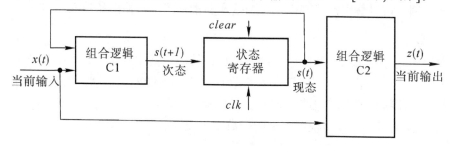

图 6-4　Mealy 型状态机的结构

6.2　状态机的描述方法

　　状态机用于描述任何有逻辑顺序和时序规律的事件，有状态、输出和输入三个基本要素。状态机有三种常用的表示方法：状态转换图、状态转换表和 HDL 描述。

　　状态转换图是描述状态机最基本的方法，如图 6-1、图 6-2 所示都使用了状态转换图描述方法。状态转换表是用表格的方式描述状态机，主要用于对状态机进行状态化简，以简化电路设计。这两种描述方法在数字电路课程中已有详细论述。

　　状态机的 HDL 描述方法结构清晰，灵活规范，而且安全、高效、易于维护，因此是本章重点的讲述内容。

　　状态机设计的基本步骤是定义电路的状态，建立电路的状态转换图，进行状态化简和完成状态编码，然后描述状态转换关系以及每个状态下的输出。

　　下面结合具体的设计实例进行说明。

　　【例 6-1】 设计一个串行序列检测器，要求连续输入四个或四个以上的 1 时输出为 1，否则输出为 0。

1. 定义状态

　　定义状态是根据状态机任务的要求，确定内部的状态数并定义每个状态的具体含义。

分析：串行序列检测器应该具有一个串行数据输入口和一个检测结果输出端，若分别用 X 和 Y 表示，则串行序列检测器的框图，如图 6-5 所示。

由于检测器用于检测"1111"序列，所以电路需要识别和记忆连续输入 1 的个数，因此，预定义电路内部有 S_0、S_1、S_2、S_3 和 S_4 共五个状态，其中 S_0 表示当前还没有接收到一个 1，S_1 表示已经接收到一个 1，S_2 表示已经接收到两个 1，S_3 表示已经接收到三个 1，而 S_4 表示已经接收到四个 1。

图 6-5　串行数据检测器框图

2. 建立状态转换图

状态定义完成之后，需要分析在时钟脉冲的作用下，状态转移的方向以及输出，画出状态转换图。通常从系统的初始状态、复位状态或者空闲状态开始分析，标出每个状态的转换方向、转换条件以及输出。

对于"1111"序列检测器，根据功能要求，假设串行输入序列 X 为

01_011_0111_01111_011111_01

时，则检测器的输出 Y 和内部状态的转换关系如表 6-1 所示。

表 6-1　输入、输出与状态转换关系表

输入 X	0	1	0	1	1	0	1	1	1	0	1	1	1	1	0	1	1	1	1	1	0	1
输出 Z	0	0	0	0	0	0	0	0	0	0	0	0	0	1	0	0	0	0	1	1	0	0
内部状态	S_0	S_1	S_0	S_1	S_2	S_0	S_1	S_2	S_3	S_0	S_1	S_2	S_3	S_4	S_0	S_1	S_2	S_3	S_4	S_4	S_0	S_1

根据输入 X 和状态 $S_0 \sim S_4$ 的含义，根据表 6-1 所示的关系即可画出图 6-6 所示的状态转换图。

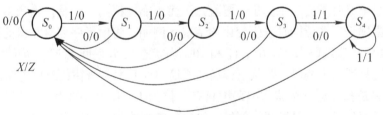

图 6-6　例 1 状态转换图

从状态转换图可以看出，状态 S_3 和 S_4 在相同的输入条件下不但具有相同的次态，而且具有相同的输出，所以 S_3 和 S_4 为等价状态，可以合并为一个状态。若将 S_3 和 S_4 合并后的状态用 S_3 表示，则化简后的状态转换图如图 6-7 所示。

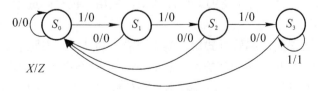

图 6-7　化简后的状态转换图

3. 状态编码

状态编码又称为状态分配，用于为每个状态指定唯一的二值代码。若状态编码方案选取得当，既能简化电路设计，又可以减少竞争－冒险，反之会导致占用资源多、工作速度低或者可靠性差等问题。因此，设计时需要综合考虑电路的复杂度和性能等因素。

常用的状态编码方案有顺序编码、格雷码编码和一位热码编码（One-hot encoding）等多种方式，如表 6-2 所示。

表 6-2　编码方式及属性定义方法

编码方式	属性定义方法
顺序码	（* syn_encoding =“sequential”*）
格雷码	（* syn_encoding =“gray”*）
一位热码	（* syn_encoding =“one-hot”*）
默认编码	（* syn_encoding =“default”*）
约翰逊码	（* syn_encoding =“johnson”*）
最简码	（* syn_encoding =“compact”*）
安全一位热码	（* syn_encoding =“safe,onehot”*）

顺序编码按二进制或者 BCD 码的自然顺序进行编码。例如，将串行序列检测器的四个有效状态 S_0、S_1、S_2 和 S_3 依次编码为 00、01、10 和 11。顺序编码使用的状态寄存器少，但状态转换过程中可能有多位同时发生变化。例如，计数器从状态“0111”转换到“1000”时四个触发器会同时发生变化，因此容易产生竞争－冒险。

格雷码任两个相邻状态之间只有 1 位发生变化，因此应用格雷码编码二进制计数器这类简单的时序电路时不会产生竞争－冒险，因而可靠性很高。但是，当状态不在相邻之间转换时，格雷码仍有多位同时发生变化的情况。例如，将串行序列检测器的四个有效状态 S_0、S_1、S_2 和 S_3 依次编码为 00、01、11 和 10。当状态从 S_2 返回 S_0 时，两位同时发生变化。因此，格雷码只适用于编码一些状态转换关系简单而且非常规律的时序电路。

一位热码是指任意一个状态编码中只有一位为 1，其余位均为 0。所以，对 n 个状态进行编码就需要使用 n 个触发器。例如，将串行序列检测器的四个状态 S_0、S_1、S_2 和 S_3 依次编码为 0001、0010、0100 和 1000。采用一位热码编码状态机时任意两个状态间转换只有两位同时发生变化，因而可靠性比顺序编码方式高，但占用的存储资源比顺序编码和格雷码编码方式多。

一位热码编码方式虽然使用的触发器多，但状态译码简单，所以能够简化输出组合逻辑电路的设计。对于存储资源丰富的 FPGA 来说，采用一位热码进行编码可以有效地提高电路的速度和可靠性。

但是，由于一位热码的编码方式每个编码只有一位为 1，因此不可避免地会带来大量的无效状态。例如，采用一位热码方式编码四个状态时会产生 $2^4-4=12$ 个无效状态。若不对这些无效的状态进行有效处理，当状态机受外部干扰等因素的影响进入无效状态时会出现短暂失控或者始终无法返回正常状态循环而导致状态功能失效。因此，对无效状态的处理是必须考虑的重要问题。

无效状态的处理大致有如下三种方式：①转入空闲状态，等待下一个任务的到来；②转入指定的状态，去执行特定任务；③转入预定义的专门处理错误的状态，如预警状态等。

在状态机设计中，建议使用参数定义语句"parameter"来定义状态编码，以提高代码的可阅读性。

4. 状态机的描述

Verilog HDL 用过程语句描述状态机。由于时序电路的次态是现态以及输入的逻辑函数，因此需要将现态和输入信号作为过程的敏感事件或者边沿触发事件，结合 case 和 if 等高级程序语句等实现逻辑功能。

有限状态机的描述可采用一段式、两段式和三段式三种描述方式。

一段式状态机把组合逻辑和时序逻辑用一个过程语句描述，输出为寄存器输出，能够减少竞争－冒险，因而可靠性高。但这种描述方式结构不清晰，而且代码难于修改和调试，一般应避免使用。

两段式状态机采用两个过程语句，一个过程语句用于描述时序逻辑，另一个过程语句用于描述组合逻辑。时序过程语句用于描述状态的转换关系，组合过程语句用于确定电路的次态及输出。

两段式状态机结构清晰，便于阅读和理解，而且有利于添加时序约束条件，有利于综合和优化，有利于布局布线。但是，由于两段式状态机的输出为组合逻辑电路，容易产生竞争－冒险，特别是用状态机的输出信号作为其他时序模块的时钟或者作为锁存器的输入信号时则会产生不良的影响。

三段式状态机采用三个过程语句，一个过程语句用于描述时序逻辑，一个过程语句用于确定电路的次态，而另一个过程语句描述电路的输出。三段式状态机与两段式相比，三段式状态机代码清晰易读，输出既可以采用组合输出，也可以设计为寄存器输出（不易产生竞争－冒险），但占用的资源比两段式多。三种描述方法的特性比较如表 6-3 所示。

表 6-3　三种描述方法比较表

比较项目	一段式	两段式	三段式
代码简洁度	不简洁，难于调试	最简洁	简洁
过程语句个数	1	2	3
有利于时序约束？	否	是	是
为寄存器输出？	是	否	是
有利于综合与布线？	否	是	是
代码的可靠性与可维护度	低	高	最高
代码的规范性	差	规范	规范
推荐等级	不推荐	推荐	推荐

随着 FPGA 的密度越来越大、成本越来越低，三段式状态机因其结构清晰，代码简洁规范，并且不易产生竞争－冒险而得到了广泛的应用。

三段式 Moore 型状态机的描述模板如下：

```
// 第一个过程语句，时序逻辑，描述状态的转换关系
always @ (posedge clk or negedge rst_n)
  if(!rst_n)                          // 复位信号有效时
    current_state <= IDLE;
  else
    current_state <= next_state;      // 状态转换
// 第二个过程语句，组合逻辑，描述次态
always @ (current_state, input_signals)// 电平敏感条件
    case (current_state)
      S1: if (...)  next_state = S2;     // 阻塞赋值
      S2: ... ;
      ...... ;
      default: ...;
    endcase
// 第三个过程语句描述输出，采用组合逻辑时
always @ ( current_state )
    case(current_state)
      S1: out1 = ...;
      S2: out2 =... ;
      ......;
      default: ...;
    endcase
// 第三个过程语句描述输出，采用时序逻辑时
always @ (posedge clk or negedge rst_n)
  if(!rst_n)
    ......;
  else
    case(current_state)
    S1: out1 <= ...;                      // 非阻塞赋值
    S2: out2 <=... ;
    ......;
    default: ...;
  endcase
end
```

设计例 6-1 的 "1111" 序列检测器，应用三段式状态机 Verilog 描述代码参考如下：

```
module serial_detor(clk,  // 检测器时钟
                    X,    // 串行数据输入
```

```
                 Y              // 检测结果输出
                 );
    input clk,X;
    output Y;
    parameter S0=4'b0001,S1=4'b0010,S2=4'b0100,S3=4'b1000; // 状态定义及编码
    reg [3:0] cs,ns;                  // 内部状态变量定义：现态和次态
    assign Y=((cs==S3)&& X);      // 组合逻辑过程：确定输出
    always @(posedge clk)      // 时序逻辑过程：状态转换
          cs <= ns;
    always @(cs,x)             //  组合逻辑过程：确定次态
       case (cs)
         S0: if (x) ns = S1;
         S1: if (x) ns = S2; else ns = S0;
         S2: if (x) ns = S3; else ns = S0;
         S3: if (x) ns = S3; else ns = S0;
         default: ns = S0;
       endcase
 endmodule
```

6.3　A/D 转换控制器的设计

　　A/D 转换传统的控制方法是用微控制器（Micro-controller）按照转换器的工作时序控制 A/D 转换器完成数据的采集。受微控制器工作速度的限制，这种控制方式在实时性方面有很大的局限性，难以实现高速信号的采集。若基于 FPGA 应用状态机控制 A/D 转换器，则不仅控制速度快，而且可靠性高，这是微控制器控制方法无法比拟的。

　　ADC0809 是 8 位 A/D 转换器，内部结构框图如图 6-8 所示，由 8 路模拟开关、地址锁存与译码器、逐次渐近型 A/D 转换器和三态输出锁存缓冲器组成。$IN_0 \sim IN_7$ 为 8 条模拟量输入通道，$ADDC \sim A$ 为三位地址。ALE 为地址锁存允许信号，高电平有效。当 ALE 为高电平时，地址锁存与译码器将三位地址 $ADDC$、$ADDB$、$ADDA$ 锁定，经译码后选定待转换通道。$START$ 为转换启动信号，上升沿时将内部寄存器清零，下降沿时启动转换。EOC 为转换结束标志信号，为高电平时表示转换结束，否则表示"正在转换中"。OE 为输出允许信号，为高电平时输出转换完成的数字量 $D_7 \sim D_0$，为低电平时输出数据线呈高阻状态。CLK 为时钟脉冲，器件手册推荐的时钟频率为 640 kHz。$V_{ref(+)}$、$V_{ref(-)}$ 为参考电压输入端。

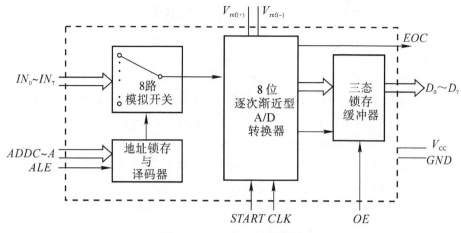

图 6-8 ADC0809 结构框图

ADC0809 能够对 8 路模拟量进行分时转换，其工作时序如图 6-9 所示。*ALE* 和 *SATRT* 通常由一个信号控制，上升沿时锁存通道地址并将逐次渐近寄存器清零，下降沿时启动转换。转换开始后 *EOC* 跳变为低电平，表示"正在转换中"。转换完成后 *EOC* 自动返回高电平，表示转换已经结束。这时控制 *OE* 为高电平，则转换完成的数字量出现在数据总线 $D_7 \sim D_0$ 上，用辅助信号 *LOCK* 的上升沿锁存转换数据。

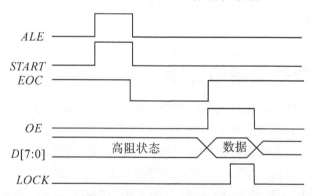

图 6-9 ADC0809 工作时序图

【例 6-2】设计 ADC0809 控制器，能够控制 ADC0809 对 8 路模拟量进行巡回转换。

分析：根据 ADC0809 的工作时序，可将一次数据采样过程划分为 st0 ～ st4 五个状态阶段，各状态的含义及相应的输出信号值如表 6-4 所示，状态图如图 6-10 所示。

表 6-4 转换控制器状态定义表

状态	含义	输入	输 出			
			ALE	*START*	*OE*	*LOCK*
st0	A/D 初始化	×	0	0	0	0
st1	启动 A/D 转换	×	1	1	0	0
st2	A/D 转换中	EOC	0	0	0	0
st3	转换结束，输出数据	×	0	0	1	0
st4	锁存转换数据	×	0	0	1	1

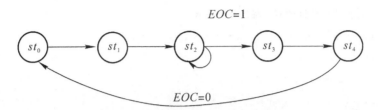

图 6-10　ADC0809 控制器状态转换图

根据图 6-10 所示的转换关系，结合有限状态机三段式描述方法，设计出 ADC0809 转换控制器的结构框图，如图 6-11 所示。

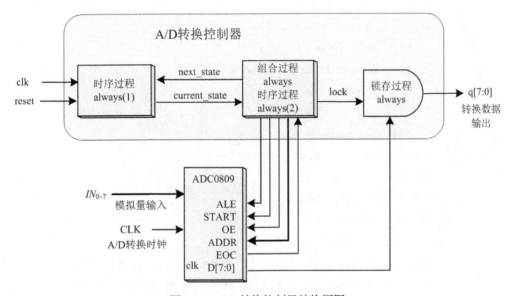

图 6-11　A/D 转换控制器结构框图

具体描述 ADC0809 控制器的 Verilog 参考设计代码如下：

```verilog
module ADC0809_controller(clk,rst_n,eoc,d,start,ale,oe,lock,addr,AD_dat);
  input clk,rst_n,eoc;
  input [7:0] d;
  output reg start,ale,oe,lock;
  output reg [2:0] addr;
  output reg [7:0] AD_dat;
  // 状态定义及编码, 一位热码方式
  parameter st0=5'b00001;
  parameter st1=5'b00010;
  parameter st2=5'b00100;
  parameter st3=5'b01000;
  parameter st4=5'b10000;
  // 状态变量定义
  reg [4:0] curr_state,next_state;
```

```
// 同步时序逻辑过程，描述状态转换
always @(posedge clk or negedge rst_n)
  if (!rst_n)
    curr_state <= st0;
  else
    curr_state <= next_state;
// 组合逻辑过程，确定次态
  always @(curr_state,eoc)
    case (curr_state)
      st0:  next_state = st1;
      st1:  next_state = st2;
      st2:  if (eoc) next_state = st3;
          else next_state = st2;
      st3:  next_state = st4;
      st4:  next_state = st0;
      default: next_state = st0;
    endcase
// 同步时序逻辑过程，确定输出
always @(posedge clk)
  case (curr_state)
    st0: begin start <= 0; ale <= 0; oe <= 0; lock <= 0; end
    st1: begin start <= 1; ale <= 1; oe <= 0; lock <= 0; end
    st2: begin start <= 0; ale <= 0; oe <= 0; lock <= 0; end
    st3: begin start <= 0; ale <= 0; oe <= 1; lock <= 0; end
    st4: begin start <= 0; ale <= 0; oe <= 1; lock <= 1; end
    default: begin start <= 1; ale <= 1; oe <= 0; lock <= 0; end
  endcase
  // 锁存和切换通道过程
  always @(posedge lock)
    begin
      AD_dat <= d;              // 锁存转换结果
      addr <= addr + 1'b1;      // 切换通道，实现8路巡回转换
    end
endmodule
```

　　用上述代码控制 ADC0809，应用 BCD 显示译码器（如 CD4511）将地址 addr 显示到数码管上，再设计二进制译码器（参考 4.4.1 节 ROM 的描述）将转换数据 AD_dat 显示到数码管上，就可以实时观察 8 个通道的分时转换结果。

6.4　状态机设计实践

由于 HDL 状态机设计模式规范，而且能够灵活地处理复杂的数字逻辑，因此在时序控制、行为建模以及协议实现等方面有着独特的应用。

6.4.1　序列控制电路设计

数码管用于显示 BCD 码或一些特殊的字符信息。数码管驱动电路既可以基于中、小规模数字集成电路设计，也可以基于 ROM 设计，还可以根据任务要求直接采用状态机进行描述。

【例 6-3】用状态机设计序列控制电路，能够在单个数码管上依次循环显示自然数序列（0~9）、奇数序列（1、3、5、7、9）、音乐序列（0~7）和偶数序列（0、2、4、6、8）。

分析：自然序列有 10 个数码，奇数序列和偶数序列分别有 5 个数码，音乐顺序有 8 个数码，因此一个完整的显示循环共 28 个数码。

用状态机设计的思路是：先描述一个二十八进制计数器，分别在 28 个状态下输出要求显示的 28 个 BCD 码，然后用显示译码器将 BCD 码转换为七段码输出，驱动数码管显示相应的数字序列。

具体的 Verilog HDL 描述代码参考如下：

```
module SEG_Controller(iCLK,oSEG7);
  input iCLK;
  output reg [6:0] oSEG7;
  reg [4:0] Qtmp;
  reg [3:0] DISP_BCD;              // 内部寄存器变量定义
  always @( posedge iCLK )        // 时序逻辑过程，实现二十八进制计数
    if ( Qtmp == 5'd27 )
       Qtmp <= 5'd0;
     else
       Qtmp <= Qtmp + 1'b1;
  always @( Qtmp )                // 组合逻辑部分，定义显示序列
    case( Qtmp )
      5'd0:  DISP_BCD = 4'd0;
      5'd1:  DISP_BCD = 4'd1;
      5'd2:  DISP_BCD = 4'd2;
      5'd3:  DISP_BCD = 4'd3;
      5'd4:  DISP_BCD = 4'd4;
      5'd5:  DISP_BCD = 4'd5;
      5'd6:  DISP_BCD = 4'd6;
      5'd7:  DISP_BCD = 4'd7;
```

```
            5'd8:  DISP_BCD = 4'd8;
            5'd9:  DISP_BCD = 4'd9;
            5'd10: DISP_BCD = 4'd1;
            5'd11: DISP_BCD = 4'd3;
            5'd12: DISP_BCD = 4'd5;
            5'd13: DISP_BCD = 4'd7;
            5'd14: DISP_BCD = 4'd9;
            5'd15: DISP_BCD = 4'd0;
            5'd16: DISP_BCD = 4'd1;
            5'd17: DISP_BCD = 4'd2;
            5'd18: DISP_BCD = 4'd3;
            5'd19: DISP_BCD = 4'd4;
            5'd20: DISP_BCD = 4'd5;
            5'd21: DISP_BCD = 4'd6;
            5'd22: DISP_BCD = 4'd7;
            5'd23: DISP_BCD = 4'd0;
            5'd24: DISP_BCD = 4'd2;
            5'd25: DISP_BCD = 4'd4;
            5'd26: DISP_BCD = 4'd6;
            5'd27: DISP_BCD = 4'd8;
          default: DISP_BCD = 4'd0;
      endcase
    always @ (posedge iCLK)   // 时序逻辑过程，同步译码输出
        case (DISP_BCD)
            4'd0:  oSEG7 <= 7'b1000000; // 对应 gfedcba 段，低电平有效
            4'd1:  oSEG7 <= 7'b1111001;
            4'd2:  oSEG7 <= 7'b0100100;
            4'd3:  oSEG7 <= 7'b0110000;
            4'd4:  oSEG7 <= 7'b0011001;
            4'd5:  oSEG7 <= 7'b0010010;
            4'd6:  oSEG7 <= 7'b0000010;
            4'd7:  oSEG7 <= 7'b1111000;
            4'd8:  oSEG7 <= 7'b0000000;
            4'd9:  oSEG7 <= 7'b0010000;
          default: oSEG7 <= 7'b1111111;
        endcase
    endmodule
```

6.4.2　VGA 彩格控制电路设计

VGA（Video Graphics Array）是 IBM 公司于 1987 年推出的视频显示标准，具有分辨率高、显示速率快和色彩丰富等优点，目前仍应用于计算机、笔记本电脑、投影仪和液晶电视等电子产品的视频接口中。

VGA 采用 D-Sub 接口，如图 6-12 所示，共有 15 针 / 孔，分为三排，每排五个。

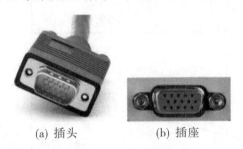

(a) 插头　　　　　　(b) 插座

图 6-12　VGA 接口

VGA 接口有 5 条主要的信号线：分别是行同步和场同步数字信号，以及 R（红）、G（绿）、B（蓝）三基色模拟信号，如图 6-13 所示，其中 R、G、B 三基色信号不同比例的混合可以组合出不同颜色的信号。

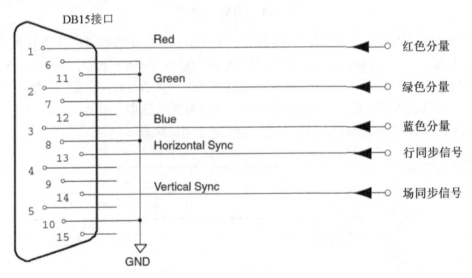

图 6-13　VGA 接口信号

VGA 图像的显示原理是：将图像按行、列划分为若干个像素，采用扫描的方式显示，具体的工作过程如图 6-14 所示。扫描从屏幕的左上方开始，从左向右、从上到下逐行扫描，每扫描完一行后回扫到屏幕左边下一行的起始位置，并且在回扫期间进行消隐，每行结束时，用行同步信号进行行同步；所有行扫描完成后，再回扫到屏幕的左上方（回扫期间进行消隐），然后产生场同步头，准备进行下一帧的扫描。

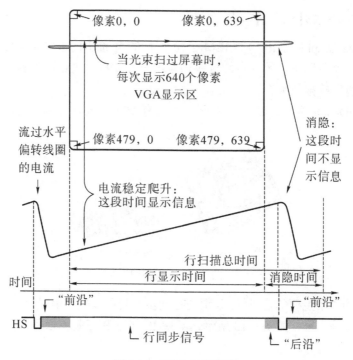

图 6-14　VGA 工作原理

　　VGA 显示需要解决图像信息的来源和存储以及行、场时序的实现。VGA 标准时序如图 6-15 所示，其中行同步信号和场同步信号都分为前沿（Front porch）、同步头（Sync）、后沿（Back porch）和显示（Display interval）四个阶段，不同的是行同步信号以像素（Pixel）为单位，而场同步信号则以行（Line）为单位。同步脉冲头低电平有效，b、c 和 d 段时则为高电平，c 段时显示三基色信号，其余时段则处于消隐状态。

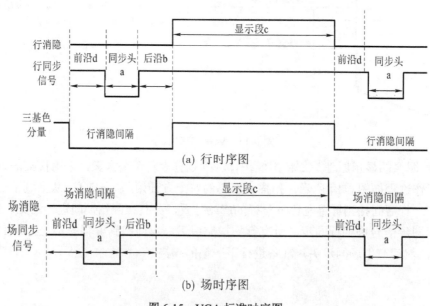

图 6-15　VGA 标准时序图

【例 6-4】设计 VGA 显示控制器，能够在 640×480@60Hz 模式下显示 8×8 彩格图像。

分析：分辨率为 640×480 像素图像，每行的总像素点为 800 个，其中有效像素为 c 段的 640 个；每场的总行数为 525 行，其中有效行数为 c 段的 480 行。具体参数如表 6-5 所示。

表 6-5 VGA 行、场同步信号参数值

VGA 模式	行同步参数（Pixels）					像素时钟 /MHz
	a 段	b 段	c 段	d 段	总像数	
640×480 像素，60Hz	96	48	640	16	800	25.175
1024×768 像素，60Hz	136	160	1024	24	1344	65.0
VGA 模式	场同步参数（Lines）					像素时钟 /MHz
	a 段	b 段	c 段	d 段	总行数	
640×480 像素，60Hz	3	32	480	10	525	25.175
1024×768 像素，60Hz	6	29	768	3	806	65.0

设计过程：VGA 显示控制器的设计与 VGA 硬件电路有关。DE2-115 开发板的 VGA 接口电路原理如图 6-16 所示，将 FPGA 输出的 8 位 R、G、B 三基色数字信号，通过 10 位（仅使用高 8 位）视频 DAC 芯片 ADV7123 转换为模拟信号输出，同时由 FPGA 产生 VGA 接口所需的行（VGA_HS）、场同步信号（VGA_VS）以及消隐信号（BLANK_n）。

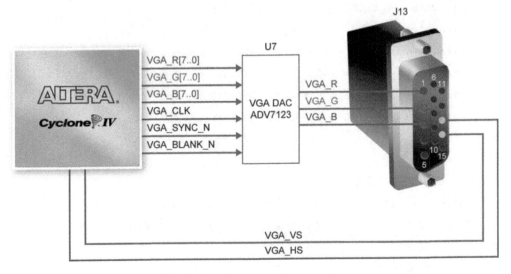

图 6-16 DE2-115 VGA 接口电路

能够显示彩格图像的 VGA 控制器的 Verilog HDL 代码参考如下：

```verilog
module VGA_Pattern (
    input OSC_50MHz,              // 板载 50 MHz 晶振
    output VGA_CLK,              // VGA 时钟
    output VGA_HS,              // VGA 行同步信号
    output VGA_VS,              // VGA 场同步信号
    output VGA_BLANK,              // ADV7123 消隐信号
    output VGA_SYNC,              // ADV7123 同步信号
    output [7:0] VGA_R,              // VGA 红色分量
    output [7:0] VGA_G,              // VGA 绿色分量
    output [7:0] VGA_B              // VGA 蓝色分量
    );


// 640×480@60Hz 行参数定义
parameter  H_FRONT = 16;          // Td
parameter  H_SYNC = 96;          // Ta
parameter  H_BACK = 48;          // Tb
parameter  H_ACT = 640;          // Tc
parameter  H_BLANK = H_FRONT+H_SYNC+H_BACK;    // Td+Ta+Tb
parameter  H_TOTAL = H_FRONT+H_SYNC+H_BACK+H_ACT;
                                  // Td+Ta+Tb+Tc
// 640×480@60Hz 场参数定义
parameter  V_FRONT = 10;          // Td
parameter  V_SYNC = 3;          // Ta
parameter  V_BACK = 32;          // Tb
parameter  V_ACT = 480;          // Tc
parameter  V_BLANK = V_FRONT+V_SYNC+V_BACK;    // Td+Ta+Tb
parameter  V_TOTAL = V_FRONT+V_SYNC+V_BACK+V_ACT;
                                  // Td+Ta+Tb+Tc


// 线网信号和变量定义
wire  CLK_25;     // 25MHz 时钟, for 640x480,60Hz
wire  CLK_65;     // 65MHz 时钟, for 1024x768,60Hz

reg [7:0] VGA_R;                  // 红色分量数据
reg [7:0] VGA_G;                  // 绿色分量数据
reg [7:0] VGA_B;                  // 蓝色分量数据
```

```verilog
reg [10:0] H_Cont;                    // 行计数器
reg [10:0] V_Cont;                    // 场计数器
reg        VGA_HS;                    // 行同步信号
reg        VGA_VS;                    // 场同步信号
reg [10:0] X;                         // X 坐标
reg [10:0] Y;                         // Y 坐标


// 定制锁相环，生成 VGA 时钟
PLL_VGA u0 (.inclk0(OSC_50),          // IN, 50MHz
           .c0(CLK_25),               // out,25MHz
           .c1(CLK_65));              // out,65MHz


// ADV7123 同步信号
assign  VGA_SYNC = 1'b0;
// ADV7123 消隐信号
assign  VGA_BLANK = ~((H_Cont<H_BLANK)||(V_Cont<V_BLANK));
// ADV7123 时钟信号
assign  CLK_to_DAC = CLK_25;          // 25MHz, 640480@60Hz 模式时
// VGA 时钟信号
assign  VGA_CLK = ~CLK_to_DAC;


// 行同步信号及 X 坐标生成
always@(posedge CLK_to_DAC)
  begin
    if( H_Cont < H_TOTAL )
        H_Cont <= H_Cont+1'b1;
    else
        H_Cont <= 0;
    // 生成行同步信号
    if( H_Cont == H_FRONT-1 )   // 检测前沿是否结束
        VGA_HS <= 1'b0;
    if( H_Cont == H_FRONT+H_SYNC-1 )   // 检测同步头是否结束
        VGA_HS <= 1'b1;

    // 生成 X 坐标
    if (H_Cont >= H_BLANK)
```

```
            X   <= H_Cont-H_BLANK;
        else
            X  <=   0;
        end


// 场同步信号及 Y 坐标生成
always @( posedge VGA_HS )
  begin
    if ( V_Cont < V_TOTAL )
        V_Cont <= V_Cont+1'b1;
    else
        V_Cont <= 0;
    // 生成场同步信号
    if( V_Cont == V_FRONT-1 )   // 检测前沿是否结束
        VGA_VS <= 1'b0;


    if ( V_Cont == V_FRONT+V_SYNC-1 )// 检测同步头是否结束
        VGA_VS <= 1'b1;


    //  生成 Y 坐标
    if ( V_Cont >= V_BLANK )
        Y <= V_Cont-V_BLANK;
    else
        Y <= 0;
  end


// 彩格图像生成
always @( posedge CLK_to_DAC )
  begin
    VGA_R <= ( Y < 120 )                ? 64 :    // 8 位分量值
             ( Y >= 120 && Y < 240 ) ? 128 :
             ( Y >= 240 && Y < 360 ) ? 192 :
                                       255;
    VGA_G <= ( X < 80 )                 ? 32 :    // 8 位分量值
             ( X >= 80 && X < 160 ) ? 64 :
             ( X >= 160 && X < 240 ) ? 92 :
             ( X > =240 && X < 320 ) ? 128 :
```

```
                    ( X >= 320 && X < 400 ) ? 160 :
                    ( X >= 400 && X < 480 ) ? 192 :
                    ( X >= 480 && X < 560 ) ? 224 :
                                              255;
         VGA_B <= ( Y < 60 )                 ? 255:    // 8位分量值
                    ( Y >= 60 && Y < 120 )   ? 224 :
                    ( Y >= 120 && Y < 180 )  ? 192 :
                    ( Y >= 180 && Y < 240 )  ? 160 :
                    ( Y >= 240 && Y < 300 )  ? 128 :
                    ( Y >= 300 && Y < 360 )  ? 192 :
                    ( Y >= 360 && Y < 420 )  ? 64 :
                                              32 ;
    end
  endmodule
```

6.4.3　交通灯控制器设计

交通灯控制器用于控制十字路口交通信号灯的状态。交通灯控制器是时序逻辑电路，很容易应用状态机设计方法实现。

【例 6-5】在一条主干道和一条支干道汇成的十字路口，在主干道和支干道车辆入口分别设有红、绿、黄三色信号灯。设计一个交通灯控制电路，用红、绿、黄三色发光二极管作为信号灯，具体要求如下：(1)主干道和支干道交替通行；(2)主干道每次通行 45 秒，支干道每次通行 25 秒；(3)每次由绿灯变为红灯时，要求黄灯先亮 5 秒。

分析：交通灯控制器应由状态控制电路和计时电路两部分构成。控制电路用于切换主、支干道绿灯、黄灯和红灯的状态，计时电路用于控制通行时间。

1．控制电路设计

主干道和支干道的绿、黄、红三色灯正常工作时共有四种组合，分别用四个状态 S_0、S_1、S_2 和 S_3 表示，状态的具体含义如表 6-6 所示。

表 6-6　工作状态定义

状态	状态含义	主干道	支干道	计时时间 /s
S_0	主干道通行	绿灯亮	红灯亮	45
S_1	主干道停车	黄灯亮	红灯亮	5
S_2	支干道通行	红灯亮	绿灯亮	25
S_3	支干道停车	红灯亮	黄灯亮	5

根据设计要求，可画出如图 6-17 所示交通灯控制电路的状态转换图。

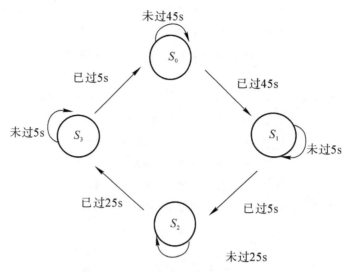

图 6-17　交通灯控制电路状态转换图

设主干道的红灯、绿灯、黄灯分别用 R、G、Y 表示；支干道的红灯、绿灯、黄灯分别用 r、g、y 表示，并规定灯亮为 1，灯灭为 0，则控制电路的真值表如图表 6-7 所示。

表 6-7　译码电路真值表

状态	主干道			支干道		
	R	Y	G	r	y	g
S_0	0	0	1	1	0	0
S_1	0	1	0	1	0	0
S_2	1	0	0	0	0	1
S_3	1	0	0	0	1	0

设计过程：设用 $T_{45} = 1$ 已到 45 秒，$T_{25} = 1$ 表示已到 25 秒，$T_5 = 1$ 表示已到 5 秒，则根据状态转换图设计交通灯控制电路的 Verilog 代码参考如下：

```verilog
module traffic_controller(clk,rst_n,t45,t25,t5,
                          traffic_state,R,Y,G,r,y,g);
    input clk,rst_n;
    input t45,t25,t5;
    output [3:0] traffic_state;  // 需要显示计时时间时，状态需要输出
    output reg R,Y,G;            // 主干道红、黄、绿灯
    output reg r,y,g;            // 支干道红、黄、绿灯

    parameter S0=4'b0001;        // 状态定义及编码，一位热码方式
    parameter S1=4'b0010;
    parameter S2=4'b0100;
    parameter S3=4'b1000;
```

```
reg [3:0] curr_state,next_state;      // 定义状态变量寄存器
// 状态输出
assign traffic_state = curr_state;
// 时序逻辑过程，描述状态转换

always @(posedge clk or negedge rst_n)
  if ( !rst_n )                 // 异步复位
    curr_state <= S0;
  else                          // 状态切换
    curr_state <= next_state;
// 组合逻辑过程，确定次态
always @(curr_state,t45,t25,t5)
  case (curr_state)
    S0: if (t45) next_state = S1;
    S1: if ( t5) next_state = S2;
    S2: if (t25) next_state = S3;
    S3: if ( t5) next_state = S0;
    default:     next_state = S0;
  endcase
// 时序逻辑过程，状态同步输出
always @( posedge clk )
  case ( curr_state )
    S0: begin
      R <= 0; Y <= 0; G <= 1;   // 主干道绿灯
      r <= 1; y <= 0; g <= 0;   // 支干道红灯
      end
    S1: begin
      R <= 0; Y <= 1; G <= 0;   // 主干道黄灯
      r <= 1; y <= 0; g <= 0;   // 支干道红灯
      end
    S2: begin
      R <= 1; Y <= 0; G <= 0;   // 主干道红灯
      r <= 0; y <= 0; g <= 1;   // 支干道绿灯
      end
    S3: begin
      R <= 1; Y <= 0; G <= 0;   // 主干道红灯
      r <= 0; y <= 1; g <= 0;   // 支干道黄灯
```

```
        end
    default:  begin    // 其他取值则处于 S0
        R <= 0;  Y <= 0;  G <= 1;
        r <= 1;  y <= 0;  g <= 0;
        end
    endcase
endmodule
```

2. 计时电路设计

不要求显示计时时间时，则计时电路的设计比较简单。取计时电路的时钟周期为 5 s 时，则 45 s、5 s、25 s 和 5 s 计时共需要 $9+1+5+1=16$ 个时钟周期。

设计一个十六进制加法计数器，状态编码为 0~15。当状态为 8 时令 $T_{45}=1$，状态为 9 时令 $T_5=1$，状态为 14 时令 $T_{25}=1$，状态为 15 时令 $T_5=1$。因此，计时电路的 Verilog 描述参考如下：

```
module traffic_timer(clk,rst_n,t45,t25,t5);
  input clk,rst_n;
  output reg t45,t25,t5;
  // 定义内部计数器
  reg [3:0] timer;
  // 描述十六进制计数器
  always @(posedge clk or negedge rst_n)
    if (!rst_n)
      timer <= 4'd0;
    else if (timer == 4'd15)
      timer <= 4'd0;
    else
      timer <= timer+1'd1;
  // 描述输出
  assign t45 =( timer == 4'd8 )? 1 :0 ;
  assign t5 = ((timer==4'd9) | (timer==4'd15))? 1 :0 ;
  assign t25 =( timer == 4'd14 )? 1 :0 ;
endmodule
```

若需要显示状态时间，则需要重新设计计时电路，因为计时时间与交通灯的状态有关。若以倒计时方式分别显示主干道和支干道状态的剩余时间，计时电路设计的 Verilog 描述代码参考如下：

```
module traffic_timer(clk,rst_n,state,t45,t25,t5,main_timer,sub_timer);
  input clk,rst_n;
  input [3:0] state;    // 状态信息，来自控制电路
```

```verilog
output reg t45,t25,t5;      // 计数输出，用于控制交通灯状态的切换
output reg [5:0] main_timer,sub_timer;  // 计时信息，用于显示
// 状态定义及编码，一位热码方式
parameter S0=4'b0001;
parameter S1=4'b0010;
parameter S2=4'b0100;
parameter S3=4'b1000;
// 计时过程
always @(posedge clk or negedge rst_n)
  if (!rst_n)  // 复位有效时，从主干道通行开始
    begin  main_timer <= 6'd45; sub_timer <= 6'd50; end
  else
    case ( state )
      S0: if (main_timer == 6'd0 )  // 主干道通行时间到
            begin main_timer <= 6'd5; t45 = 1; end
         else
            begin main_timer <= main_timer - 1;
                  sub_timer  <= sub_timer - 1; end
      S1: if (main_timer == 6'd0 )  // 主干道停车时间到
            begin main_timer <= 6'd30;
                  sub_timer <= 6'd25;  t5 = 1; end
         else
            begin main_timer <= main_timer - 1;
                  sub_timer  <= sub_timer - 1; end
      S2: if (sub_timer == 6'd0 )   // 支干道通行时间到
            begin sub_timer <= 6'd5; t25 = 1; end
         else
            begin main_timer <= main_timer - 1;
                  sub_timer  <= sub_timer - 1; end
      S3: if (sub_timer == 6'd0 )   // 支干道停车时间到
            begin main_timer <= 6'd45;
                  sub_timer <= 6'd50; t5 = 1; end
         else
            begin main_timer <= main_timer - 1;
                  sub_timer  <= sub_timer - 1; end
      default: begin  main_timer <= 6'd45;
                  sub_timer <= 6'd50; end
    endcase
```

```
endmodule
```

需要注意，由于计时时间是以二进制方式计数的，因此，需要显示计时时间时，还需要设计 6 位二进制数到两位 BCD 码的转换电路，才能应用 CD4511 驱动数码管显示。将二进制数值转换为 BCD 码的具体方法参看 5.3.3 节"代码转换与译码电路设计"部分，在此不再复述。

将控制电路和计时电路两个模块通过顶层模块连接到一起即可实现交通信号控制器，并将时钟脉冲 clk 和复位信号 rst_n 连接在一起以控制两个子模块之间的同步。

另外，当多个模块使用相同的状态编码时，例如，模块 traffic_controller 和 traffic_timer，可以使用宏定义语句"`define"代替参数定义语句 parameter 来定义状态编码，以简化代码描述。宏定义语句的语法格式为

`define 标识符（宏名）字符串（宏内容）

宏定义语句"`define"与参数定义语句"parameter"的区别是，"`define"用于定义全局符号量，应该写在模块声明之前，对同时编译的所有模块均有效，而"parameter"用于定义局部符号量，应写在模块内，只对当前模块有效。因此，对于交通灯控制器的设计，用宏定义语句"`define"定义状态编码时，只需要在模块 traffic_controller 或者模块 traffic_timer 的模块声明前书写一次，即：

```
`define S0 4'b0001
`define S1 4'b0010
`define S2 4'b0100
`define S3 4'b1000
module traffic_....(          );
```

而不像在模块 traffic_controlle 和 traffic_timer 中用 parameter 定义状态编码时，在每个模块内均书写一次，而且定义必须完全保持一致。另外，还可以将上述宏定义语句单独保存在一个文件中，如 traffic_states.v，然后应用文件包含语句"`include"将如"traffic_states.v"包含到模块 traffic_controller 或者模块 traffic_timer 中，如：

```
`include "traffic_states.v"
module traffic_....(          );
```

但需要注意：①宏定义语句是编辑预处理命令语句，不是 HDL 语句，所以不能在行末加分号。如果加分号，则分号被认为是宏内容的一部分，编译时会连同分号一起替换，因而会产生语法错误；②用宏定义语句"`define"定义的全局符号量，引用时必须在标识符前加符号"`"，表示该标识符为宏名。因此，在模块 traffic_controller 和模块 traffic_timer 中，引用交通灯控制的状态名时应写成"`S0"、"`S1"、"`S2"和"`S3"，而不能只写成 S0、S1、S2 和 S3。

思考与练习

6.1 用状态机描述序列信号检测器，能够从输入的串行数据中检测出"111"序列，输出检测结果。

6.2　设计序列信号检测器,能够从输入的串行数据中检测出"110110"序列;输出检测结果。

6.3　用 Verilog 描述序列信号产生器,能够周期性产生"1101000101"序列。

6.4　应用 BCD 显示译码器 CD4511 和 3-8 线译码器 74HC138 实现动态扫描驱动(共阴)数码管显示的原理电路如图题 6.3 所示。编写 Verilog 代码,能够驱动 8 个数码管分别显示由 8 个 BCD 码 D_0、D_1、$\cdots$、D_7 定义的数字信息,例如数字"12345678"。

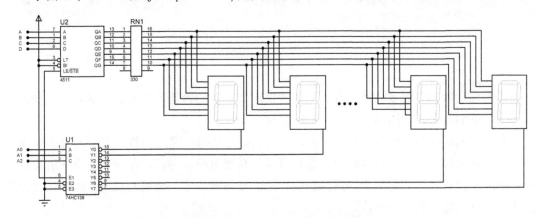

图题 6.3　数码管动态扫描驱动电路

6.5　完成 6.4.1 序列显示控制器的设计,并在开发板上进行功能测试。

6.6　完成 6.4.2 节 VGA 彩格控制器的设计,并在开发板上进行功能测试。

6.7　完成 6.4.3 节交通灯控制器的设计,并在开发板上进行功能测试。

6.8*　基于 ROM 设计温度测量与显示系统,要求被测温度范围 0 ~ 99℃,精度不低于 1℃。温度测量与显示系统的总体设计框图参考图题 6.8,其中温度传感器选用 LM35,A/D 转换器可选用 ADC0809。LM35 的功能与应用参考器件资料。

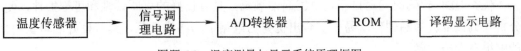

图题 6.8　温度测量与显示系统原理框图

6.9*　用手机拍一张自己的肖像,裁剪成 640×480 像素大小,从图片中提取图像数据,编写 Verilog HDL 代码,在 VGA 显示器上显示自己的肖像,在开发板上进行功能验证。(提示:需要分析图片文件的格式,提取图像数据并存储到 ROM 中,根据 VGA 时序读取 ROM 中数据显示。)

EDA 技术深入应用

系统的功能和性能是衡量设计成败的关键因素。我们希望数字系统在满足功能要求的前提下，不但具有优异的性能，同时占用的资源少。

制定 Verilog HDL 代码的书写规范，有利于提高代码的可阅读性、可修改性和可重用性，易于优化综合结果，从而综合出稳定可靠的功能电路。同时，掌握数字系统的设计原则，熟悉不同描述方法对综合结果的影响，从而能够有的放矢地编写描述代码，综合出功能正确、性能优良的电路模块。

不以规矩，不成方圆。本章首先讲述 Verilog HDL 代码的编写规范和数字系统设计的基本原则，然后重点讨论综合与优化设计问题，最后讲述 Verilog 中的数值运算方法。

7.1 代码编写规范

与计算机程序一样，应用 HDL 描述电路模块时，清晰、规范的代码是确保模块功能正确、提高设计效率的关键因素之一。

优秀 HDL 代码的编写目标是：①简洁规范，具有良好的可阅读性和可维护性，便于分析与调试；②紧贴硬件，易于综合出优秀的电路；③结构规范，具有良好的可重用性，能够提高设计效率。

本节从标识符的命名、代码的书写风格、模块的声明以及模块的例化等方面讨论 Verilog HDL 代码的编写规范。

7.1.1 标识符命名规范

标识符是用于定义语言结构名称的字符串，选择含义清晰明了的标识符有助于提高代码的可读性。

标识符除了满足 Verilog 标识符命名的基本规定外，应该能够"望文生义"，即标识符包含命名的含义和有效状态等信息。

1. 标识符取名规范

标识符的取名建议遵守以下规定：

（1）包含标识符含义的全部或部分信息。例如，用 MUX16to1 表示 16 选一数据选择器，其中 MUX 表示多路选择器，16to1 表示 16 选 1；用 clk/sys_clk/clk_50 MHz 等表示模块的时钟，其中 clk 表示 clock；用 data_in/din 表示"数据输入"，用 FIFO_in 和 FIFO_out 分别表示 FIFO 的数据输入和输出，用 cnt8_q 表示 8 位计数器 cnt8 的状态等。

（2）长标识符既不方便记忆，也不方便书写，而且容易导致拼写错误。因此，对于较长的标识符，建议采用缩略形式。部分标识符缩略建议如表 7-1 所示。

表 7-1 部分缩写标识符的含义

标识符	含义	标识符	含义	标识符	含义
addr	address	clk	clock	cnt	counter
en	enable	inc	increase	mem	memory
pntr	pointer	pst	preset	rst	reset
rd	read	wr	write		

（3）标识符由多个单词组成时，词和词之间用下划线隔开，以增加标识符的可阅读性。例如：mem_addr, data_in, mem_wr, mem_ce。

（4）建议给标识符添加有意义的后缀，使标识符的含义更加明确。常用标识符的后缀参考定义如表 7-2 所示。

表 7-2 部分标识符后缀的定义

后缀	含义	后缀	含义
_clk	时钟信号	_d	寄存器数据输入
_en	使能（enable）信号	_q	寄存器数据输出
_n	低电平有效信号	_s	端口反馈信号
_z	三态输出的信号	_L	_L 后加数字，表示延迟时钟周期数，如 _L1

2. 标识符大小写规范

关于标识符的大小写建议遵守以下规定：

（1）常量和参数建议采用大写字符串表示。例如，定义状态机的内部状态

```
parameter ST0=4'b0001, ST1=4'b0010, ST2=4'b0100, ST3=4'b10000;
```

以及存储器的位宽和深度

```
parameter WIDTH=8,DEPTH=256;
```

（2）对于信号名和变量名采用小写字母。例如，定义 ROM 的地址、时序电路的状态变量和存储器变量：

```
wire [2:0] addr;
reg curr_state,next_state;
reg [WIDTH-1:0] sin_rom [DEPTH-1];
```

3. 标识符缩写规范

由多个单词的首字符缩写构成的单词应该大写，无论处于标识符的任何位置。例如，ROM_addr 中 ROM，rd_CPU_en 中的 CPU 等。

另外，必须注意标识符在整个工程项目中命名的一致性，即同一线网或者变量在不同层次的模块中的命名应该保持一致，以方便文档的阅读和交流。

7.1.2 代码书写规范

良好的书写习惯对提高代码的可阅读性和可维护性至关重要。Verilog HDL 从 C 语言发展而来，因此，关于 C 编程风格的原则都是可以借鉴的。

关于 Verilog 代码的书写建议遵守以下规定：

（1）每个模块保存为一个单独的文件，并且文件名与模块名严格一致。

（2）一个模块建议只使用一个时钟，并添加前缀或后缀加以说明。例如，DDS_clk、sys_clk、clk_50MHz 和 clk_8Hz 等。在多时钟域的数字系统设计中涉用到跨时钟域时，建议设计专门的模块做时钟域的隔离。

（3）基于可阅读性和可移植性方面考虑，不要在代码中直接写特定数值，尽可能使用宏定义语句 "`define" 或者参数定义语句 paramater 定义常量和参数。宏定义语句 "`define" 写在模块声明之前，用于跨模块的常量和参数定义，对同时编译的多个文件起作用。参数定义语句 paramater 写在模块内部，用于对模块内部的参数进行定义，不传递参数到模块外（仿真测试平台文件除外）。

（4）在代码的不同功能段之间插入空行，既可以避免代码拥挤，又能提高代码的可阅读性。

（5）在表达式的适当位置加入空格有利于代码清晰易读，包括赋值操作符的两边和双目运算符的两边，但单目运算符和操作数之间不加空格。例如：

```
a <= b;
c <= a + b;
if (a == b) ...
a <= ~a & c;
```

（6）关于语句的对齐和缩进方面，建议遵守以下规定：

①严格采用缩进结构。采用缩进结构有利于看清代码的层次，增加代码的可阅读性。

②使用 Tab 键调整对齐，不要连续使用空格。由于不同编辑器对 Tab 键的解释不同，因此需要在编辑器中预先设置 Tab 键为 4 个字符宽度。

③使用多重条件语句 if...else if...else 时，else 必须严格与 if 逐层配套对齐。

（7）代码中应加入简洁明了的注释以增强代码的可阅读性。建议注释内容不少于 30% 的代码篇幅。另外，代码中尽量避免使用中文注释，因为中文注释错位时会产生非法的 ASICII 码导致编译时发生语法错误。

（8）模块的声明规范。进行模块声明时，建议遵守以下规定：

①在系统设计阶段应该为每个模块进行命名，模块名应具有清晰明确的含义，能够表示模块的主要功能。例如：ALU（Arithmetic Logical Unit）、DMI（Data Memory Interface）和 DEC（Decoder）等。

②无论模块是否需要仿真，都应在模块声明前添加 "`timescale" 语句说明时间单位和仿真精度；

③模块声明建议采用 ANSI 格式，即将端口类型合并在模块声明中进行定义，同时对端口名的含义和作用附加简要的注释。

④模块中的端口列表应该按照时钟信号、复位信号、使能和控制信号、数据输入以及数据输出的顺序进行排列，同时附加必要的注释。

对全局时钟和对全局复位信号等系统级信号，建议使用字符串 Sys/sys 开头的标识符命名，如 sys_clk 和 SysRst_n 等。

⑤低电平有效的端口后一律加下划线和字母 n，以明确端口为低电平有效。

⑥所有的端口名应严格对齐。必要时，使逗号、冒号和注释也对齐。例如：

```verilog
`timescale 1ns/10ps
model erilog_template
 (
    // global signals
    input  clk_50,     // 50MHz clock
    input  rst_n,      // global reset
    // user interface
    input  [17:0]  iSW;
    output [17:0]  oRed_LED ;
    ...
    )
    ...

endmodule
```

（9）模块的例化规范。对模块进行例化时，需要注意以下几点：

①每个模块在例化前应添加模块的功能说明；

②模块的实例名建议采用"Un_xx"的格式，其中 n 为例化序号，xx 为例化模块名；

③实例模块的端口名和例化模块端口名的连接列表应完全对齐；

④相关信号应写在一起，并且有注释。

例如，对于串行接口模块 uart.v 的模块例化格式参考如下：

```verilog
uart u_uart(
  .clk      ( clk_100M ),            // 100MHz clock
  .rst_n    ( sys_rst_n ),          // system reset signal
  .vld      ( bt_data_out_vld ),    // ...
  .data_in  ( bt_data_out ),        // ...
  .uart_out ( uart_tx ),
  .uart_in  ( uart_rx ),
  .vld      ( uart_data_out_vld ),
  .uart_out ( uart_data_out ),
  .rdy_in   ( uart_in_rdy )
  )
```

（10）测试平台文件的编写规范。对于中、大规模电路设计，最好的测试方法是编写 testbench 调用 modelsim 来测试模块的逻辑功能。编写 testbench 需要完成三项任务：

① 对被测试设计单元的顶层接口进行例化；

② 产生测试激励信号；

③ 显示被测模块的输出。

在 testbench 中，如果被测模块的端口类型为 input，则定义激励信号类型为 reg；如果被测模块的端口类型为 output，则定义激励信号类型为 wire；如被测模块的端口类型为 inout，则定义激励信号类型为 wire。例如，对于 8 位移位寄存器模块

```verilog
`timescale 1ns/10ps
module shift_reg (clk, rst, ld, sel, din, q);
    input clk;
    input rst;
    input ld;
    input [7:0] din;
    input [1:0] sel;
    output [7:0] q;
    reg [7:0] q;

    always @ (posedge clk)
    begin
      if (rst)
        q <= 8'b0;
      else if (ld)
        q = din;
      else
        case (sel)
          2'b01 :   q <= q << 1;
          2'b10 :   q <= q >> 1;
          default : q = q;
        endcase
    end
endmodule
```

测试平台文件 testbench 的 Verilog 代码参考如下：

```verilog
module tb_shift_reg; // testbench 模块名
  reg tb_clk;
  reg tb_rst;
  reg tb_ld;
  reg [7:0] tb_din;
```

```verilog
reg [1:0] tb_sel;
wire [7:0] tb_q;
// 例化设计单元
shift_reg dut (
  .clk (tb_clk),
  .rst (tb_rst),
  .ld  (tb_ld),
  .din (tb_din),
  .sel (tb_sel)
  .q (tb_q));

initial begin    // 建立时钟
  tb_clk = 0;
  forever #50 tb_clk = ~tb_clk;
end

initial begin     // 描述激励
  tb_rst = 1;
  tb_din = 8'b00000000;
  tb_ld = 0;
  tb_sel = 2'b00;
  #200
  tb_rst = 0;
  tb_ld = 1;
  #200
  tb_din = 8'b00000001;
  #100
  tb_sel = 2'b01;
  tb_load = 0;
  #200
  tb_sel = 2'b10;
  #1000 $stop;
    end
initial begin    // 显示仿真结果
  $timeformat(-9,1,"ns",12);
  $display(" time clock reset load q din sel");
  $monitor("%t %b %b %b %b %b %b",
  $realtime,tb_clk, tb_rst, tb_ld, tb_q, tb_din, tb_sel);
```

```
    end
endmodule
```

7.1.3 文档管理规范

复杂的数字系统设计通常是由多个团队协作完成的，因此，需要将系统划分为多个功能模块，每个团队完成所承担模块的功能定义和模块间的端口命名规范不但影响着设计效率，甚至直接决定着系统的设计成败。

为了保存设计成果，便于分析和交流，系统设计过程中应编写详尽的过程管理文档，在每一个模块的开头应注明文件名、功能描述、引用模块、设计者、设计时间及版权信息等。同时，应对 Revision History 格外重视，必须将每次版本修改的信息按照时间一一详加叙述，以保持版本的可读性与继承性。例如：

```
/* = = = = = = = = = = = = = = = = = = = = = = = = = = = = = =
Description :
Filename :
Author :
Called by :
Revision History :
Revision :
Email :
Company :
Copyright( c )
= = = = = = = = = = = = = = = = = = = = = = = = = = = = = = = */
```

另外，需要特别强调的是，代码中的所有说明和注释最好用英文，以防止中文说明和注释不当而导致编译出现语法错误。

7.2 综合与优化设计

硬件描述语言不同于软件语言，代码用于描述硬件电路。同一功能电路可以有多种描述方法，不同描述方法综合出的硬件电路性能可能会有所差异。有些描述方法综合出的电路占用的资源多，但传输延迟时间短，因而工作速度快；有些描述方法占用的资源少，但传输延迟时间长，因而工作速度慢。因此，设计时需要根据系统功能和性能的要求，选择合理的描述代码，在性能与资源消耗方面综合考虑。

优化是 FPGA 系统设计的重要课题，系统的性能和所消耗的资源不仅和编译与综合时的选项设置有关，同时与 HDL 代码的描述风格有关。

优化主要包括 4 个方面：

（1）设计优化。在设计阶段规划整个系统的架构，利用 FPGA 的特点尽可能简化设计。

（2）布局布线优化。在布局布线过程中，合理的约束会大大提高整个系统的布局布线效果。

（3）静态时序分析。静态时序分析用于在布局布线后检查整个工程的时序，找出最差的路径，进行一定的调整和修改来优化系统时序。

（4）综合优化。综合优化使得设计系统在 FPGA 中的映射得到最大优化。

本节简要介绍 Quartus II 中优化设计选项，然后详细分析描述方式和代码风格对综合电路的影响，最后讨论典型的面积与速度优化方法。

7.2.1 优化设置

Quartus II 的优化设置用于控制分析与综合以及适配过程，以满足不同目标的应用需求。如果设计不能适配（fit）到指定的器件中，就需要做资源优化；如果时序性能达不到预期目标，就需要对性能进行优化；如果需要满足 I/O 时序，则需要对内部时钟进行优化。

1. 分析与综合设置

分析与综合的优化设计选项在 Quartus II 主界面 Assignment 菜单栏的 Settings 中，如图 7-1 所示。在左侧的 Category 栏中列出了可设置选项，其中 Analysis & Synthesis Settings 选项卡用于设置分析与综合优化目标选项。

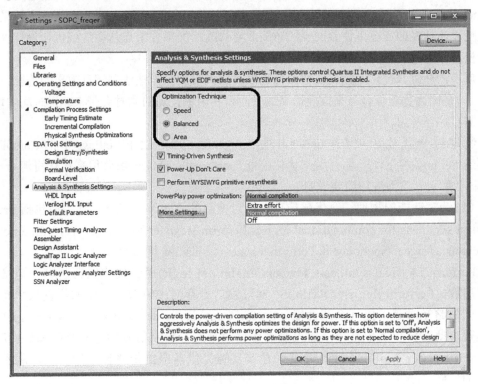

图 7-1 分析与综合设置选项

分析与综合设置选项卡中的 Optimization Technique 选项组提供了 Speed、Balanced 和 Area 三种优化选项，其中 Speed 是以提高系统的工作速度为目标进行优化；Area 是以节约占用的逻辑资源为目标进行优化；Balanced 选项则是速度与占用资源的折中选项。

如果用户在编译前不进行编译与综合设置，则 Quartus II 默认的设置为 Balanced，如图 7-1 所示，综合考虑了速度（speed）、面积（area）以及成本（cost）等因素。

2. 物理综合优化

随着数字系统的规模越来越大，设计的复杂程度越来越高，外围接口也越来越复杂，逻辑设计中时序收敛的挑战也越来越严峻。在保证代码效率的前提下，如果分析与综合设置优化的效果不明显，Quartus II 还提供了物理综合（Physical Synthesis）优化手段，在布局布线阶段对设计网表进行优化，改进某些布局的结果，补偿适配器的布线延时，以提高设计的时序收敛。

在设置物理综合优化选项之前，首先需要明晰两个概念：逻辑综合和物理综合。

所谓逻辑综合是将 HDL 代码转换成不含布局布线信息并且能够映射（map）到门级电路过程。因为逻辑综合不包含布局布线的信息，所以综合后的时序仅限于转换后的门级电路或者器件内部逻辑单元或者节点间逻辑单元级数等时延信息，而对于 FPGA 内部互联的时延是无法分析的。

传统设计的时延可能大部分取决于逻辑时延，但是基于新型 FPGA 器件设计的时延则更多地取决于 FPGA 内部互联时延。因此，节点（nodes）的位置以及各个节点之间的布线（route）就显得非常重要。物理综合是通过改变网表的布局（placement）优化综合结果，在不改变设计功能的情况下调整网表的布局或者修改增加部分节点从而达到优化设计性能和设计资源利用率等目的。

对于物理综合优化，建议在修改代码以及约束等因素无法达到满意效果的情况下考虑使用。这是因为物理综合带来性能提高或者面积利用率提高的同时会带来编译时间的增加，因此需要综合考虑。

物理综合优化选项在 Quartus II 的 Assignment 菜单栏下 Settings 中的 Compilation Process Settings 栏下，一部分用来优化性能（performance），一部分用来优化资源（area），如图 7-2 所示。下面进行简要说明。

（1）针对性能的物理综合优化选项。针对性能的物理综合优化选项主要包括 Perform Physical synthesis for combinational logic、Perform Register Retiming、Perform automatic asynchronous signal pipelining 和 Perform register duplication 四部分。

Perform Physical synthesis for combinational logic 用于优化组合逻辑关键路径的逻辑层数。Perform Register Retiming 通过移动寄存器中组合逻辑中的位置来平衡寄存器之间的路径时延以提升系统性能。Perform automatic asynchronous signal pipelining 是通过自动在异步信号路径上插入流水寄存器来改善异步信号的建立时间和保持时间。Perform register duplication 是通过寄存器复制优化多扇出长路径上的时序，从而提升系统的性能。

（2）针对面积的物理综合优化选项。针对面积的物理综合优化选项适用于适配（fit）阶段的优化，其功能就是使得设计优化可以适配到目标器件，包括 Physical Synthesis for Combinational Logic 和 Logic to Memory Mapping 两部分。

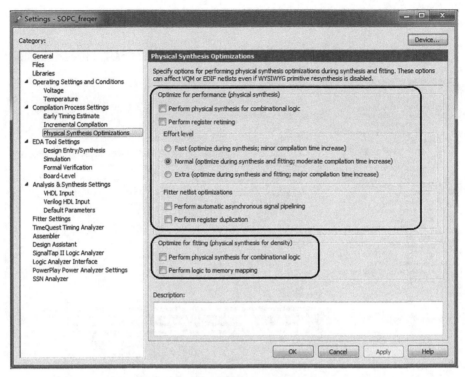

图 7-2　物理综合优化选项

Physical Synthesis for Combinational Logic 是指适配时针对组合逻辑的优化，尽可能地减少组合逻辑以提高资源利用率，只有在"no-fit"事件发生时才会起作用。Logic to Memory Mapping 是指在适配时将部分逻辑移到未使用的 Memory 里，同样也是在"no-fit"事件发生时才会起作用。

关于 effort level，不同级别的差异主要体现在了编译时间的长短，与性能的提升呈反比的关系。

3. 适配设置

Category 栏中的 Fitter Settings 用于布局布线的设置，如图 7-3 所示。适配设置包括保持时序优化和多拐角时序优化。

- 保持时序优化（Optimize hold timing）允许适配器通过在合适的路径中添加延迟，从而实现保持时序的优化。关闭该选项时，则不会对任何路径进行优化。
- 多拐角时序优化（Optimize multi-corner timing）用于控制适配器是否对设计进行优化以满足所有拐角的时序要求和操作条件。使用这项功能，必须能使时序逻辑优化。

适配设置中还有布局布线的策略（Fitter Effort），有三种模式可供选择：最大努力模式（Extra effort）、标准编译模式（Normal compilation）和关闭模式（Off）。其中 Extra effort 模式需要的编译时间比较长，但可以提高系统的最高工作频率（fmax）；Off 模式可以节省约 50% 的编译时间，但会使最高工作频率有所降低；Normal compilation 模式在达到设计要求的条件下，自动平衡最高工作频率和编译时间。

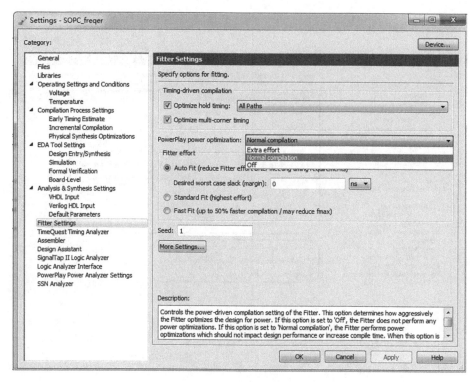

图 7-3　适配设置选项

7.2.2　描述方法对综合的影响

同一功能电路有多种描述方法，不同描述方法综合出的电路性能会有所差异。因此，设计者必须深入理解硬件描述语言中的语句特性，以便在设计中能够有的放矢地编写更有效的代码，综合出更好的电路结构，从而实现电路性能或者资源利用的优化。

1. 操作符的应用差异

Verilog 提供了 9 类操作符。对于同一逻辑电路，可以选用不同的操作符来描述。例如，对于代码（1）

```
input[3:0] din;
output      dout;
assign dout = (xin == 4'b0);     // 关系操作符
```

其功能是：四位输入数据均为 0 时，输出为 1。应用这段代码综合出的电路如图 7-4 所示，是应用 Quartus II 宏功能比较器模块定制实现的。

若应用代码（2）

```
input[3:0] din;
output      dout;
assign dout = (xin == 4'b0)? 1'b1 : 1'b0;   // 条件操作符
```

进行描述，效果与上述代码相同，同样能够综合图 7-4 所示的电路。

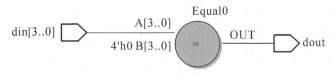

图 7-4 综合电路（1）

若应用代码（3）

```
input[3:0] din;
output       dout;
assign dout = ~|xin;      // 缩位或非
```

进行描述能够实现同样的逻辑功能，而综合出的电路如图 7-5 所示，是用或门的反相器实现的，和应用代码（4）

```
input[3:0] din;
output       dout;
assign  dout=~(din[3]+din[2]+din[1]+din[1])      // 或非逻辑
```

进行描述的效果相同。因此，从代码简洁和节约资源方面考虑，应用代码（3）描述更为合理。

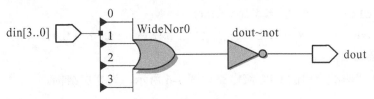

图 7-5 综合电路（2）

2. 条件语句和分支语句的应用差异

if 语句和 case 语句是 Verilog 中两种重要的行为语句。同一逻辑电路既可以用 if 语句描述，也可以用 case 语句描述。不同的是，if…else if…语句隐含有优先级的关系，综合出的电路通常为级联结构的优先编码器，传输延迟时间长，建议输入信号有优先级的的场合使用。case 语句每个分支是平行的，综合为多路选择器，电路结构规整，传输延迟时间短，因而电路的工作速度快。例如，应用多重条件语句描述 8-3 优先编码器 74HC148：

```
module HC148 (input S_n,            // 控制端，低电平有效
              input [7:0] I_n,      // 高 / 低电平输入端，低电平有效
              output reg [2:0] Y_n, // 编码输出端，二进制反码形式
              output reg YS_n,      // 无编码信号输入指示，低电平有效
              output reg YEX_n      // 有编码信号输入指示，低电平有效
);
  always @(S_n,I_n)                 // 当控制信号或输入高 / 低电平发生变化时
    if（!S_n）                      // 当控制信号有效时
      if（ !I_n[7]）
        begin Y_n=3'b000;  YS_n=1'b1;  YEX_n=1'b0;  end
```

```
        else if ( !I_n[6] )
          begin   Y_n=3'b001;   YS_n=1'b1;   YEX_n=1'b0;   end
        else if ( !I_n[5] )
          begin   Y_n=3'b010;   YS_n=1'b1;   YEX_n=1'b0;   end
        else if ( !I_n[4] )
          begin   Y_n=3'b011;   YS_n=1'b1;   YEX_n=1'b0;   end
        else if ( !I_n[3] )
          begin   Y_n=3'b100;   YS_n=1'b1;   YEX_n=1'b0;   end
        else if ( !I_n[2] )
          begin   Y_n=3'b101;   YS_n=1'b1;   YEX_n=1'b0;   end
        else if ( !I_n[1] )
          begin   Y_n=3'b110;   YS_n=1'b1;   YEX_n=1'b0;   end
        else if ( !I_n[0] )
          begin   Y_n=3'b111;   YS_n=1'b1;   YEX_n=1'b0;   end
        else         // 无编码信号输入时
          begin   Y_n=3'b111;   YS_n=1'b0;   YEX_n=1'b1;   end
        else         // 控制信号无效时
          begin   Y_n=3'b111;   YS_n=1'b1;   YEX_n=1'b1;   end
    endmodule
```

应用上述代码综合出的 RTL 级电路如图 7-6 所示，为 8 层结构。

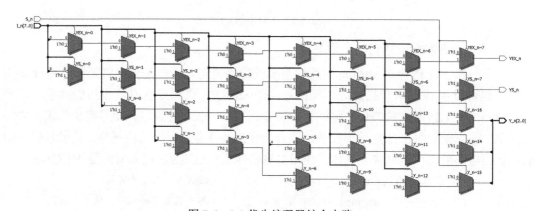

图 7-6　8-3 优先编码器综合电路

若用分支语句描述 74HC148，其功能描述语句为：

```
    always @(S_n,I_n)
      if (!S_n)
      casex ( I_n )
        8'b0???????: begin Y_n=3'b000; YS_n=1'b1; YEX_n=1'b0; end
        8'b10??????: begin Y_n=3'b001; YS_n=1'b1; YEX_n=1'b0; end
        8'b110?????: begin Y_n=3'b010; YS_n=1'b1; YEX_n=1'b0; end
```

```
    8'b1110????: begin Y_n=3'b011; YS_n=1'b1; YEX_n=1'b0; end
    8'b11110???: begin Y_n=3'b100; YS_n=1'b1; YEX_n=1'b0; end
    8'b111110??: begin Y_n=3'b101; YS_n=1'b1; YEX_n=1'b0; end
    8'b1111110?: begin Y_n=3'b110; YS_n=1'b1; YEX_n=1'b0; end
    8'b11111110: begin Y_n=3'b111; YS_n=1'b1; YEX_n=1'b0; end
    8'b11111111: begin Y_n=3'b111; YS_n=1'b0; YEX_n=1'b1; end
    default: begin Y_n=3'b111; YS_n=1'b1; YEX_n=1'b1; end
  endcase
else
    begin Y_n=3'b111;  YS_n=1'b1;  YEX_n=1'b1;  end
```

综合出多路选择结构的应用电路仅为 3 层结构（综合图太长，略，可通过 RTL Viewer 查看）。

上述两种描述方式从综合效果看，占用的硬件资源相同，但应用 case 语句比用条件语句综合出的电路传输延迟时间小，因此，在速度优化的项目中，使用 case 语句效果更好。

但需要注意，无论是用 if 语句还是用 case 语句描述组合逻辑电路时，一定要防止综合出不必要的锁存器，这就要求：

（1）在 case 语句中配套使用 default 语句；

（2）在赋值表达式中，参与赋值的所有量（线网 / 变量）都必须在 always 语句的事件列表中列出；

（3）if 语句判断表达式中的所有量都必须在 always 语句中的事件列表中列出。另外，还需要确保过程语句中事件列表中的信号都是必需的，因为事件列表中没有必要出现的信号会降低仿真速度。

另外，条件赋值语句也能综合出多路选择结构，但应用 case 语句描述要比条件赋值语句传输延迟时间小。

3. 描述方式对综合电路的影响

Verilog 支持行为描述、数据流描述和结构描述三种方式描述应用电路。描述方式不同，综合占用的资源不同，综合出的电路性能也有差异。明晰这些描述方式之间的差异，对于优化电路的性能有着至关重要的影响。

对于具有使能端的 3-8 线译码器，若应用行为方式描述，则 Verilog 描述代码参考如下：

```
module dec3_8a(s_n,a,y_n);
  input s_n;
  input [2:0] a;
  output reg [7:0] y_n;
  always @(s_n,a)
    if (!s_n)
      case (a)
      3'b000:  y_n=8'b11111110;
```

```
    3'b001:  y_n=8'b11111101;
    3'b010:  y_n=8'b11111011;
    3'b011:  y_n=8'b11110111;
    3'b100:  y_n=8'b11101111;
    3'b101:  y_n=8'b11011111;
    3'b110:  y_n=8'b10111111;
    3'b111:  y_n=8'b01111111;
    default: y_n=8'b11111111;
  endcase
 else
   y_n=8'b11111111;
endmodule
```

行为描述综合出的 RTL 电路如图 7-7 所示，具体是将 Quartus II 中的通用译码器宏功能模块定制为 3-8 译码器，再加上数据选择器实现使能（enable）控制。

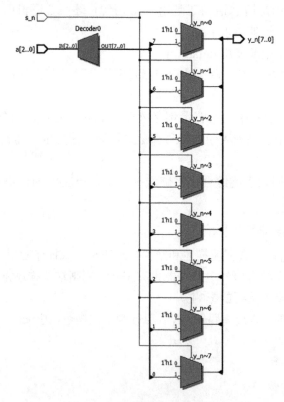

图 7-7　译码器综合电路（1）

若采用数据流方式描述，Verilog 参考代码如下：

```
module dec3_8b(s_n,a,y_n);
  input s_n;
  input [2:0] a;
```

```
output [7:0] y_n;
assign y_n[0]=~((~s_n)&(~a[2])&(~a[1])&(~a[0]));
assign y_n[1]=~((~s_n)&(~a[2])&(~a[1])&a[0]);
assign y_n[2]=~((~s_n)&(~a[2])&a[1]&(~a[0]));
assign y_n[3]=~((~s_n)&(~a[2])&a[1]&a[0]);
assign y_n[4]=~((~s_n)&a[2]&(~a[1])&(~a[0]));
assign y_n[5]=~((~s_n)&a[2]&(~a[1])&a[0]);
assign y_n[6]=~((~s_n)&a[2]&a[1]&(~a[0]));
assign y_n[7]=~((~s_n)&a[2]&a[1]&a[0]);
endmodule
```

数据流描述综合出的 RTL 电路如图 7-8 所示，以函数表达式映射的方式实现。

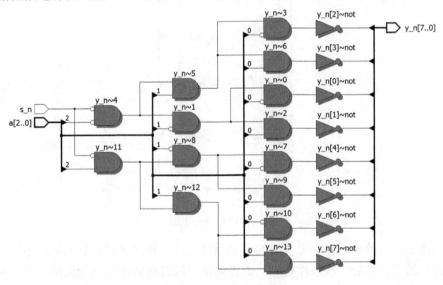

图 7-8 译码器综合电路（2）

若采用结构方式，调用 Verilog 基元进行描述，参考代码如下：

```
module dec3_8c(s_n,a,y_n);
  input s_n;
  input [2:0] a;
  output [7:0] y_n;
  nand U0 (y_n[0],~s_n,~a[2],~a[1],~a[0]);
  nand U1 (y_n[1],~s_n,~a[2],~a[1], a[0]);
  nand U2 (y_n[2],~s_n,~a[2], a[1],~a[0]);
  nand U3 (y_n[3],~s_n,~a[2], a[1], a[0]);
  nand U4 (y_n[4],~s_n, a[2],~a[1],~a[0]);
  nand U5 (y_n[5],~s_n, a[2],~a[1], a[0]);
  nand U6 (y_n[6],~s_n, a[2], a[1],~a[0]);
  nand U7 (y_n[7],~s_n, a[2], a[1], a[0]);
```

```
endmodule
```

结构描述方式综合出 RTL 的电路如图 7-9 所示，由与非门电路实现。

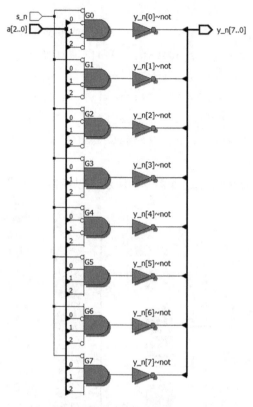

图 7-9　译码器综合电路（3）

综上所述，三种描述方法综合出的电路不尽相同。相比来说，行为描述方式通过定制通用的译码器模块实现，规范性较好，数据流描述综合出的电路更为简洁，而结构描述方式综合出的电路可控性更好，因而在集成电路设计中应用更为广泛。

7.2.3　优化设计方法

对于基于 FPGA 设计的数字系统，性能与面积是一对相互制约的因素。相应地，优化设计包含两层含义：一是在满足系统性能要求的情况下，尽可能节约芯片面积；二是占用面积一定的情况下，尽可能提升系统的性能。通常需要在系统性能与占用面积之间寻找平衡点。

本节首先介绍基于 FPGA 数字系统的基本设计原则，然后重点讨论常用的优化方法。掌握这些原则和方法，在 FPGA 设计中往往能够达到事半功倍的效果。

1. FPGA 设计的基本原则

基于 FPGA 数字系统时，应遵循速度与面积、硬件、系统和同步四个基本原则。

（1）速度与面积互换原则。俗话说，又要马儿跑，又要吃草少。在数字系统中，我们希望系统的性能好，同时还占用的资源少。对于基于 FPGA 设计的数字系统，通常使用"面积"衡量系统所占用资源的多少，一般以占用逻辑单元（Logic Elements，简称 LE）或者等效逻辑门的数量来计算。使用"速度"来衡量系统的性能，具体是指系统在目标芯片上稳定工作时能够达到的最高频率，具体与组合电路的传输延迟时间、时序电路的建立时间、保持时间以及时钟到输出端口的延迟时间等诸多因素有关。

但是，鱼和熊掌不能兼得。要使系统性能好，往往以消耗资源为代价，而要节约资源，也往往以牺牲系统的性能为代价。因此，速度和面积是 FPGA 系统设计中一对相互制约的因素。通常的情况是，某种设计方案占用的资源少，但速度慢，另一种设计方案速度快，往往电路复杂，需要占用更多的芯片面积。因此，须根椐系统的性能要求和所用 FPGA 的资源来进行选择。在具体的设计中，应根据性能指标的要求，在保证系统功能和性能的前提下，尽量降低资源消耗以降低功耗和节约成本。

Quartus II 软件中的分析与综合设置（Analysis & Synthesis Settings）页面中的 Speed、Balanced 和 Area 选项，分别对应于速度优先、性能折中和面积优先三种综合优化选择，就是速度与面积原则的具体体现。

（2）硬件原则。Verilog HDL 虽然源于 C，但并不是程序语言，即 Verilog 代码与 C 程序有着本质的区别。Verilog 代码经综合后实现的是硬件电路，具有并行性，而 C 程序经编译后转化为机器机言，仍然需要在处理器中运行，为串行处理方式。因此，用 Verilog HDL 描述数字电路时，不能像写 C 程序那样，片面追求代码的简洁，而应该时时刻刻牢记 Verilog 描述的是硬件电路。例如，在 C 程序中，使用循环语句

```
        for (i=0; i<N; i=i+1) do_something( );
```

再平常不过了。但是，上述语句若为 Verilog HDL 代码，综合软件将 for 语句的每一次循环都简单地复制一个为相同的逻辑功能块，因而会大量消耗 FPGA 逻辑资源，循环次数多的 for 语句甚至在一些资源量小的 FPGA 中无法实现。例如，应用下述 Verilog 代码：

```
        module encode_83 (       // 注：本段代码来源于网络
          input wire[7:0] x,     // 注：8 路高 / 低电平输入
          output reg[2:0] y,     // 注：3 位二进制码输出
          output reg e           // 注：有无编码输入标志
          );

        integer i;
        integer j=0;
        always @(*) begin        // 注：这种隐式敏感量列表方式不推荐使用
          for (i=0;i<8;i=i+1)
            begin
              if (x[i]==1)       // 注：x[i]=1 时更新输出
                y<=i;
              else               // 否则，只将 j 加 1
                j=j+1;
            end
```

```
        if (j==8)            // j=8 时为无编码信号输入
          e<=1;
        else
          e<=0;
    end
endmodule
```

可以描述 8-3 线优先编码器的功能。

但是，上述代码更适合于执行，而不适合于综合成硬件。因为，从资源消耗上看，应用 7.2.2 节多重条件语句（if…else if…）和分支语句（casex）分别描述的 8-3 线优先编码器 HC148 综合后均占用了 EP4CE115F29C7 共 10 个逻辑单元（Logic Element），而上述代码综合后共占用了 703 个逻辑单元。资源占用是前两者的 70.3 倍！因此，在 Verilog 中，除了在编写 testbench 中描述仿真测试激励时可以使用 for 循环语句外，建议在 RTL 级电路设计中应尽量避免使用循环语句，而是选用 case 语句来描述类似的逻辑。

其次，用 HDL 描述数字电路时，应对所要描述的硬件电路的结构有清晰的构想，选择正确的描述方法，并用适当的代码描述出来。因为综合软件对 HDL 代码在进行综合时，综合出的硬件电路会因为描述方法和描述代码的不同而不同，从而直接影响着系统的性能。例如，若定义

```
input [3:0] a,b,c,d,e,f,g,h;
output [5:0] sum;
```

实现加法时，应用代码

```
assign sum=((a+b)+(c+d))+((e+f)+(g+h));
```

和直接使用代码

```
assign sum=a+b+c+d+e+f+g+h;
```

综合出的电路分别如图 7-10（a）、（b）所示。这两种电路均使用了 7 个加法器，但前者为并行结构，传输延迟时间小，后者为串行结构，传输延迟时间大。因此，有意识控制代码的描述方式，能够综合出更优的电路。

（3）系统原则。基于 FPGA 设计数字系统时，应该对系统的功能和性能有着清晰的构想，包括模块的功能划分、时钟域信号的产生和驱动、模块复用、时序约束和引脚约束、面积和速度规划等，然后采用自顶向下的方法对系统进行分解。系统层级的划分不仅关系到是否能够最大程度地发挥项目团队或成员的协同设计能力，而且直接决定着综合的效果和设计效率。

模块化设计是系统原则的一个很好体现，是自顶向下、分工协作设计思路的具体体现，是复杂系统的推荐设计方法。

（4）同步原则。时序电路有异步和同步两种实现方法。同步电路工作速度快，可靠性高，但电路比异步电路复杂。异步电路结构简单，但容易产生竞争－冒险，因而可靠性不高。

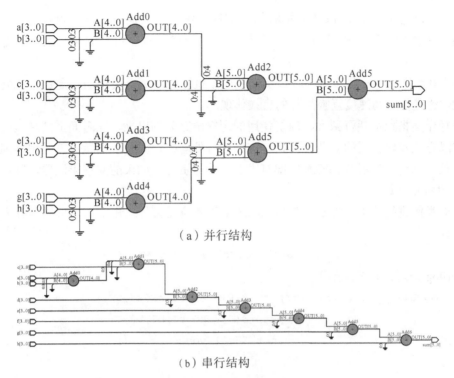

（a）并行结构

（b）串行结构

图 7-10 加法综合电路

同步电路虽然比异步电路复杂，但基于 FPGA 设计的数字系统是以占用逻辑单元的数量来衡量占用资源的，相比来说，同步电路并不比异步电路浪费资源。

同步电路中时钟信号的传输延迟和稳定性决定了同步电路的性能。为了减小传输延迟，提高时钟信号的质量，FPGA 内部有专用的时钟分配网格，包括全局时钟布线资源、专用的时钟管理模块和锁相环等。利用 FPGA 内部的锁相环完成时钟的分频、倍频和移相等操作，不仅能够简化设计，并且能够有效地提高系统的工作稳定性。

对于同步电路设计，稳定可靠的时序设计必须遵从以下两个基本原则：

（1）在时钟的有效沿到达之前，输入数据应提前到达并至少稳定了 t_{SU}，这条原则简称满足建立时间原则；

（2）在时钟的有效沿作用之后，输入数据至少还需要保持 t_{HOLD}，这条原则简称满足保持时间原则。

目前，商用 FPGA 芯片内部都是面向同步时序电路设计而优化的。由于同步时序电路能够很好地避免竞争－冒险，因此，在系统设计中推荐全部使用同步逻辑电路，并且不同的时钟域的接口电路需要进行同步。

2. 常用优化设计方法

基于 FPGA 设计数字系统时，速度和面积是 FPGA 系统设计中一对相互制约的因素。如果设计的时序余量较大，即系统能够运行的最高工作频率远高于设计要求，就可以用时间换空间，通过模块时分复用来减少系统所消耗的芯片面积。反之，如果设计的时序要求很高，常规的方法达不到设计要求，那么可以通过复制模块、应用流水线、串－并转换和乒乓操作等设计方法，以空间换时间，实现系统速度的提高。这些设计方法是 FPGA 设计内在规律的体现，合理地应用这些设计方法能够有效节约 FPGA 资源或者提升系统的性能。

（1）串行化。串－并和并－串转换是 FPGA 设计的一个重要技巧，是数据流处理的常用手段，也是面积与速度互换思想的直接体现。

串行化是指把消耗资源大、反复使用的逻辑电路分割出来，在时间上共享该电路，采用流水线方式实现相同的功能。例如，数字信号处理中常用的乘加运算若采用常规的并行方式处理，就会大量消耗 FPGA 内部有限的乘法器资源，如果能共享乘法器，则可以有效地节约 FPGA 资源。

下面举例进行分析。设 a0~a3 和 b0~b3 均为 4 位无符号二进制数，应用并行方式实现乘加运算

$$y = a0*b0+a1*b1+a2*b2+a3*b3$$

时，Verilog 描述代码参考如下：

```
module p_mutl_add  (input [3:0]  a0,a1,a2,a3,
                    input [3:0]  b0,b1,b2,b3,
                    output [7:0] yout
                     );
   assign yout = a0*b0+a1*b1+a2*b2+a3*b3;
endmodule
```

则需要 4 个乘法器和 3 个加法器。若改用串行处理，应用时序电路实现，Verilog 描述代码参考如下：

```
module s_mutl_add  ( input clk,
                     input en,
                     input [3:0]  a0,a1,a2,a3,
                     input [3:0]  b0,b1,b2,b3,
                     output reg [7:0] yout
                      );
    reg [1:0] cnt;
    reg [3:0] atmp,btmp;
    wire [7:0] mult_tmp;
    assign mult_tmp = atmp * btmp;

    always @( posedge clk )
      cnt <= cnt +1;

    always @(*)
      case (cnt)
        2'b00:   begin atmp = a0; btmp = b0; end
```

```
        2'b01:    begin atmp = a1; btmp = b1; end
        2'b10:    begin atmp = a2; btmp = b2; end
        2'b11:    begin atmp = a3; btmp = b3; end
        default:  begin atmp = a0; btmp = b0; end
    endcase

    always @(negedge clk)
      yout <= yout + mult_tmp;
    endmodule
```

就可以应用一个乘法器实现。

　　基于 FPGA 设计数字系统时，设计者应该熟悉 FPGA 内部各项资源（包括逻辑单元（LE）、RAM 块、DSP 和乘法模块等）的数量和使用情况，以便在各种资源利用率之间达到一种平衡，从而最大限度地利用器件的内部资源。上述实例将并行运算转换化成串行运算，虽然消耗了 FPGA 内部的逻辑资源，却节约了 FPGA 内部有限的乘法资源，从而达到资源利用的平衡。

　　（2）流水线设计。流水线（pipelining）设计的基本思想对时序电路中传输延迟时间大的组合逻辑块进行拆分，将原本在一个时钟周期完成的组合逻辑分割成多个较小的逻辑块，中间插入流水线寄存器，使其在多个时钟周期内完成，目的是提升这部分电路的工作频率，从而提高整个系统的性能。

　　下面以图 7-11 所示典型的同步时序电路进行分析说明，其中两个触发器之间有一个传输延迟时间为 t_{LOGIC} 的组合逻辑块。设触发器的时钟到输出时间为 t_{CO}，建立时间为 t_{SU}，则该同步电路的最小时钟周期为

$$t_{CLK(min)} = t_{CO} + t_{LOGIC} + t_{SU}$$

因此，最高工作频率为

$$f_{CLK(max)} = 1/t_{CLK(min)} = 1/(t_{CO} + t_{LOGIC} + t_{SU})$$

若 $t_{LOGIC} \gg (t_{CO} + t_{SU})$ 时，则上式可以简化为

$$f_{CLK(max)} = 1/t_{CLK(min)} = 1/(t_{CO} + t_{LOGIC} + t_{SU}) \approx 1/t_{LOGIC}$$

上式说明，在忽略 t_{CO} 和 t_{SU} 的情况下，t_{LOGIC} 越大，同步电路的最高工作频率越低。

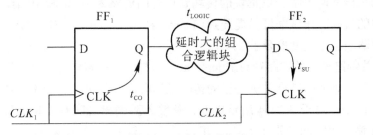

图 7-11　同步时序电路

　　若将电路中的组合逻辑块拆分成两个传输延迟时间大致相等的组合逻辑块，并在两个组合逻辑块之间插入流水线寄存器，如图 7-12 所示，就构成了流水线结构的同步时序电路。

设拆分后的两个组合逻辑块的传输延迟时间分别用 T_1 和 T_2 表示，则

$$t_{\text{LOGIC}} = T_1 + T_2$$

若 $T_1 = T_2$，则

$$T_1 = T_2 = (1/2)\,t_{\text{LOGIC}}$$

因此，流水线结构同步电路的最小时钟周期为

$$t_{\text{CLK(min)}} = t_{\text{CO}} + T_1 + t_{\text{SU}} = t_{\text{CO}} + (1/2)\,t_{\text{LOGIC}} + t_{\text{SU}}$$

故最高时钟频率为

$$f_{\text{CLK(max)}} = 1/t_{\text{CLK(min)}} = 1/\,(t_{\text{CO}} + (1/2)\,t_{\text{LOGIC}} + t_{\text{SU}})$$

若 $T_1 = T_2 \gg (t_{\text{CO}} + t_{\text{SU}})$，则上式可以简化为

$$f_{\text{CLK(max)}} = 1/t_{\text{CLK(min)}} = 1/\,(t_{\text{CO}} + (1/2)\,t_{\text{LOGIC}} + t_{\text{SU}}) \approx 2/t_{\text{LOGIC}}$$

上式说明，在忽略 t_{CO} 和 t_{SU} 的情况下，流水线结构的同步电路的最高工作频率约为原电路最高工作频率的两倍。

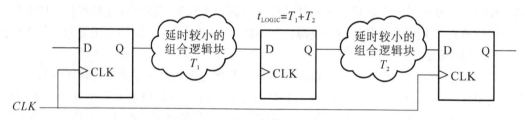

图 7-12　两级流水线结构

当然，若能将原组合逻辑块拆分成三个传输延迟时间大致相等的组合逻辑块，并在三个组合逻辑块之间插入两个流水线寄存器，在忽略触发器时钟到输出的传输延迟 t_{CQ} 的情况下，则流水线结构同步电路的最高工作频率还可以进一步提高。

需要注意的是，应用流水线结构能够提高同步电路的性能，但会产生了输入－输出的延迟。这是因为流水线的每一级输出相对于前一级输出，都会延迟一个时钟周期。因此，增加 n 级流水线，就会延迟 n 个时钟周期。

流水线思维方式的扩展应用是均衡同步电路的时序。例如，对于图 7-13（a）所示的同步时序电路，当两个组合逻辑块的传输延迟时间分别为 15 ns 和 5 ns，假设触发器的时钟到输出时间和建立时间均为 5 ns，则同步电路的最高工作频率为（1s/（5 ns+15 ns+5 ns））=40 MHz。如果能将两个组合逻辑块的传输延迟时间调整为 10 ns 和 10 ns，如图 7-13（b）所示，则电路的最高工作频率可以提升到（1s/（5 ns+10 ns+5 ns））=50 MHz，即经过时序均衡后，同步电路的工作速度提升了 25%。

（3）寻找关键路径。关键路径（Critical Path）是指时序逻辑电路中传输延迟时间最大的组合逻辑路径。如果能够减小关键路径的传输延迟时间，就可以有效地提高时序逻辑电路的工作频率。例如，对于图 7-14 所示电路，从输入到输出之间有 3 条信号传输路径，设每条路径的传输延迟时间分别用 t_{d1}、t_{d2} 和 t_{d3} 表示。若 t_{d1} 大于 t_{d2} 和 t_{d3}，则传输延迟时间为 t_{d1} 的信号路径称为关键路径，所以优化的主要目标是减小 t_{d1}，才能有效地提高系统的工作速度。

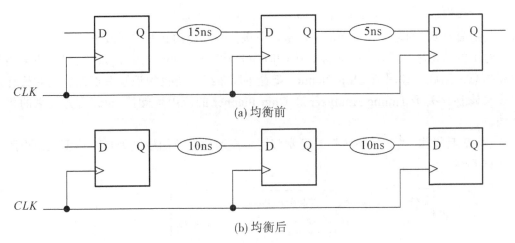

(a) 均衡前

(b) 均衡后

图 7-13 同步电路时序均衡

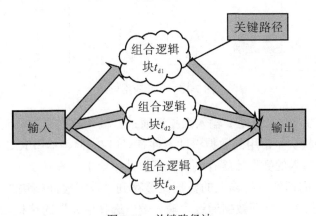

图 7-14 关键路径法

对于带有功能控制端的 2 选一数据选择器 $Y=(D_0A_1{'}A_0{'}+D_1A_1{'}A_0+D_2A_1{'}A_0+D_3A_1A_0)EN$，当 $EN=0$ 时 $Y=0$，当 $EN=1$ 时，$Y=D_0A_1{'}A_0{'}+D_1A_1{'}A_0+D_2A_1{'}A_0+D_3A_1A_0$，因此信号 EN 为关键路径，若应用

```
wire atmp,btmp,ctmp,dtmp;
assign atmp = D0 && !A1 && !A0 && EN;
assign btmp = D1 && !A1 &&  A0 && EN;
assign ctmp = D2 &&  A1 && !A0 && EN;
assign dtmp = D3 &&  A1 &&  A0 && EN;
assign y = atmp || btmp || ctmp || dtmp;
```

描述，则信号 EN 的路径为两级门电路的传输延迟时间。若应用

```
wire atmp,btmp,ctmp,dtmp;
assign atmp = D0 && !A1 && !A0 ;
assign btmp = D1 && !A1 &&  A0 ;
assign ctmp = D2 &&  A1 && !A0 ;
assign dtmp = D3 &&  A1 &&  A0 ;
```

```
assign y = ( atmp || btmp || ctmp || dtmp ) && EN;
```

描述，则信号 *EN* 的路径由两级减为一级，关键信号的传输延迟时间减小了。

对于复杂工程，应用 Quartus II 中的时序分析工具 Timing Analyzer 可以分析电路的时序信息，用底层编辑器 Chip Planner 查看布局布线，查找和识别关键路径，对设计进行少量修补。关于 Timing Analyzer 和 Chip Planner 的应用可阅读 Intel 官方提供的相关文档。

（4）乒乓操作。"乒乓操作"是经常应用于高速数据流的控制处理，典型应用电路如图 7-15 所示。

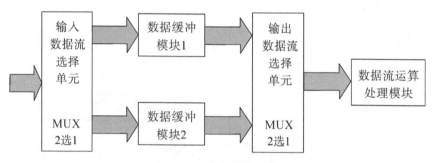

图 7-15　乒乓应用电路

"乒乓操作"的工作原理是：输入数据流通过"输入数据选择单元"将数据流等时分配到两个数据缓冲模块，常用的数据缓冲器件有双口 RAM、单口 RAM 和 FIFO 等。在第一个缓冲周期，将输入的数据流缓存到"数据缓冲模块 1"；在第 2 个缓冲周期，通过"输入数据选择单元"的切换，将输入的数据流缓存到"数据缓冲模块 2"，同时将"数据缓冲模块 1"缓存的第 1 个周期数据通过"输入数据选择单元"的选择，送到"数据流运算处理模块"进行运算处理；在第 3 个缓冲周期，通过"输入数据选择单元"再次进行切换，将输入的数据流缓存到"数据缓冲模块 1"，同时将"数据缓冲模块 2"缓存的第 2 个周期的数据通过"输出数据选择单元"进行切换，送到"数据流运算处理模块"进行运算处理。如此反复循环。

乒乓操作的最大特点是通过"输入数据选择单元"和"输出数据选择单元"按时钟相互配合进行切换，将经过缓冲的数据流不停顿地送到"数据流运算处理模块"进行运算与处理。乒乓操作模块为一个整体，从模块的两端来看，输入数据流和输出数据流都是连续不断的，没有任何停顿，因此非常适合对数据流进行流水线式处理。因此，乒乓操作通常应用于流水线式算法，完成数据的无缝缓冲与处理。

乒乓操作的本质是串并转换，将高速的串行数据并行化，利用面积换速度，巧妙运用乒乓操作可以达到用低速模块处理高速数据流的效果。例如，为了提高采样速率，采用 4 片流水线式 A/D 转换器构成的数据采集系统，电路结构如图 7-16 所示。

设数据采集系统时钟源的频率为 40 MHz，A/D 转换器的时钟频率为 10 MHz。脉冲分配电路的作用是将 40 MHz 的 *CLK* 等分为 4 路顺序脉冲 $CLK_1 \sim CLK_4$，如图 7-17 所示，交替控制 4 路 A/D 转换器对同一模拟信号进行分时采样，并将数据存入对应的 64×8 位的双口 RAM 中，以实现采样率为 10 MHz 的 A/D 转换器对模拟信号进行 40 MHz 采样。

后级电路再从 4 个 64×8 位的双口 RAM 分时读取数据, 合并为 256×8 位的采样数据序列。

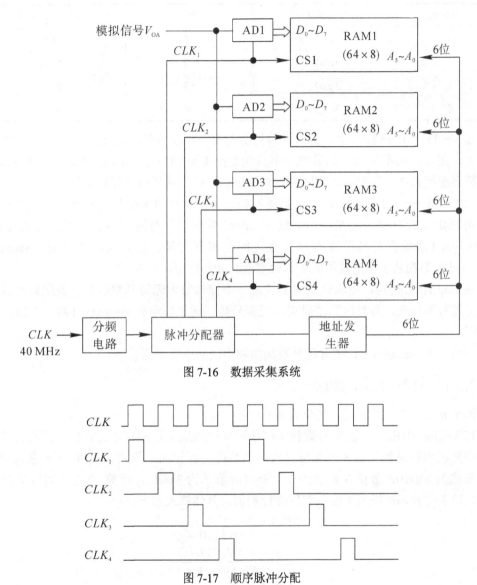

图 7-16 数据采集系统

图 7-17 顺序脉冲分配

7.3 Verilog 中的数值运算

数字系统中的数分为无符号数和有符号数两种类型。无符号数的每位都是数值位, 都有固定的权值。有符号数采用"符号位 + 数值位"的形式表示, 其中符号位为 0 时表示正数, 为 1 时表示负数。

有符号数有原码、反码和补码三种表示方法。为了便于运算, 数字系统中的有符号数用补码表示。十进制数 −4 ~ 3 表示成 3 位二进制补码形式, 如表 7-3 所示。

表 7-3　十进制数与补码的对应关系

十进制数	3 位补码表示	十进制数	3 位补码表示
3	3b'011	−1	3b'111
2	3b'010	−2	3b'110
1	3b'001	−3	3b'101
0	3b'000	−4	3b'100

在 Verilog—1995 标准中，有符号数只能表示为整数类型（integer），并且具有 32 位固定位宽，所以应用不灵活。如果想应用其他数据类型（如 wire 或 reg）实现有符号数运算，那么需要根据有符号数的运算规则，先扩展出符号位，然后再进行数值运算。

在 Verilog—2001 标准中，除了整数类型之外，寄存器类型和线网类型以及模块的端口都可以定义为有符号类型，用关键词 signed 描述，并且还可以应用系统函数 $signed 和 $unsigned 实现无符号数和有符号数之间的相互转换。但需要注意的是，$signed 和 $unsigned 函数在从小位宽数扩展到大位宽数时才起作用。

Verilog HDL 规定，当表达式中的任意一个操作数为无符号数时，其他的操作数会被当作无符号数处理，并且运算结果也为无符号数。这个规定对 Verilog—1995 和 2001 标准都适用。

本节讨论 Verilog HDL 中有符号数加法和乘法的应用要点。

7.3.1　有符号数的加法

两个 n 位二进制数相加，结果为 $n+1$ 位。

在 Verilog HDL 中，无符号数相加时按照加法的运算规则直接进行的，而有符号数相加时需要根据结果的位宽先扩展符号位，然后再进行相加。例如，数值 −2 表示为 3 位补码时形式为 3'b110，数值 3 表示为 3 位补码时形式为 3'b011，计算 −2 加 3 时首先需要将两个数的 3 位补码扩展为 4 位，然后进行相加。具体算式如下：

$$
\begin{array}{r}
\text{符号位扩展} \downarrow \\
4\text{b'}1110 = -2 \\
+\ 4\text{b'}0011 = 3 \\
\hline
4\text{'b}(1)0001 = 1 \\
\end{array}
$$
溢出，丢弃 ↑

根据上述计算原理，基于 Verilog—1995 标准描述有符号数加法时，需要扩展位，参考代码如下：

```verilog
module add_signed_1995 (
        input [2:0] A,          // 3 位补码
        input [2:0] B,          // 3 位补码
        output [3:0] Sum        // 4 位补码
        );

    assign Sum={A[2],A}+{B[2],B};
endmodule
```

在 Verilog—2001 标准中，模块的端口可以定义为有符号数值类型，因此基于 Verilog—2001 标准实现有符号数加法非常方便，参考代码如下：

```
module add_signed_2001 (
        input signed [2:0] A,
        input signed [2:0] B,
        output signed [3:0] Sum
        );
    assign Sum = A + B;
endmodule
```

对于有符号数和无符号数的混合加法，例如需要设计一个加法电路，实现两个 3 位有符号二进制数相加，同时还考虑来自低位的进位信号，基于 Verilog—1995 标准描述时，参考代码如下：

```
module add_carry_signed_1995 (
        input [2:0] A,          // 3 位补码表示
        input [2:0] B,          // 3 位补码表示
        input carry_in,         // 无符号数
        output [3:0] Sum        // 4 位补码表示
        );
    assign Sum={A[2],A}+{B[2],B}+carry_in;   // 扩展符号位后相加
endmodule
```

但是，基于 Verilog—2001 描述时，如果应用以下代码：

```
module add_carry_signed_2001 (
        input signed [2:0] A,
        input signed [2:0] B,
        input carry_in,
        output signed [3:0] Sum
        );
    assign Sum = A + B + carry_in;
endmodule
```

则综合时不但出现了警告信息"warning : signed to unsigned conversion occurs."，而且加法的结果也是错误的！这是因为，表达式中 carry_in 为无符号操作数，根据 Verilog 表达式中同时含有符号数和无符号数时的运算规则，相加时操作数 A 和 B 也被当作无符号数处理了，因而产生了错误。

避免综合警告的方法是将 carry_in 先转换为有符号数再相加，即应用语句"assign Sum = A + B + $signed（carry_in）"实现加法，但加法结果仍然是错误的。这是因为，当 carry_in=1 时，直接应用"$signed（carry_in）"进行转换的结果为 4'b1111（-1 的补码），所以加进位实际上变成了减进位。另外，将进位信号 carry_in 声明为"input signed carry_in"也存在同样的问题。

解决这个问题的方法是：在进位信号 carry_in 前面先补一位 0，然后再进行转换。这样既能避免综合警告，同时加法结果也是正确的。具体的 Verilog 参考代码如下：

```
module add_carry_signed_2001 (
        input signed [2:0] A,
        input signed [2:0] B,
        input carry_in,
        output signed [3:0] Sum
        );
    assign Sum = A + B + $signed({1'b0,carry_in});
endmodule
```

7.3.2　有符号数的乘法

两个 n 位二进制数相乘，结果为 $2n$ 位。例如，-3（3'b101）乘以 2（3'b010）结果为 -6（6'b111010）。

实现有符号二进制乘法时，需要从低位向高位逐一检查乘数的每一位以确定是否将被乘数移位累加到"乘积部分和"中，为 0 时不加，为 1 时移位累加。但需要注意以下两点：

（1）如果被乘数为负数时，需要扩展符号位；

（2）如果乘数为负数，处理符号位时先对被乘数进行取反加 1，然后进行符号扩展。

例如，实现 -3 乘 2 和 2 乘 -3 的乘法算式如下：

```
              3b'101=-3   ←被乘数→   3b'010=2
            × 3b'010=2    ←乘数→   × 3b'101=-3
            ─────────                ─────────
              000000    符号位扩展→    000010
符号位扩展→    111010                  000000
            + 000000                + 111000 ←取反加1，符号位扩展
            ─────────                ─────────
            6b'111010=-6            6b'111010=-6
```

根据上述乘法原理，基于 Verilog—1995 描述有符号数乘法时，参考代码如下：

```
module mult_signed_1995 (
        input [2:0] a,          // 3 位补码
        input [2:0] b,          // 3 位补码
        output [5:0] prod       // 6 位补码
        );
    wire [5:0] prod_tmp0;
    wire [5:0] prod_tmp1;
    wire [5:0] prod_tmp2;
    wire [2:0] inv_add1;
    assign prod_tmp0 = b[0]? {{3{a[2]}},a} : 6'b0;
    assign prod_tmp1 = b[1]? {{2{a[2]}},a,1b'0} : 6'b0;
    assign inv_add1 = ~a + 1'b1;            // 取反加 1
    assign prod_tmp2 = b[2]? {{1{inv_add1[2]}},inv_add1,2'b0}: 6'b0;
```

```
        assign prod = prod_tmp0 + prod_tmp1 + prod_tmp2;
    endmodule
```

在 Verilog—2001 标准中，模块的端口可以定义为有符号类型，因此基于 Verilog—2001 描述有符号数乘法非常方便，参考代码如下：

```
module mult_signed_2001 (
        input signed [2:0] a,
        input signed [2:0] b,
        output signed [5:0] prod
        );
    assign prod = a * b ;
endmodule
```

对于有符号数和无符号数的混合乘法，基于 Verilog—1995 描述时，如果应用代码

```
module mult_signed_unsigned_1995 (
        input [2:0] a,
        input [2:0] b,
        output [5:0] prod
        );
    wire [5:0] prod_tmp0;
    wire [5:0] prod_tmp1;
    wire [5:0] prod_tmp2;
    assign prod_tmp0 = b[0]? {{3{a[2]}},a} : 6'b0;
    assign prod_tmp1 = b[1]? {{2{a[2]}},a,1b'0} : 6'b0;
    assign prod_tmp2 = b[2]? {{1{a[2]}},a,2'b0} : 6'b0;
    assign prod = prod_tmp0 + prod_tmp1 + prod_tmp2;
endmodule
```

描述时，如果 a 为有符号数、b 为无符号数，乘法的结果是正确的，但如果 a 为无符号数、b 为有符号数，乘法的结果是错误的。例如，−3（3'b101）乘以 2（3'b010）结果是 −6（6'b111010），但 2（3'b010）乘 −3（3'b101）时结果却为 10！ 这是因为 −3（3'b101）实际上按无符号数 5 处理了。

另外，基于 Verilog—2001 实现混合乘法时，如果应用以下代码描述：

```
module mult_signed_unsigned_2001 (
        input signed [2:0] a,
        input [2:0] b,
        output signed [5:0] prod
        );
    assign prod = a * b ;
endmodule
```

则综合时不但出现了警告信息 "warning：signed to unsigned conversion occurs."，而且乘法

的结果也是错误的！这是因为，根据 Verilog 表达式中同时含有符号数和无符号数的运算规则，相乘时操作数 a 也被当作无符号数处理了，因而产生了错误。

虽然应用语句"assign prod = a * $signed（b）"可以避免综合警告，但乘法结果仍然是错误的。解决这个问题的方法是：在乘数 b 前面先补一位 0，然后再进行转换。这样既能避免综合警告，同时乘法的结果也是正确的。具体的 Verilog 参考代码如下：

```
module mult_signed_unsigned_2001 (
        input signed [2:0] a,
        input [2:0] b,
        output signed [5:0] prod
        );
    assign prod = a * $signed({1'b0,b}) ;
endmodule
```

7.3.3　有符号数的移位

逻辑移位操作符"<<"和">>"适用于对无符号数进行移位。

在 Verilog—2001 标准中，增加了两个移位操作符"<<<"和">>>"，称为算术移位操作符，用于对有符号数进行移位。

操作符"<<<"用于对有符号数进行左移，移位时，符号位保持不变，数值位左移移出的空位用 0 来填补。操作符">>>"用于对有符号数进行右移，移位时，符号位保持不变，数值位右移移出的空位用符号位来填补。例如，当 a 为 −10 时，若用 6 位二进制补码则表示为 6'b110110，那么 a<<<1 的结果为 6'b101100（十进制数 −20），而 a>>>3 的结果为值为 6'b111110（十进制数 −2）。

思考与练习

7.1 为了简洁起见，某同学将例 4-1 所示的描述 7 种逻辑门的 Verilog 代码改写为下述形式：

```
module Basic_Gates (a,b,c,d,e,f,g,h,i);
    // 端口描述
    input a,b;
    output c,d,e,f,g,h,i;
    // 数据流描述，应用位操作符
    assign c  = a & b;
    assign d  = a | b;
    assign e  = ~a;
    assign f = ~( a & b);
    assign g  = ~(a | b);
    assign h  = a ^ b;
    assign i = ~(a ^ b);
```

```
endmodule
```

上述代码在进行编译、综合与适配时通过了，但调用 modelsim 仿真时发生了错误。在 Quartus II 平台下对上述代码进行编译和仿真，并根据反馈信息推断产生错误的原因。

7.2 分别用条件语句和分支语句两种方式描述 74HC148，查看综合后的 RTL 电路，并对比资源的占用情况。

7.3 分别用行为描述、数据流描述和结构描述三种方式描述 74HC138，查看综合后的 RTL 电路，并对比资源的占用情况。

片上系统设计

8

嵌入式系统（Embedded System）是以应用为中心，以计算机技术为基础，软硬件可裁剪以适应应用系统对功能、可靠性、成本、体积、功耗等严格要求的专用计算机系统。随着不同领域应用需求的多样化和半导体制造工艺技术的发展，嵌入式系统的设计方法也经历着一次又一次的变革。

登高望远。本章首先讲述基于 FPGA 的嵌入式系统设计的相关概念，然后通过嵌入式等精度频率计的设计说明可编程片上系统的软硬件设计方法。

8.1 SOPC 基础

在应用篇中，我们用 Verilog HDL 描述了常用的组合逻辑和时序逻辑器件，并且实现了一些较为复杂的功能电路，如频率计、DDS 信号源和 VGA 控制器等。但是，试想一下，若用硬件描述语言从底层开始设计图 8-1 所示的处理器系统，其难度和工作量会令人望而生畏。

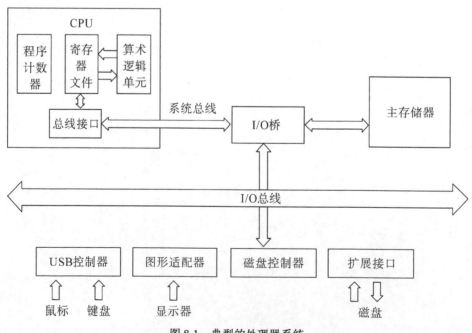

图 8-1 典型的处理器系统

那么，如何在 FPGA 中快速构建处理器系统呢？方法是应用 EDA 平台设计工具，基于 IP 组件搭建系统，这样就能够大大减少设计工作量，缩短开发周期。

Qsys 是内嵌于 Quartus II 集成开发环境中，用于开发和维护片上系统的第二代平台设计工具（Platform Designer）。与第一代设计工具 SOPC Builder 相比，Qsys 具有更为强大的设计能力，增强了设计的重用性，提高了验证能力。

8.1.1　SOPC 简介

片上系统（System on a Chip，SOC）是将处理器、存储器、定时器和 I/O 接口等组件集成在一个 ASIC 芯片上，面向特定应用的嵌入式系统。

SOC 为专用集成电路，其缺点是设计周期长、成本高。SOPC 是由 Altera 公司提出，于 20 世纪 90 年代中期逐渐发展起来的，基于 FPGA 灵活高效的 SOC 解决方案，是将处理器、存储器、I/O 口、定时器等系统功能组件集成到一个可编程逻辑器件中，从而构成一个可编程片上系统（System on a Programmable Chip，SOPC）。

SOPC 结合了 SOC 和 FPGA 的优点，具备以下基本特征：（1）至少包含一个处理器核；（2）具有片内 RAM；（3）有丰富的 IP 核支持；（4）具有片上逻辑资源；（5）具有软件调试接口和外围器件接口；（6）可能包含可编程模拟电路；（7）单芯片、低功耗和微封装。

与传统的以微处理器（MPU）或者微控制器（MCU）为核心的嵌入式系统设计方案相比，基于 FPGA 实现的片上系统具有以下主要优点。

1．有利于提高系统的性能

将嵌入式系统中的 I/O 接口、MCU 和 DSP（数字信号处理器）等功能电路在 FPGA 中实现，如图 8-2 所示，能够有效地减少系统板卡的面积，降低系统的功耗，提高系统的工作速度和可靠性。

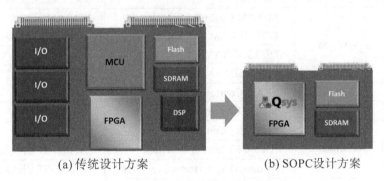

(a) 传统设计方案　　　　　　(b) SOPC 设计方案

图 8-2　SOPC 有利于提高系统的性能

2．基于成熟的 IP 核设计，减少设计风险

IP 核是具有知识产权的、经过反复验证的、具有特定功能的模块。

IP 核与芯片的制造工艺无关，可以移植到不同厂商的 FPGA 芯片中。目前，IP 核已成为构建 SOPC 的基本单元。

Qsys 提供了多种类型的 IP 核，包括软 / 硬核处理器、桥接组件、存储器和存储器接口和外设组件等，如表 8-1 所示。用户可以应用这些 IP 快速搭建片上系统。

表 8-1 Qsys 部分 IP 组件

类型	子类型	名称	功能说明
处理器	软核	Nios II Processor	Nios II 软核处理器
	硬核	Hard Processor System	ARM 系列硬核处理器
桥接组件	MM 接口	Clock Crossing Bridge	跨域时钟转换
		Pipeline Bridge	插入寄存器
		TriState Bridge	双向信号转换
	ST 接口	Channel Adapter	多通道调整
		Data Format Adapter	数据格式转换
		Multiplexer	多路选择器
		Demultiplexer	多路分配器
		Timing Adapter	通道时序调整
	DMA	DMA Controller	DMA 控制器
协议接口	串行接口	JTAG UART	JTAG 串行接口
		UART	RS-232 串行接口
		SPI	SPI 3 线串行接口
	PCI 接口	PCI	PCI 接口
		PCIe	PCI Express 接口
	乙太网接口	Triple-speed ethernet	三速以太网控制器
存储器和存储器接口	On-Chip	On-Chip FIFO Memory	片上 FIFO
		On-Chip Memory	片上存储器
	Flash	CompactFlash Interface	CompactFlash 接口
		EPCS Serial Flash Controller	EPCS 控制器
		Flash Memory	CFI Flash 控制器
	SDRAM	SDRAM Controller	SDRAM 控制器
		DDR SDRAM Controller	DDR SDRAM 控制器
		DDR2 SDRAM Controller	DDR2 SDRAM 控制器
		DDR3 SDRAM Controller	DDR3 SDRAM 控制器
	SRAM	SRAM Controller	SRAM 控制器
外设组件	Debug & Performance	System ID peripheral	系统标识组件
		Frequency Counter	频率计
		Avalon-ST test pattern check	Avalon-ST 测试数据检验器
		Avalon-ST test pattern Generator	Avalon-ST 测试数据发生器
	Peripheral	Inveral Timer	间隔定计器
		PIO	并行 I/O 口
	Display	LCD 16207	LCD 控制器
		Pixel Converter	BGR0 到 BGR 转换器
		Video Sync Generator	视频同步信号发生器
锁相环	PLL	Altera PLL	Altera 锁相环
		Avalon ALTPLL	Avalon 锁相环

3．可重构可裁减，有利于系统的维护和升级

可编程片上系统是应用 FPGA 内部逻辑资源和存储资源搭建，可以根据需要对系统的功能进行重构，可减少、可扩充，灵活性高，可以适应不同阶段和不同应用场合的应用需求。例如，在产品研发阶段，需要对应用软件进行调试时，可以将 JTAG UART 配置成功能强大的调试接口。当产品研发完成之后，再将 JTAG UART 重新配置为简单的下载接口以节约 FPGA 资源。在对系统的响应速度要求不高的应用场合，可以将 Nios II 软核处理器配置为经济模式，而对系统实时性要求很高的应用场合，则需要将 Nios II 软核处理器配置为快速模式以提高系统的性能。

4．通过软硬件协同设计优化系统

传统的电子系统设计方法是将硬件和软件分为两个独立的部分进行设计，如图 8-3 所示。在整个设计过程中，一般采用硬件优先的原则，即先进行硬件系统设计，然后在硬件平台的基础上再进行软件设计。在硬件设计阶段通常缺乏对软件构架和实现机制的清晰认识，导致设计出的硬件电路带有一定的局限性。由于受到硬件平台的限制，难以对系统进行综合优化，得到的最终设计结果很难充分利用软硬件资源，因此传统的设计方法难以适应复杂系统的设计需求。

软硬件协同设计是以系统为目标，通过综合分析系统软硬件功能及现有资源，可以最大限度地挖掘系统软硬件的潜能，协同设计软硬件体系结构，能使系统运行在最佳的工作状态。当系统的某些功能既可以通过硬件实现，也可以用软件实现时，就需要根据系统的功能需求合理配置软硬件资源，如图 8-4 所示，既满足系统的功能要求，又能降低系统成本。

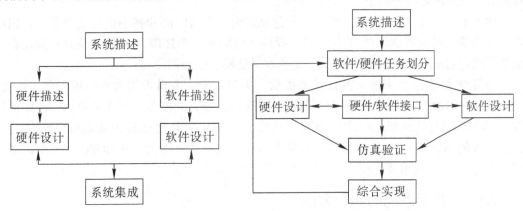

图 8-3　传统电子系统设计方法　　　　图 8-4　软硬件协同设计方法

软硬件协同设计的主要优点是，在设计过程中，硬件和软件设计是相互作用的，这种相互作用体现在设计过程的各个阶段和各个层次，设计过程充分实现了软硬件的协同性。在软硬件功能分配时就考虑了现有的软硬件资源，这就使得软硬件功能模块能够在设计开发的早期互相结合，从而及早发现和解决系统设计的问题，避免了在设计开发后期反复修改所带来的一系列问题，有利于充分挖掘系统的潜能，提高系统的整体效能。

8.1.2　IP 核

IP 核是 SOPC 设计的基本单元，有行为（Behavior）、结构（Structure）和物理（Physical）

三级不同程度的设计。从提供方式上划分，可分为软核、固核和硬核三类。

1. 软核

软核（Soft IP Core）是指用 HDL 描述的、综合之前的寄存器传输级（RTL）模型，通常以可综合的源代码形式提供。软核只经过了功能仿真，未涉及物理实现，因此使用时还需要借助 EDA 软件对其进行综合和布局布线后才能下载到可编程器件中使用。

软核最大的特点是功能可配置，因而灵活性高、可移植性强，能够与其他逻辑模块融为一体，在不同类型的器件中实现。但是，由于软核未涉及物理实现，缺乏时序、占用的资源和功耗等方面的预见性，因此有一定的设计风险。

2. 固核

固核（Firm IP Core）是指在某种类型可编程逻辑器件上实现的、经过验证和布局布线后的结构编码文件，以网表的形式提交用户使用。与软核相比，固核有较大的设计深度，可靠性较高，但灵活性较差。

3. 硬核

硬核（Hard IP Core）是指布局布线工艺固定的功能模块。硬核在时序、面积和功耗方面具有可预见性，同时还针对特定的器件工艺进行了功耗和资源上的优化，因此硬核具有优异的性能，可靠性高，但灵活性和移植性差。

应用于 SOPC 的 IP 为软核，用户可以根据需要通过头文件或者 GUI（图形用户接口）定制这些 IP 核参数。对时序要求严格的内核，还可以通过预布线特定信号或分配特定布线资源的方式满足时序要求。

由于 IP 核是预先设计好的模块，其建立时间、保持时间和握手信号是固定的，因此在搭建系统时必须考虑这些 IP 核与其他模块之间如何正确接口。如果 IP 核具有固定布局或部分固定的布局，那么这些 IP 核还会影响其他模块的布局。

通常 IP 核有三个来源：PLD 厂商提供，第三方专业公司提供或者由用户自己定义。一般来说，PLD 厂商和专业公司提供的 IP 核通用性好、功能强。在实际应用中，如果这些 IP 核不能满足设计需求时，用户还可以直接使用 HDL 描述自己的 IP 实现所需要的功能，并以指令的形式加入 Nios II 系统，与整个系统融为一体。因此，在 SOPC 开发中，支持用户自定义 IP 尤为重要。

8.1.3　片上系统的实现方法

片上系统是面向特定应用的嵌入式系统。随着微电子技术的发展，SOC 主要有以下三种实现方案。

1. 基于硬核处理器

硬核处理器是在 FPGA 中预先植入的微处理器。硬核处理器在时序、面积和功耗方面都针对特定的器件工艺进行了优化，因而性能优异。植入硬核处理器的 FPGA 将 FPGA 丰富的逻辑资源和微处理器强大的处理能力有机地结合起来，从而能够更加有效地实现系统的功能。

Intel 公司和 Xilinx 公司都提供有集成硬核处理器的 FPGA 产品。例如，Intel 公司的 Cyclone V/Arria 10 系列 FPGA 中内植了 ARM Cortex-A9 MPCore 双核处理器、Stratix 10

系列 FPGA 中内植了 ARM Cortex-A53 MPCore 四核处理器。Xilinx 公司的 Zynq-7000 系列 FPGA 中植入了 ARM Cortex-A9 MPCore 双核处理器。

Intel 公司内植了 ARM 硬核处理器的 FPGA 称为 SoC FPGA,基于 Linux 操作系统开发应用程序,能够实现更为复杂的应用系统。

2. 基于软核处理器

除了嵌入硬核处理器之外,软核处理器的方式也广泛应用。这是因为嵌入硬核处理器虽然性能优异,但也存在一定的局限性:

(1)硬核处理器通常来自第三方公司,FPGA 厂商需要支付其 IP 费用,从而会导致系统的成本高;

(2)硬核处理器的结构是固定的,如总线规模、接口方式以及指令系统,用户无法裁减处理器资源以降低设计成本,同时也不支持自定义 IP,无法优化系统的性能指标;

(3)硬核处理器只能在特定的 FPGA 系列中使用,如 Cyclone V 系列 FPGA 中的 ARM 双核处理器以及 Stratix 10 系列中的 ARM 四核处理器。

应用软核处理器能够有效地克服上述局限性。目前,具有代表性的软核处理器有 Xilinx 公司的 32 位处理器 MicroBlaze 和 Intel 公司的 32 位处理器 Nios II。但是,由于软核处理器是用 FPGA 的片内资源构建的处理器,其底层的定制优化程度远低于经过布局布线优化的硬核处理器,受到其时序性能的限制,软核处理器能够运行的最高时钟频率比硬核处理器要低得多。因此,软核处理器适合于对处理器系统整体性能要求不高的应用场合,如工业测控、人机交互和协调控制等方面。

Intel 公司的 Cyclone II~IV 系列和 Stratix II~IV 系列 FPGA 均支持基于 Nios II 软核处理器的 SOPC 设计。典型的 Nios II 应用系统的结构如图 8-5 所示。

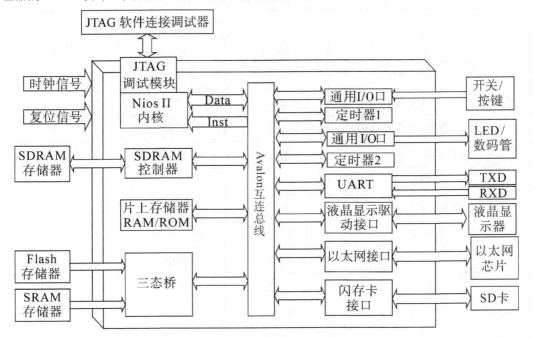

图 8-5　典型 Nios II 应用系统结构

3. 基于 HardCopy

HardCopy 是利用 EDA 开发工具，将成功实现于 FPGA 器件上的 SOPC 系统通过特定的技术转化为 ASIC，将 FPGA 的灵活性和 ASIC 的市场优势结合起来，适应于有较大批量要求并对成本敏感的电子产品。

HardCopy 避开了直接设计 ASIC 的困难，克服了传统 ASIC 设计开发周期长、一次性成功率低、有最少的投片量要求等普遍问题。

HardCopy 器件是 FPGA 的精确复制，剔除了可编程性。这样，器件的硅片面积就更小，成本就更低，并且还能够改善时序特性。

8.1.4　Nios II 软核处理器

Nios II 是 Intel 公司推出的第二代 32 位 RISC（精简指令集）软核处理器，采用哈佛结构，具有 32 位数据总线、32 位地址空间、32 个通用寄存器、32 个中断源和 32×32 乘法器和除法器。Nios II 具有用于计算 64 位和 128 位乘法的专用指令，单精度浮点运算指点指令，支持基于 JTAG 调试逻辑、硬件断点、数据触发以及片外和片内的调试跟踪，支持最多 256 个用户自定义指令，而且能够与 SignalTap II 配合实时分析 FPGA 中的指令和数据，具有最高可执行 250 百万条指令的性能。

Nios II 软核处理器可配置为三种模式：Nios II/f（快速模式）、Nios II/s（标准模式）和 Nios II/e（经济模式），以满足不同用户对性能和成本的需求。Nios II/f 具有最佳的处理器性能，但占用的 FPGA 资源最多。Nios II/e 占用的逻辑资源最少，但性能最弱，而 Nios II/s 则在性能和占用资源之间均衡折中。三种模式的主要特性参数如表 8-2 所示。

表 8-2　Nios II 三种模式主要特性表

特性		处理器模式		
		Nios/f	Nios/s	Nios/e
性能	DMIPS/MHz	1.16	0.74	0.15
	最大 DMIPS	218	127	31
	最高工作频率 /MHz	185	165	200
占用资源（LE）		1400~1800	1200～1400	600～700
流水线		6 级	5 级	—
外部寻址空间		2 GB	2 GB	2 GB
指令总线	高速缓存（cache）	512 B～64 KB	512 B～64 KB	—
	分支预测	动态	静态	—
	紧耦合存储器	可选	可选	—
数据总线	高速缓存（cache）	512 B～64 KB	—	—
	紧耦合存储器	可选	—	—

续表

特性		处理器模式		
		Nios/f	Nios/s	Nios/e
算术逻辑单元	硬件乘法器	1 周期	3 周期	—
	硬件除法器	可选	可选	—
	移位器	1 周期桶形移位器	3 周期桶形移位器	1 周期每比特
JTAG 调试模块		可选	可选	可选
异常处理	内部中断控制器	是	是	是
	外部中断控制器	可选	—	—

注：表中的 DMIPS 是 Dhrystone Million Instructions Per Second 的缩写，表示计算机每秒钟执行的百万指令数，其中 Dhrystone 是一种整数运算测试程序，主要用于测试处理器的整数计算能力。

Nios II 软核的内部结构框图如图 8-6 所示，主要由算术逻辑单元（ALU）、地址发生器和程序控制器、异常控制器和中断控制器、通用寄存组和控制寄存器组以及指令 Cache 和数据 Cache 组成。

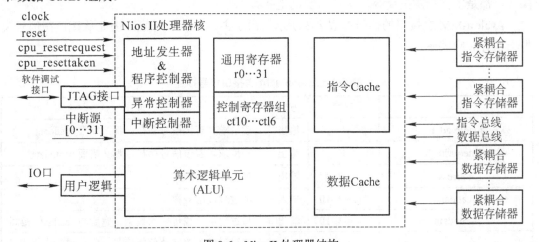

图 8-6 Nios II 处理器结构

数据处理主要由 ALU 完成，同时外扩了用户逻辑接口用来连接用户定制的逻辑电路。为了调试方便，Nios II 集成了一个 JTAG 调试模块。为了提高系统的整体性能，Nios II 内核不仅可以集成数据 Cache 和指令 Cache，还带有紧耦合存储器 TCM 接口。TCM 可以使 Nios II 处理器既能提高性能，又能获得可预测的实时响应。

Nios II 处理器把外部硬件的中断事件交由中断控制器管理，内核异常事件交由异常控制器管理。Nios II 的寄存器文件包括 32 个通用寄存器和 6 个控制寄存器，Nios II 结构允许添加浮点寄存器。

8.1.5　Avalon 互连总线

Avalon 互连总线是原 Altera 公司定义的、用于将片上处理器、内部组件和外部设备接口连接成可编程片上系统的一种简单总线结构，规定了主从设备之间的接口方式及其通信时序。

Avalon 互连总线具有以下主要特点：

（1）简单易用，简化了模块和片上逻辑之间的接口，不需要识别外设的数据和地址周期；

（2）优化总线逻辑，占用的资源少；

（3）能够在一个总线时钟周期完成一次数据传输；

（4）同步操作，所有外设接口与总线时钟同步，不需要复杂的握手／应答机制，简化了总线接口的时序行为，便于集成高速外设；

（5）能够处理具有不同数据宽度的外设间的数据传输，其自动地址对齐功能将自动解决数据宽度不匹配的问题；

（6）开放性，用户可以在未经授权的情况下使用 Avalon 总线接口自定义外部设备。

Altera 定义了六种 Avalon 互连总线接口类型：

1．Avalon 内存映射接口

Avalon 内存映射接口（Avalon Memory Mapped Interface），简称 Avalon-MM 接口，是基于地址读写的接口，分为主（Master）接口和从（Slave）接口两类，无论是读操作还是写操作，都是主接口发出命令，从接口被动地执行。

Avalon-MM 主接口的信号如表 8-3 所示。由于主、从接口对应，因此从接口在信号类型上也有对应关系。

表 8-3　Avalon-MM 主接口信号描述

信号	宽度	方向	描述
read/read_n	1	输出	读请求。若该信号存在，那么需要 readdata
write/write_n	1	输出	写请求。若该信号存在，那么需要 writedata
address	1~32	输出	指定 byte 地址
readdata	2^n（n=3~10）	输入	读过程读出的数据
writedata	2^n（n=3~10）	输出	写过程从总线传来的数据，宽度与 readdata 相同
byteenable/byteenable_n	2^n（n=0~7）	输出	读写过程中的字节使能信号。在读过程中指定哪些字的信号能够被读取，在写过程中指定哪些字的信号能够被写入
waitrequest/waitrequest_n	1	输入	使主接口等待总线完成工作。在等待过程中控制信号保持不变
readdatavalid/readdatavalid_n	1	输入	用于流水线读取过程，表示在总线上出现上需要的信号
flush/flush_n	1	输出	用于流水线读取过程，主设备在新的读写指令开始时置位 flash 时，表示需要将之前的读过程放弃
burstcount	1~32	输出	用于表示突发传输的次数
reasetrequest/resetrequest_n	1	输出	复位请求信号

片上系统中常用的 PIO 组件的内部结构如图 8-7 所示，其中地址总线、数据总线和控制总线连接到 Avalon-MM 总线接口，输入和输出连接到外部设备。

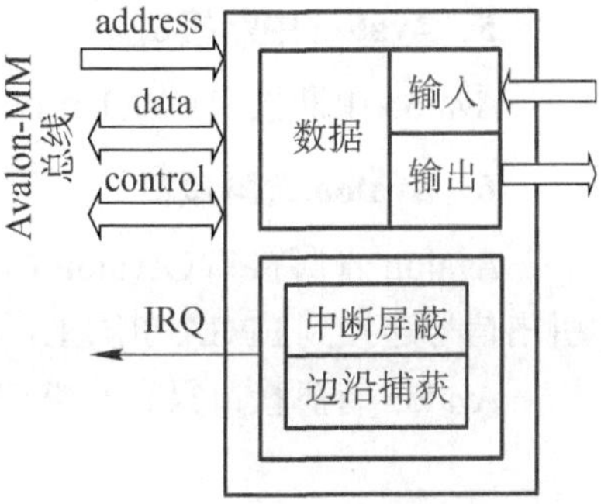

2．Avalon 流传输接口

Avalon 流传输接口（Avalon Steaming Interface），简称 Avalon-ST 接口，用于单向大数据量的传输，包括多路复用流、数据包和 DSP 数据等。

3．Avalon 内存映射三态接口

图 8-7　PIO 组件结构框图

Avalon 内存映射三态接口（Memory Mapped Tristate Interface）是 Avalon-MM 的扩展接口。当多个设备需要共享数据总线和地址总线时，应用内存映射三态接口可以减少 FPGA 引脚的占用。例如，需要将 FLASH 和 SDRAM 的地址总线和数据总线同时连到了 FPGA 相同的管脚，就需要使用到内存映射三态接口，如图 8-8 所示。

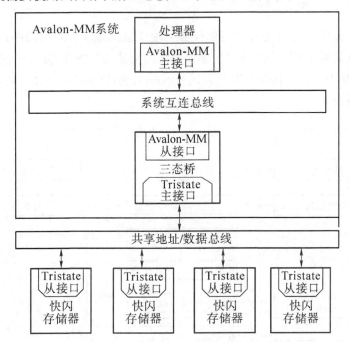

图 8-8　内存映射三态接口的应用

4．Avalon 时钟复位接口

Avalon 时钟复位接口（Avalon Clock）是片上系统组件必备的接口，用于连接时钟信号和复位信号。Avalon 时钟复位接口的输入信号如表 8-4 所示。

表 8-4　Avalon 时钟复位接口输入信号

信号	宽度	方向	描述
clk	1	输入	为组件提供同步时钟信号
reset/reset_n	1	输入	为组件提供复位信号

5．Avalon 中断接口

Avalon 中断接口（Avalon Interrupt）提供了组件向处理器发送中断信号的接口。

6．Avalon 管脚接口

Avalon 管脚接口（Avalon Conduit）是 Avalon-MM 的扩展接口，从 Avalon-MM 从接口引出信号连接到 FPGA 引脚上，用于实现片上系统与 FPGA 外部设备的信号传输。

Avalon 管脚接口只有一类信号，如表 8-5 所示。

表 8-5　Avalon 管脚接口信号

信号	宽度	方向	描述
export	n	输入、输出或双向	输出接口信号

8.2　SOPC 开发流程

可编程片上系统开发主要包含三项任务：硬件系统设计、应用程序开发和系统调试，具体的开发流程如图 8-9 所示，其中处理器系统的构建和生成在 Qsys 中进行，SOPC 顶层设计在 Quartus II 中进行，软件开发与调试在 Nios II SBT（Software Build Tools 的缩写）for Eclipse 环境下进行。

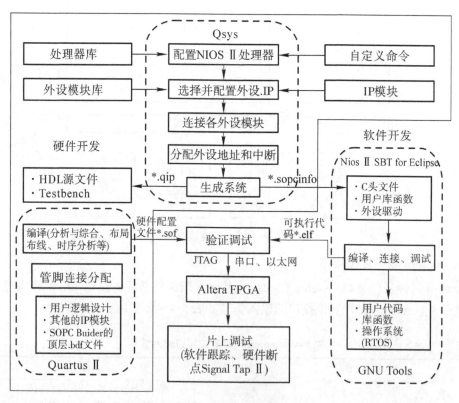

图 8-9　SOPC 开发流程

1. 在 Qsys 中构建和生成处理器系统

Qsys 是处理器系统集成工具。在 Qsys 环境下，设计者可以根据需要选择处理器模式及参数，添加系统所需要的外围组件和外部设备接口，配置相关参数并进行合理的连接以构成系统，然后分配组件基地址，设置中断号、复位地址和中断地址，最后编译生成处理器硬件系统。编译完成后，Qsys 输出的文件类型如表 8-6 所示。

表 8-6 Qsys 输出文件类型

文件类型	说 明
设计文件（.qsys）	硬件设计文件，包括所有组件和配置参数
符号文件（.bsf）	原理图符号文件，应用在 SOPC 顶层设计中
报告文件（.html）	组件的连接、内存映射地址和参数分配信息
SOPC 信息文件（.sopcinfo）	Qsys 系统描述文件，Nios II EDS 使用 .sopcinfo 信息文件自动生成相关组件的 HAL 系统库
HDL 文件（.v）	硬件语言描述文件。Quartus II 使用该文件编译整个 SOPC 系统，生成可下载的编程文件（.sof）
IP 核文件（.qip）	Qsys IP 核文件，需要添加到工程一起进行编译

2. 在 Quartus II 中完成顶层电路设计

当处理器系统生成完成后，退出 Qsys 返回到 Quartus II 主界面下，一般采用原理图方式调用处理器模块完成 SOPC 顶层电路设计，并进行引脚分配，编译与综合后下载到 FPGA 目标器件中。

3. 在 Nios II SBT for Eclipse 开发环境下编写应用程序

应用程序的编写与调试在 Nios II SBT for Eclipse 环境下进行。软件开发人员可以在工程模板的基础上使用 C/C++ 编写应用程序，也可以基于 μC/OS II/III 实时操作系统编写多任务应用程序。编译完成后，Nios II SBT for Eclipse 将输出表 8-7 所示的文件类型，其中 .elf 为可执行文件，可以下载到开发板与硬件系统联合调试。需要注意的是，并非所有的项目都输出这些文件。

表 8-7 Nios II SBT for Eclipse 输出文件类型

文件类型	说 明
system.h 文件	（1）定义系统中引用硬件的符号；（2）在创建新的板级支持包（BSP）时，Nios II SBT for Eclipse 会自动创建此文件
可执行和链接格式文件（.elf）	编译 C/C++ 应用程序生成的可执行文件，可以下载到 Nios II 处理器运行
十六进制文件（.hex）	（1）包含片上存储器的初始化信息；（2）Nios II SBT for Eclipse 为支持内容初始化的片上存储器生成的初始化文件
闪存编程数据	（1）引导代码和您可能写入闪存的其他任意数据；（2）闪存编程器添加适当的引导代码，以允许程序通过闪存进行引导；（3）Nios II SBT for Eclipse 包括闪存编程器，允许将程序或任意数据写入闪存

4．在目标开发板上运行或调试软件

Nios II SBT for Eclipse 能够通过 Quartus II 和 JTAG 接口将应用程序下载到 FPGA 目标板（如 DE2-115 开发板），在 Nios II 硬件系统上运行或调试程序。Nios II SBT for Eclipse 功能强大，具有启动和停止处理器、设置断点，以及在程序执行时调试代码和分析变量等多种功能。

8.3 构建和生成处理器系统

Qsys 设计平台具有直观的图形界面，开发人员不需要编写 HDL 代码，直接通过 IP 应用向导将处理器、存储器、I/O 接口和其他功能 IP 核连接起来搭建系统，并支持软硬件协同设计和验证。

本节以设计嵌入式等精度频率计为目标，讲述在 Qsys 环境下构建和生成 Nios II 系统的方法和步骤，然后在 8.4 节完成等精度频率计的顶层电路设计，在 8.5 节完成应用程序的开发。

嵌入式等精度频率计的设计方案如图 8-10 所示，其中 Nios II 处理器系统主要完成 3 项任务：(1)产生计数器复位信号 CLR 和测频闸门控制信号 $Gate$；(2)读取计数值 N_S 和 N_x，计算被测信号的频率；(3)驱动液晶显示具体的频率数值。

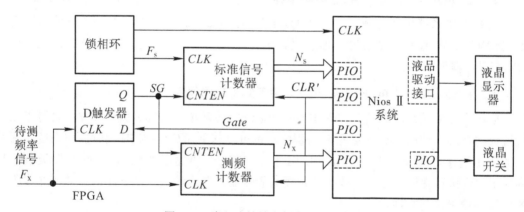

图 8-10 嵌入式等精度频率计设计方案

8.3.1 建立 SOPC 工程

在搭建 Nios II 系统之前，首先需要建立 SOPC 工程，以便生成 Nios II 系统和定制 IP 所产生的输出文件能够添加到工程中。

建立工程的方法和步骤请参看 3.1 节，这里不再复述。假设新建频率计工程的工程名为 SOPC_freqer，工程目录为 "C:\SOPC_workspace"，如图 8-11 所示。若基于 DE2-115 开发板实现，则选择目标器件类型为 Cyclone IV E 系列 FPGA，具体器件型号为 EP4CE115F29C7。

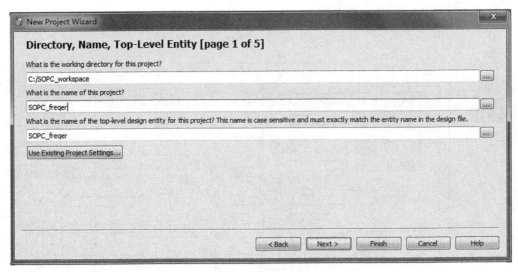

图 8-11 建立设计工程

8.3.2 构建处理器系统

应用 Qsys 构建处理器系统，需要选择处理器并配置处理器参数，添加必要的 IP 组件，并将这些组件进行合理的连接以构成硬件系统，然后分配组件的基地址，设置中断优先级、复位地址和异常地址，最后编译生成相关文件。

等精度频率计处理器系统除了需要添加 Nios II 处理器软核以及片上存储器、定时器、调试接口和系统识别组件这些基本的组件外，还需要添加为外部计数器提供复位信号 CLR' 和闸门信号 Gate 的输出口，添加读取外部计数器计数值的输入口，并添加液晶接口组件用于驱动外部液晶屏显示被测信号的频率值。使用液晶显示屏代替数码管显示信号频率的优点是，频率显示的位数不受开发板上数码管数量的限制，能够利用软件处理的灵活性调整频率显示格式，提高频率显示的准确性。

嵌入式等精度频率计 Nios II 系统的总体设计方案如图 8-12 所示，其中标准计数器和测频计数均定制为 32 位。

构建图 8-12 所示的 Nios II 系统的具体方法和步骤如下：

1. 启动 Qsys 并设置 Nios II 系统名

点击 Quartus II 主界面 Tools 菜单栏下的 Qsys 命令，将弹出图 8-13 所示的 Qsys 主窗口。窗口的左侧是 Qsys 组件资源库（Component Library），右侧是用户构建的系统组件结构图（System Contents）等，窗口下方为信息（Messages）窗口。

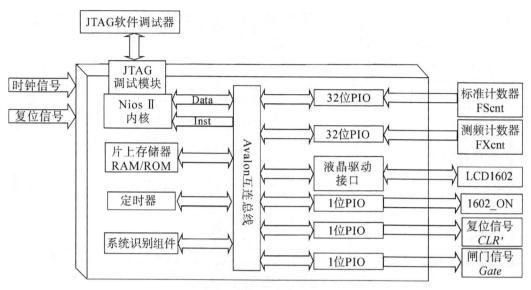

图 8-12 等精度频率计处理器系统结构

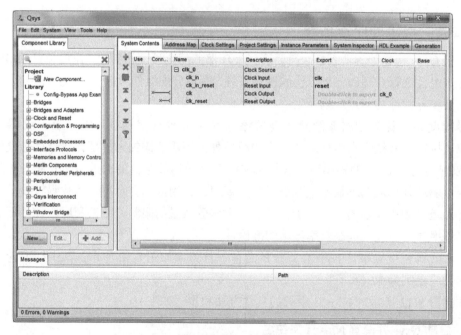

图 8-13 Qsys 主窗口

选择 Qsys 菜单 Files 栏下的 Save/Save As 预保存系统。设等精度频率计的 Nios II 处理器系统名为 freqNIOS2sys，如图 8-14 所示。

2. 设置系统时钟

Qsys 默认的系统时钟源（Clock Source）名为 clk_0。双击 System Contents 栏下的 clk_0，在弹出的时钟源设置对话页中看到 Qsys 预设的时钟源频率为 50 MHz（与 DE2–115 开发板的有源晶振频率相同），如图 8-15 所示。

图 8-14 保存 Nios II 系统

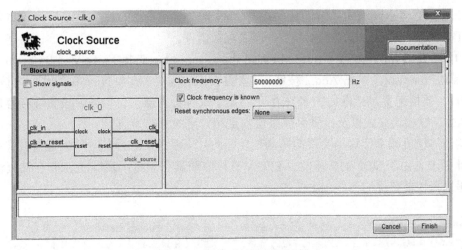

图 8-15 系统时钟设置对话框

Nios II 处理器能够运行的最高频率与内核模式和 FPGA 的类型和速度等级有关。Intel 公司部分 FPGA 系列能够支持 NIos II 处理器的最高运行频率如表 8-8 所示。

表 8-8 Nios II 最高工作频率

器件类型	器件型号	（Nios/f)/MHz	（Nios/s)/MHz	（Nios/e)/MHz
Stratix IV	EP4SGX230HF35C2	230	240	300
Stratix III	EP3SL150F1152C2	290	230	340
Stratix II	EP2S60F1020C3	220	170	285
Cyclone IV GX	EP4CGX30CF19C6	150	120	175

续表

器件类型	器件型号	（Nios/f）/MHz	（Nios/s）/MHz	（Nios/e）/MHz
Cyclone III	EP3C40F324C6	175	145	215
Cyclone II	EP2C20F484C6	140	110	195
HardCopy IV	HC4E35FF1152	305	285	290
HardCopy III	HC322FF1152	230	220	210
HardCopy II	HC230F1020C	200	200	320

从表中可以看出，基于 Cyclone II~IV 系列 FPGA 的 Nios II 处理器能够运行的最高频率均能达到 100 MHz 以上。但是，需要给系统添加适当的时序约束，才能有效地提高处理器系统的工作速度。

一般来说，对系统的工作速度没有太高要求的情况下，选择较低的时钟源频率更有利于系统的稳定。本例中设置时钟源的频率为 80 MHz，点击 Finish 返回 Qsys。选中组件名称 clk_0 栏，右击鼠标选择 rename 修改时钟源名为 sys_clk，按 Enter 键确认。

3. 配置软核处理器

处理器是构建嵌入式系统的核心组件。基于软核处理器的片上系统设计，需要添加 Nios II 处理器，配置内核模式和参数，以及连接组件。

（1）展开 Qsys 资源库中的 Embedded Processors 项，选择 Embedded Processors 栏下的 Nios II Processor，单击 Add... 按钮（或者直接双击组件）添加 Nios II 处理器内核（Core Nios II）。软核配置对话框如图 8-16 所示，用于选择处理器工作模式、设置缓存容量、选择 JTAG 调试模块模式以及设置系统复位向量和异常向量的参数。

构建等精度频率计这类实现简单测控功能的片上系统，选择任一种处理器模式均能满足设计要求。由于 DE2-115 开发板 FPGA 芯片内部具有丰富的逻辑资源和存储资源，因此这里选择性能最优的 Nios II/f 模式。

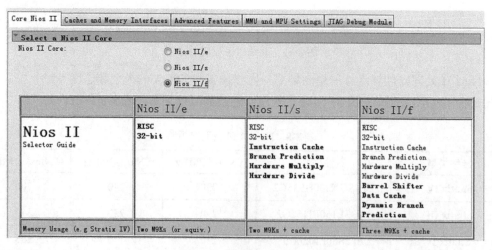

图 8-16　配置 Nios II（1）

需要注意的是，Nios II/f 处理器的配置与 Nios II/e 和 Nios II/s 不同，Nios II/f 处理器内部配有数据 cache，有 32 位数据地址，而 Nios II/e 和 Nios II/s 处理器内部没有数据 cache，因而只有 31 位数据地址。

对于 Nios II/f 处理器，地址的最高位用于使能（Enable）数据 cache，为 0 时选中，为 1 屏蔽，因此 Nios II/f 处理器真正用于选择外部设备的地址与 Nios II/e 和 Nios II/s 相同，为 31 位。

应用 HAL 系统库 API 函数对外设进行操作时，库函数会自动屏蔽数据 cache。但是，当用户直接使用地址映射方式来读写外设寄存器时，则需要通过"外设寄存器地址 | 0x80000000"的方式来屏蔽数据 cache，其中"|"表示按位或。

（2）点击 JTAG Debug Module 标签栏选择调试接口模式。Nios II 提供了五级调试模式，如图 8-17 所示，Debug Level 越高，调试模块的功能越强大，但占用的资源越多。需要调试程序时，可以选择功能强大的调试模式，当程序调试完成后，还可以返回 Qsys 选择低 Level 的调试模式重新生成系统以节约 FPGA 资源。图中选择了功能相对强大的 3 级模式，各级模式的具体特性见相应 Level 下方的功能说明。

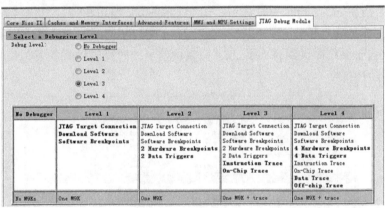

图 8-17　配置 Nios II（2）

点击 Caches and Memory Interfaces 切换到缓存设置标签栏，可以设置指令缓存（Instruction cache）和数据缓存（data cache）的容量。Nios II/f 内核默认指令缓存为 4 Kbytes，数据缓存为 2 Kbytes，如图 8-18 所示。不需要设置时，点击 Finish 返回 Qsys，Nios II 处理器将添加到系统组件表中。

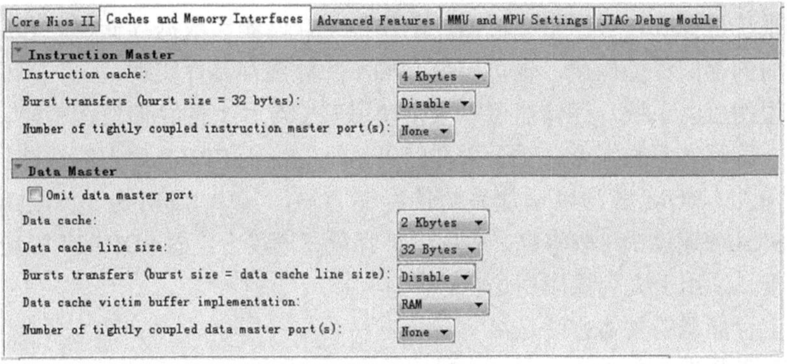

图 8-18　配置指令缓冲

选中组件名称 nios2_qsys_0 栏，右击鼠标选择 rename，修改 Nios II 处理器名为 nios2_cpu，如图 8-19 所示，按 Enter 键确认。

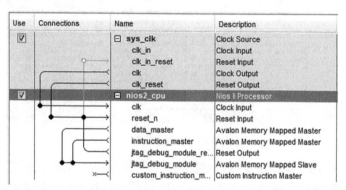

图 8-19　组件重命名

（3）在 System Contents 的连线区（Connections）有空心点和实心点，其中空心点表示未连接，实心点表示已连接，点击空心点或实心点可以实现连接与不连接之间的转换。

点击空心点将 nios2_cpu 的时钟 clk 与时钟源的 clk 端口相连，复位端 reset_n 同时与时钟源的 clk_reset 端口和 jtag_debug_module_reset 端口相连，如图 8-20 所示，表示 nios2_cpu 的时钟来自于系统时钟组件 sys_clk，而复位信号同时受时钟源的复位信号和 jtag 调试模块复位信号的控制。

Use	Connections	Name	Description
☑		⊟ sys_clk	Clock Source
		clk_in	Clock Input
		clk_in_reset	Reset Input
		clk	Clock Output
		clk_reset	Reset Output
☑		⊟ nios2_cpu	Nios II Processor
		clk	Clock Input
		reset_n	Reset Input
		data_master	Avalon Memory Mapped Master
		instruction_master	Avalon Memory Mapped Master
		jtag_debug_module_re...	Reset Output
		jtag_debug_module	Avalon Memory Mapped Slave
		custom_instruction_m...	Custom Instruction Master

图 8-20　组件连接

4. 添加片上存储器

处理器系统至少应包含一个存储器，用作程序存储器和数据存储器。存储器既可以使用 FPGA 片内的存储资源构建，也可以由 FPGA 片外部存储片实现。

对于小型的应用系统，存储器可以直接使用 FPGA 片上的存储资源构建。片上存储器具有速度高、读写方便的优点。对于大型应用系统，由于 FPGA 片上的存储资源有限，往往需要外扩 RAM/ROM 芯片以增加系统的存储容量，其中 RAM 分为 SRAM 和 SDRAM 两种类型。SRAM 速度快、成本高，适用于小容量高速场合，而 SDRAM 容量大、成本低，但读写速度慢，适用于大容量应用场合。

添加片上存储器的具体方法是：

（1）展开资源库中的 Merories and Memory Interfaces 项，再展开 On-Chip，然后选中

栏下的 On-Chip Memory（RAM or ROM），单击 Add... 按钮或者直接双击组件添加，将弹出图 8-21 所示的片上存储器参数编辑窗口。

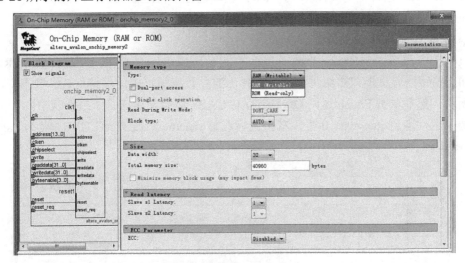

图 8-21　添加片上存储器（1）

（2）设置图中 Memory type 栏下的存储器类型（Type）为 RAM（Writable），模块类型（Block type）为 Auto，数据位宽（Data width）为 32 位。若添加 40 KB 的片上存储器，则在 Size 栏下的 Total memory size 框中键入 40960 以指定存储器的容量，如图 8-21 所示。Nios II 系统所需的存储容量与应用程序的代码量有关，而且片上存储器的总容量不能超出 FPGA 存储资源的总量（DE2-115 开发板的 FPGA 芯片 EP4CE115F29C7 内部的存储资源共有 3888 Kb，即 486 KB）。单击 Finish 返回 Qsys，片上存储器将会显示在系统组件中。

（3）选中组件名称 onchip_memory2_0 栏，右击鼠标选择 rename 修改片上存储器名为 onchip_mem，按 Enter 键确认。

（4）在系统组件的连线区，将 onchip_mem 的时钟 clk1 与时钟源的 clk 端口相连，复位端 reset1 与时钟源的 reset_n 端口和 jtag_debug_module_reset 端口相连，如图 8-22 所示。同时将 onchip_mem 的 s1 端与 nios2_cpu 的数据总线（data_master）和指令总线（instruction_master）相连，表示将片上存储器 onchip_mem 既用作程序存储器，又用作数据存储器。

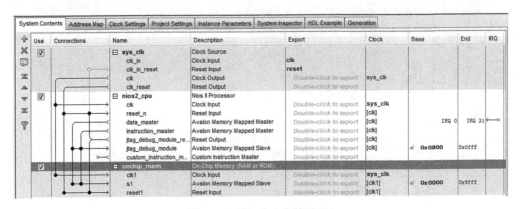

图 8-22　添加片上存储器（2）

5. 添加 JTAG UART

JTAG UART 组件是 Quatus II 与 Nios II 软核进行字符通信的接口，为软件开发提供了一种简便的调试手段。

添加 JTAG UART 的具体步骤是：

（1）在资源库的 Interface Protocols 标签下展开 Serial，选中栏下的 JTAG UART 并单击 Add... 按钮或者直接双击组件添加。在弹出的参数编辑页中，保持默认参数不变，如图 8-23 所示，然后单击 Finish 返回 Qsys。JTAG UART 将会显示在系统组件表中。

选中组件名称 jtag_uart_0 栏，右击鼠标选择 rename 修改 JTAG UART 名为 jtag_uart，按 Enter 键确认。

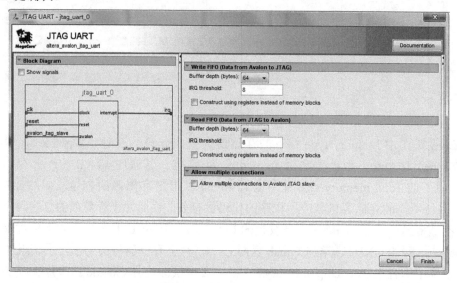

图 8-23　添加 jtag uart（1）

（2）在系统组件的连线区，将 jtag uart 的时钟 clk 与时钟源的 clk 端口相连，复位端 reset 与时钟源的 reset_n 端口相连。为使 Nios II 处理器能够通过 jtag uart 进行字符通信，还需要将 jtag uart 的 avalan_jtag_slave 端口与 nios2_cpu 的数据总线 data_master 端口相连，如图 8-24 所示。

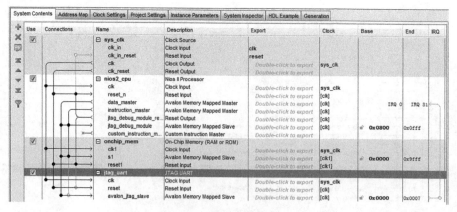

图 8-24　添加 jtag uart（2）

需要注意的是，jtag uart 不与 nios2_cpu 的指令总线 instruction_master 相连，因为 Nios II 处理器不需要传指令给 jtag uart。

6. 添加定时器

大多数处理器系统需要应用定时器以实现时间的精确计算，例如实现延时和定时等，为此，还需要为 Nios II 系统添加定时器。

为 Nios II 系统添加定时器（Interval Timer）组件的具体步骤如下：

（1）在资源库中依次展开 Peripherals 和 Microcontroller Peripherals 项，然后选中栏下的 Interval Timer 并单击 Add... 按钮或者直接双击组件添加，将显示图 8-25 所示的定时器参数编辑页。

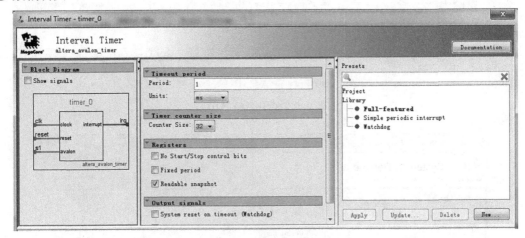

图 8-25　添加定时器（1）

（2）图中定时周期（Timeout Period）预设为 1ms。保持默认参数不变，单击 Finish 返回 Qsys。定时器将会显示在系统组件表中。

选中组件名称 timer_0 栏，右击鼠标选择 rename 修改定时器名为 sys_timer 并按 Enter 键确认。

（3）在系统组件的连线区，将 sys_timer 的时钟 clk 与时钟源的 clk 端口相连，复位端 reset 与时钟源的 clk_reset 端口和 jtag_debug_module_reset 端口相连。为使 Nios II 处理器能够访问定时器组件，需要将 sys_timer 的 s1 端口与 nios2_cpu 的数据总线 data_master 端口相连，如图 8-26 所示。

7. 添加系统识别组件

系统识别组件用于检查应用程序是否与 Nios II 硬件系统相匹配，以防止 Nios II SBT for Eclipse 意外下载为其他硬件系统开发的应用程序。

添加系统识别组件的具体方法如下：

（1）在资源库中依次展开 Peripherals 和 Debug and Performance 项，然后选中栏下的 System ID Peripheral 组件并单击 Add... 按钮或者直接双击组件添加，将弹出图 8-27 所示的系统识别组件参数设置页。修改 32 位识别参数（当然也可以保持默认参数 0x00000000 不变，但有可能因为识别参数不唯一而导致误下载了为其他 Nios II 系统设计的应用程序）。单击

Finish 返回 Qsys，系统识别组件将显示在系统组件表中。

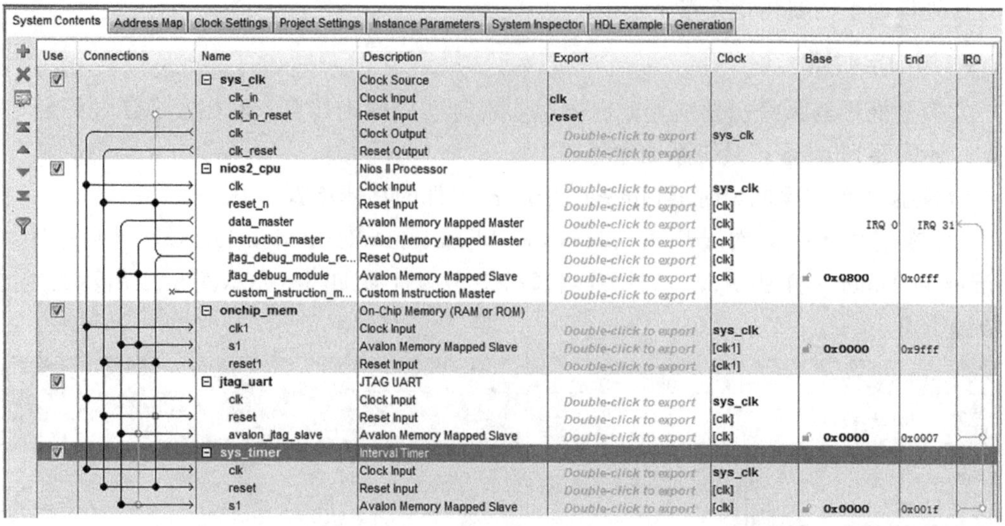

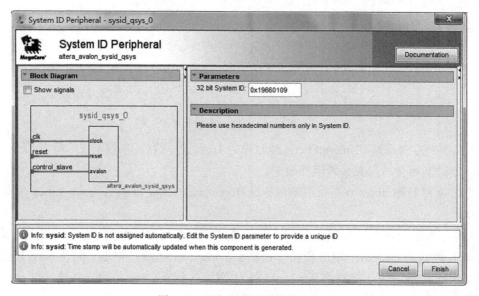

图 8-26　添加定时器（2）

图 8-27　添加系统识别组件（1）

选中组件名称 sysid_qsys_0 栏，右击鼠标选择 rename 修改系统识别组件名为 sysid，并按 Enter 键确认。

（2）在系统组件的连线区，将 sysid 的时钟 clk 与时钟源的 clk 端口相连，复位端 reset 与时钟源的 clk_reset 端口和 jtag_debug_module_reset 端口相连。将 sysid 的 control_slave 与 nios2_cpu 的数据总线 data_master 端口相连，使 nios2_cpu 能够读取系统识别参数值，如图 8-28 所示。

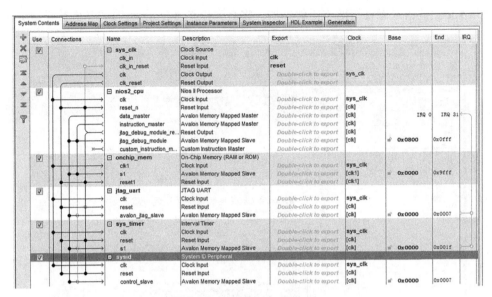

图 8-28　添加系统识别组件（2）

8. 添加测频 I/O 口

I/O 接口是嵌入式应用系统的基本组件，用于驱动外部发光二极管、数码管或者液晶等设备显示信息，或者从外接开关、按键和键盘等读取输入信息。

PIO（Parallel I/O）是 Qsys 中并行输入/输出口组件，位宽可以在 1~32 位范围中选择。PIO 内部寄存器的定义如表 8-9 所示。

表 8-9　PIO 组件内部寄存器描述

偏移量	寄存器名称	操作	说明
0	data	读	读取当前 PIO 口的数值，存入 data
		写	驱动 PIO 口输出 data 值
1	direction	读/写	I/O 口单独方向控制。0 为输入，1 为输出
2	interruptmask	读/写	I/O 口中断屏蔽控制。0 为禁止中断，1 为允许中断
3	edgedcapture	读/写	对输入口的边沿触发事件定义
4	outset	写	指定 I/O 口输出位为 1
5	outclear	写	指定 I/O 口输出位为 0

PIO 既可以设置为输入口以接收外部开关、按键的输入信号，也可以设置为输出口以驱动 LED 和数码管等外部设备，还可以设置为双向口由 direction 定义每位 I/O 口的方向。将 PIO 设置为输入口时，还可以选择是否根据输入口的状态变化产生中断，以及上升沿中断还是下降沿中断等。

设计等精度频率计，需要添加 32 位输入口 pio_fs32b 以读取外部标准计数器 FScnt 的计数值。具体步骤如下：

（1）在资源库中依次展开 Peripherals 和 Microcontroller Peripherals 项，然后选中 PIO

并单击 Add... 按钮或者直接双击组件添加，将会弹出图 8-29 所示的 PIO 参数设置页。

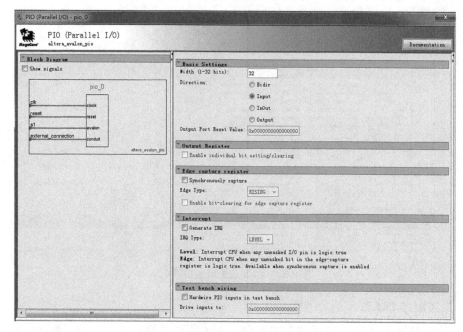

图 8-29　添加 32 位计数器接口（1）

（2）在 PIO 参数设置页中设置 I/O 类型为输入（input），位宽为 32 位，其他参数保持不变，单击 Finish 按钮返回 Qsys，并修改 PIO 接口名为 pio_fs32b。

（3）在系统组件的连线区，将 pio_fs32b 的时钟端 clk 与时钟源的 clk 端口相连，复位端 reset 与时钟源的 clk_reset 端口和 jtag_debug_module_reset 端口相连，s1 端口与 nios2_CPU 的数据总线 data_master 端口相连，并双击 external_connection 行、Export 列中的 Double-click to export 以导出 pio_fs32b 接口，如图 8-30 所示。

同理，需要添加 32 位输入口 pio_fx32b 以读取外部测频计数器 FXcnt 的计数值，方法和步骤与添加 pio_fs32b 完全相同。

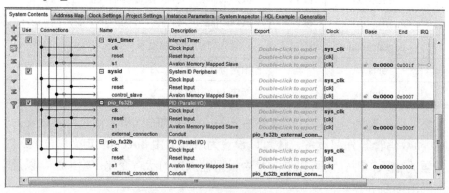

图 8-30　添加 32 位计数器接口（2）

设计等精度频率计，还需要添加 1 位 PIO 以输出计数器复位信号 CLR′，具体步骤如下：

（1）在资源库中依次展开 Peripherals 和 Microcontroller Peripherals 项，然后选中 PIO

并单击 Add... 按钮添加。设置 I/O 类型为输出，位宽为 1 位，单击 Finish 返回 Qsys，并修改 PIO 接口名为 CNT_CLR_n。

（2）在系统组件的连线区，将 CNT_CLR_n 的时钟端 clk 与时钟源的 clk 端口相连，复位端 reset 与时钟源的 clk_reset 端口和 jtag_debug_module_reset 端口相连，s1 端口与 nios2_cpu 的数据总线 data_master 端口相连，并双击 external_connection 行、Export 列中的 Double-click to export 以导出 CNT_CLR_n 接口，如图 8-31 所示。

同理需要添加 1 位 PIO 输出测频闸门信号 CNT_Gate。方法和步骤与添加 CNT_CLR_n 完全相同。

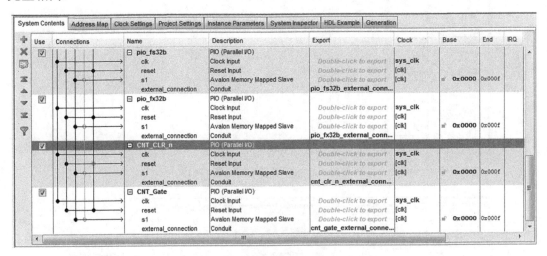

图 8-31　添加计数器复位和测频闸门接口

9. 添加液晶接口组件

LCD1602 是字符型液晶显示屏，能够显示 16×2 共 32 个字符，满足频率计的频率显示要求。要驱动 LCD1602，需要在 Nios II 系统中添加液晶接口组件。

Altera Avalon LCD 16207 是 Nios II 与 16×2 字符型 LCD 之间的接口组件。添加 LCD 16207 的具体方法如下：

（1）在资源库中依次展开 Peripherals 和 Display 项，然后选中 Altera Avalon LCD 16207 组件单击 Add... 按钮或者直接双击组件添加，将会弹出液晶接口组件描述页，如图 8-32 所示，单击 Finish 返回 Qsys。修改液晶接口组件名为 lcd1602。

在系统组件的连线区，将 lcd1602 的时钟 clk 与时钟源的 clk 端口相连，复位端 reset 与时钟源的 clk_reset 端口和 jtag_debug_module_reset 端口相连，control_slave 端口与 nios2_cpu 的数据总线 data_master 端口相连，并双击 external 行、Export 列中的 Double-click to export 以导出 lcd1602 接口。

（2）对于 DE2-115 开发板，还需要添加 1 位输出口用于驱动液晶显示屏的开 / 关。因此，在资源库中依次展开 Peripherals 和 Microcontroller Peripherals 项选中 PIO 添加，设置 I/O 类型为输出，位宽为 1 位，单击 Finish 返回 Qsys。修改 PIO 接口名为 lcd1602_ON。

在系统组件的连线区，将 lcd1602_ON 的时钟端 clk 与时钟源的 clk 端口相连，复位端 reset 与时钟源的 clk_reset 端口和 jtag_debug_module_reset 端口相连，s1 端口与 nios2_ cpu 的数据总线 data_master 端口相连。单击 external_connection 行、Export 列中的 Double-click to export 以导出 lcd1602_ON 接口，如图 8-33 所示。

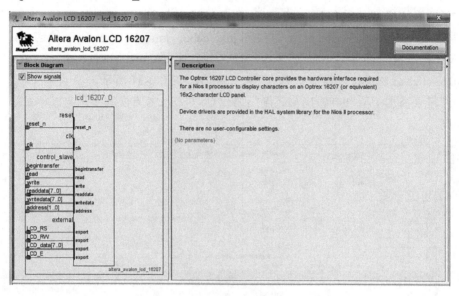

图 8-32　添加液晶显示驱动接口（1）

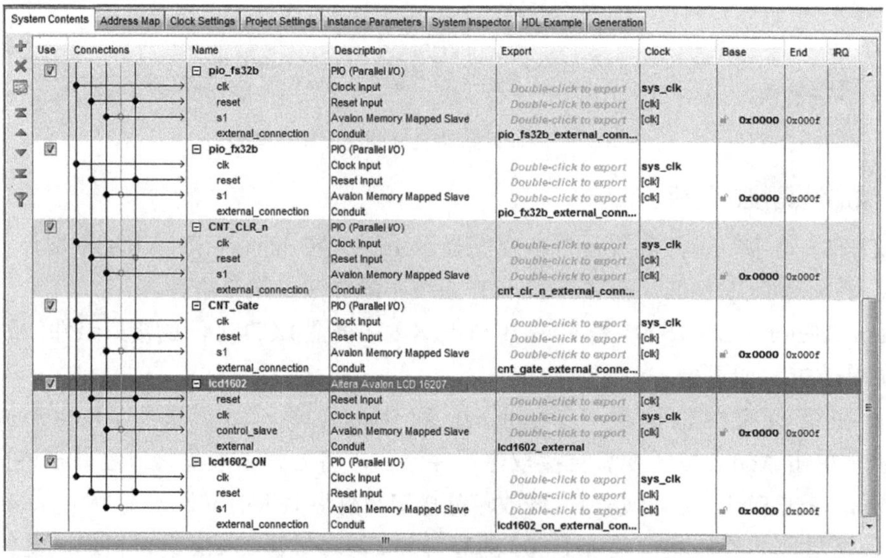

图 8-33　添加液晶显示驱动接口（2）

10. 分配组件基地址

完成了处理器系统组件的添加、配置与连接后，为了使组件在访问时互不冲突，还需要为每个组件分配不同的基地址。Nios II 外设可寻址的范围为 31 位，因此地址分配范围应在 0x00000000 ~ 0x7FFFFFFF。

Qsys 提供的组件基地址分配命令使得组件地址的分配变得十分简单。点击 Qsys 的 System 菜单，选择栏下的 Assign Base Addresses 为每个组件分配基地址。分配完成后，单击 Address Map 标签栏，可以看到新分配的组件地址，如图 8-34 所示，同时 System Contents 标签栏下的 Base 和 End 列中的数据反映分配的新地址。

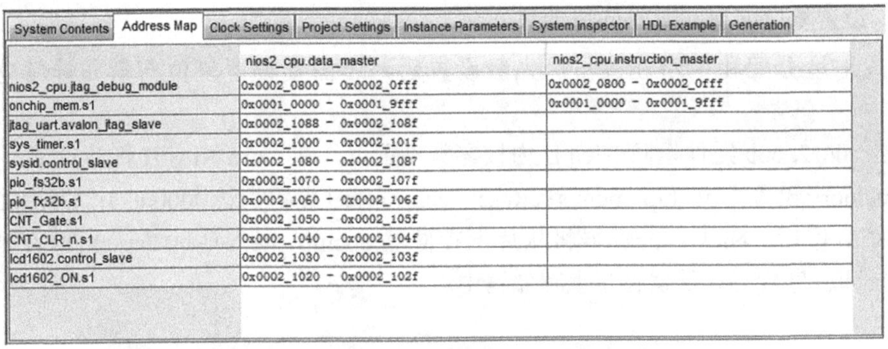

	nios2_cpu.data_master	nios2_cpu.instruction_master
nios2_cpu.jtag_debug_module	0x0002_0800 − 0x0002_0fff	0x0002_0800 − 0x0002_0fff
onchip_mem.s1	0x0001_0000 − 0x0001_9fff	0x0001_0000 − 0x0001_9fff
jtag_uart.avalon_jtag_slave	0x0002_1088 − 0x0002_108f	
sys_timer.s1	0x0002_1000 − 0x0002_101f	
sysid.control_slave	0x0002_1080 − 0x0002_1087	
pio_fs32b.s1	0x0002_1070 − 0x0002_107f	
pio_fx32b.s1	0x0002_1060 − 0x0002_106f	
CNT_Gate.s1	0x0002_1050 − 0x0002_105f	
CNT_CLR_n.s1	0x0002_1040 − 0x0002_104f	
lcd1602.control_slave	0x0002_1030 − 0x0002_103f	
lcd1602_ON.s1	0x0002_1020 − 0x0002_102f	

图 8-34　分配组件基地址

Nios II 应用程序使用符号常量来引用地址，因此软件开发人员不需要记住这些地址的具体值，只需要在应用程序中引用这些地址符号即可。例如，分别用"pio_fs32b_BASE"和"pio_fx32b_BASE"表示 PIO 组件 pio_fs32b 和 pio_fx32b 的基地址，具体的基址值分别为 0x0002_1070 和 0x0002_1060。

11. 中断连接及优先级设置

等精度频率计的 Nios II 系统有两个中断源：sys_timer 和 jtag uart，如图 8-28 所示。从 System Contents 的 IRQ 列中可以看到，这两个中断源还没有与 nios2_cpu 的中断接口相连。

单击空心点将 sys_timer 和 jtag uart 的中断接口分别与 nios2_cpu 相连，如图 8-35 所示，同时还需要为 sys_timer 和 jtag uart 分配中断请求（IRQ）优先级。

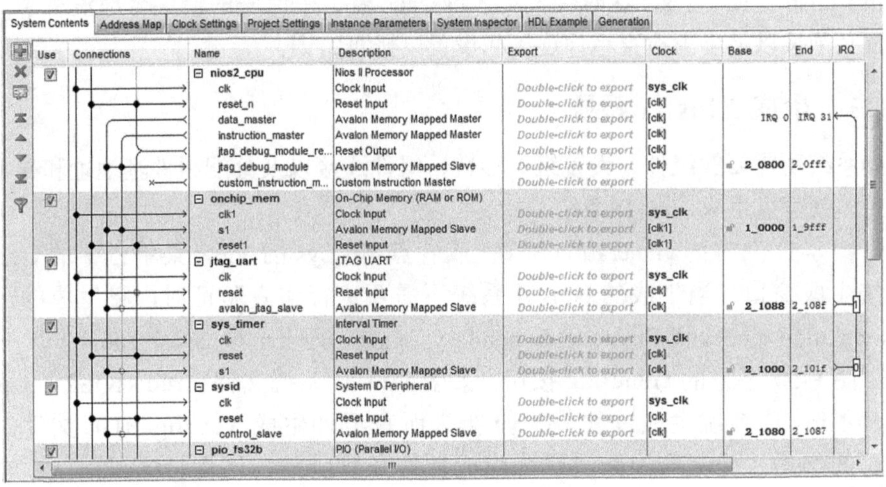

图 8-35　中断连接及优先级分配

Nios II 软核支持 32 个中断源，对应中断号为 0~31，数值越小，优先级越高。单击 sys_timer 组件的 IRQ 值，键入 0 为 sys_timer 分配最高的优先级，以保持系统计时的精确度。单击 jtag_uart 组件的 IRQ 值，键入 1 为 jtag_uart 分配次高的优先级（也可以分配其他数值）。

另外，还可以应用 Qsys 提供的 Assign Interrupt Numbers 命令自动分配中断优先级，但需要检查中断优先级分配结果是否满足设计要求。

12. 设置复位向量和异常向量参数

完成地址分配和中断连接与优先级设置后，还需要设置复位向量和异常向量相关参数。

双击 nios2_cpu 组件返回 Nios II 内核参数设置页，在 Core Nios II 标签页下，将 Reset vector memory 设置为 onchip_mem.s1，Reset vector offset 设置为 0x00000000，如图 8-36 所示，表示系统复位后，Nios II 处理器将从片上存储器 onchip_mem 地址 0x00000000 处开始执行程序，即程序代码存储器在片上存储器中。

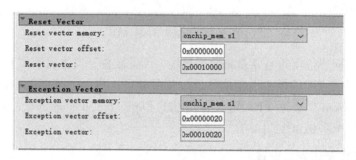

图 8-36　设置复位向量和异常向量参数

将 Exception vector memory 设置为 onchip_mem.s1，Exception vector offset 设置为 0x00000020，表示当系统发生异常时，将从片上存储器 onchip_mem 地址 0x00000020 处开始执行相应的处理子程序。

单击 Finish 返回 Qsys，这时会发现 Messages 窗口中原先的错误全部没有了。如果还有错误，必须按以上步骤检查组件连接和设置以排查错误。

8.3.3　生成 Nios II 系统

添加系统所需的组件、设置组件参数、组件连接以及分配组件基地址和异常向量地址无误后，就可以生成 Nios II 系统了。

点击图 8-37 上方的 Generation 标签（或者点击 Qsys 的 View 菜单栏中的 Generate...）打开系统生成窗口。当生成的 Nios II 系统不需要进行仿真验证时，将生成的窗口页中 Create simulation model 和 Create testbench Qsys system 列表选项均选为 None。

单击图 8-37 下方的 Generate 按钮，保存 Nios II 系统文件（freqNIOS2sys.qsys）后，开始启动 Nios II 系统生成过程。Qsys 会为所有组件生成 Verilog HDL 文件，以及生成片内总线结构、仲裁和中断逻辑和生成软件开发所需的硬件抽象层（HAL）文件（包括 C 以及头文件）。HAL 定义了存储器映射、中断优先级和每个外设寄存器空间的数据结构等信息。

系统生成完成后，Qsys 提示生成结果信息，如图 8-38 所示，单击 Close 关闭此消息框，然后在 File 菜单中，单击 Exit 关闭 Qsys，返回 Quartus II 主界面。

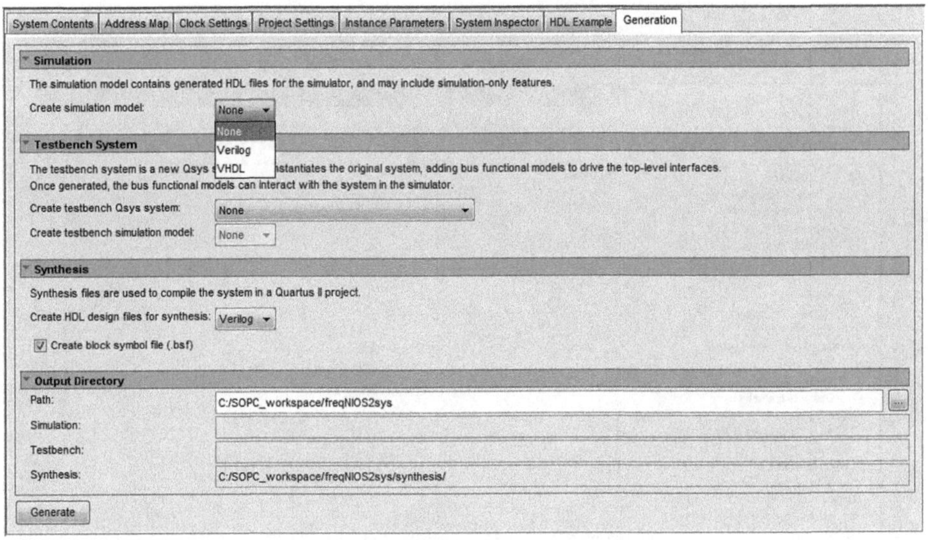

图 8-37 生成 Nios II 系统参数设置

图 8-38 生成结果消息框

8.4 顶层电路设计

Nios II 系统生成完成后，还需要在 Quartus II 中完成等精度频率计的顶层电路设计，并将硬件电路配置到 FPGA 目标器件中。

在设计顶层电路之前，首先需要把 Qsys 生成的 Nios II 系统文件（freqNIOS2sys.qsys）添加到频率计工程（SOPC_freqer）中。

在 Quartus II 主界面中，选择 Projects 菜单栏中的 Add/Remove Files in Project 命令，弹出添加 / 删除工程文件对话框，如图 8-39 所示。

点击图中的 "..." 按钮，在当前工程目录中查找 Nios II 系统文件 "freqNIOS2sys.qsys"，找到并选中后点击 Add 按钮，将文件添加到当前工程中，如图 8-40 所示，单击 OK 按钮返回。

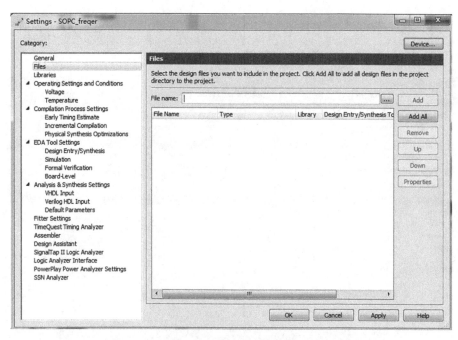

图 8-39　添加 / 删除工程文件（1）

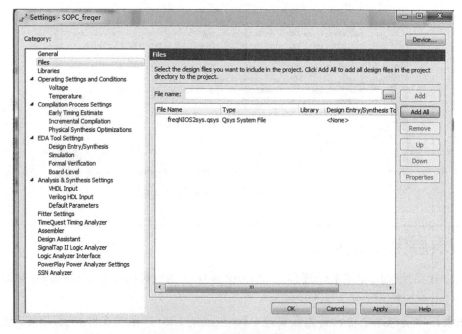

图 8-40　添加 / 删除工程文件（2）

为了使系统结构更为明晰，频率计顶层电路采用原理图设计方法。

在 Quartus II 主界面中，选择 File 菜单栏下的 New 命令弹出新建文件对话框，选中 Design Files 栏下的 Block diagram/Schematic Files 文件类型，弹出原理图文件编辑窗口，在该窗口中就可以采用原理图方式设计顶层电路了。

在原理图编辑区的空白处双击调入 Projetcs 栏下的原理图符号文件 freqNIOS2sys.bdf，

然后定制锁相环 ALTPLL 将 DE2-115 开发板提供的 50 MHz 晶振信号锁定到 80 MHz、100 MHz 和 400 MHz，分别作为 Nios II 系统的时钟，作为标准信号源和分频信号源（fp32）的时钟，并选择自动将锁相环模块添加到工程中。

调用宏功能模块 LPM_COUNTER，定制具有异步清零端（aclr，高电平有效）与计数控制端（cnt_en，高电平有效）的 32 位二进制加法计数器 FScnt32b 和 FXcnt32b，分别用于对标准频率信号和等测频率信号进行计数。

在原理图编辑区的任意空白处双击鼠标弹出添加图形符号（Symbol）对话框。选择符号库 primitives 栏下 storage 中的 D 触发器（dff），添加到原理图中，并用等精度测频原理完成顶层电路设计，如图 8-41 所示，其中 fp32 为分频信号源，分别输出 400 MHz、200 MHz、…、0.1862645 Hz 的 32 路分频信号为频率计提供待测频率信号。

原理图设计的方法与步骤请参看 3.2 节。分频信号源设计参考 4.5 节数字频率计中 fx32 模块的描述。锁相环和计数器的定制参看第 5 章，这里不再复述。

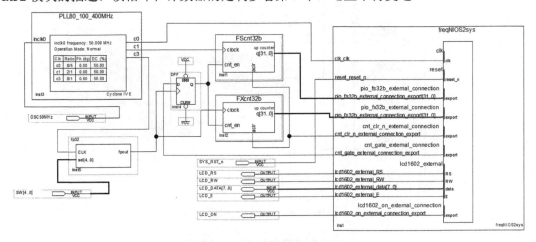

图 8-41　等精度频率顶层电路设计

保存顶层设计原理图名为 SOPC_freqer.bdf（必须与工程同名），并启动编译、综合与适配过程，以检查顶层电路设计中是否存在错误。编译成功后，还需要进行引脚锁定。

锁定 FPGA 引脚必须明确开发板的电路设计信息。因为错误的引脚锁定可能会损坏 FPGA 芯片，为此需要仔细阅读开发板用户手册（User Manual）。

对于 DE2-115 开发板，时钟分配电路、开关量输入电路、按键输入电路和液晶接口电路的设计分别如图 8-42、8-43、8-44 和 8-45 所示。

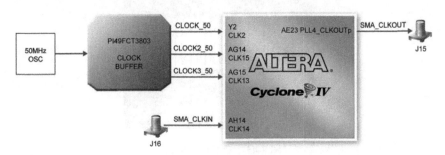

图 8-42　时钟分配电路

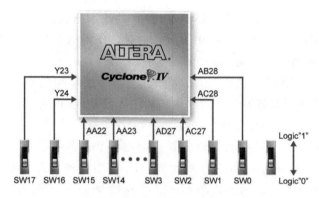

图 8-43　开关量输入电路

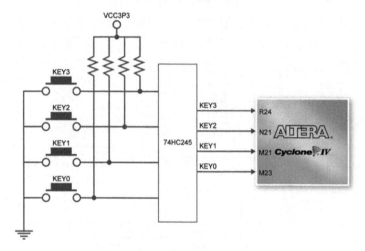

图 8-44　按键输入电路

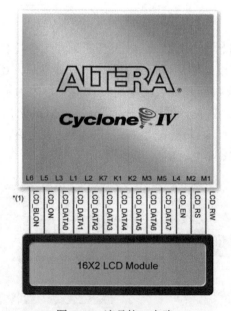

图 8-45　液晶接口电路

若选用图 8-42 中的 CLK2 作为频率计的时钟源、选用图 8-43 中的开关 SW4~SW0 作为分频信号源频率选择端、选用图 8-44 中的按键 KEY0 作为系统复位输入端（SYS_RST_n）和图 8-45 中的液晶作为频率显示设备，则根据图中的接口信息锁定频率计顶层电路的引脚。具体的引脚锁定信息如图 8-46 所示。

Node Name	Direction	Location	I/O Bank	VREF Group	Fitter Location	I/O Standard
LCD_D[7]	Bidir	PIN_M5	1	B1_N2	PIN_J15	2.5 V (default)
LCD_D[6]	Bidir	PIN_M3	1	B1_N1	PIN_B17	2.5 V (default)
LCD_D[5]	Bidir	PIN_K2	1	B1_N1	PIN_H15	2.5 V (default)
LCD_D[4]	Bidir	PIN_K1	1	B1_N1	PIN_F15	2.5 V (default)
LCD_D[3]	Bidir	PIN_K7	1	B1_N1	PIN_A17	2.5 V (default)
LCD_D[2]	Bidir	PIN_L2	1	B1_N2	PIN_D16	2.5 V (default)
LCD_D[1]	Bidir	PIN_L1	1	B1_N2	PIN_C16	2.5 V (default)
LCD_D[0]	Bidir	PIN_L3	1	B1_N1	PIN_C15	2.5 V (default)
LCD_E	Output	PIN_L4	1	B1_N1	PIN_G15	2.5 V (default)
LCD_ON	Output	PIN_L5	1	B1_N1	PIN_L2	2.5 V (default)
LCD_RS	Output	PIN_M2	1	B1_N2	PIN_H17	2.5 V (default)
LCD_RW	Output	PIN_M1	1	B1_N2	PIN_G22	2.5 V (default)
OSC50MHz	Input	PIN_Y2	2	B2_N0	PIN_J1	2.5 V (default)
SW[4]	Input	PIN_AB27	5	B5_N1	PIN_M3	2.5 V (default)
SW[3]	Input	PIN_AD27	5	B5_N2	PIN_H13	2.5 V (default)
SW[2]	Input	PIN_AC27	5	B5_N2	PIN_M5	2.5 V (default)
SW[1]	Input	PIN_AC28	5	B5_N2	PIN_J12	2.5 V (default)
SW[0]	Input	PIN_AB28	5	B5_N1	PIN_G13	2.5 V (default)
SYS_RST_n	Input	PIN_M23	6	B6_N2	PIN_AH14	2.5 V (default)

图 8-46　引脚锁定信息

完成引脚锁定后，需要重新编译频率计顶层设计电路，生成含有引脚信息的配置文件（SOPC_freqer.sof）。

将 DE2-115 开发板通过 USB-Blaster 与主机相连，并且确保开发板已经加电。

在 Quartus II 的 Tools 菜单中，单击 Programmer 启动编程器，检查 Hardware Setup 以确保 USB-Blaster 已经正确连接。加载硬件配置文件 SOPC_freqer.sof，选择 JTAG 模式并点击 Start 按钮下载硬件电路。当编程与配置进度条延伸到 100% 时，如图 8-47 所示，表示等精频率计的硬件电路已经下载到目标 FPGA 中，但还没有加载应用程序。

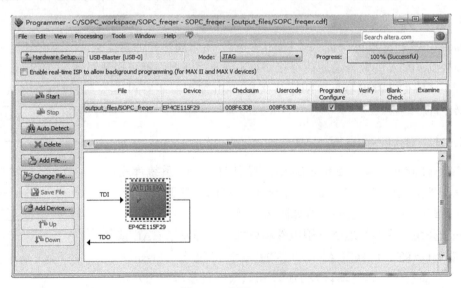

图 8-47　配置 FPGA

8.5　应用程序开发

Nios II SBT for Eclipse 是集成软件开发环境，所有的 Nios II 应用程序开发都在 SBT for Eclipse 下完成。

Nios II SBT for Eclipse 开发环境主要提供以下四项功能。

1．工程管理

Nios II SBT for Eclipse 能够管理多个工程任务，并且提供了用于自动建立 C/C++ 应用程序和系统库的工程向导，以方便开发者在 Nios II SBT for Eclipse 中创建新的软件工程。另外，Nios II SBT for Eclipse 还提供了多种软件工程模板，帮助开发人员快速完成应用程序的开发。

2．编辑与编译

Nios II SBT for Eclipse 提供了图形化的全功能源代码编辑器和 C/C++ 编译器，主要功能包括：语法高亮显示、C/C++ 代码输入、搜索工具、文件管理、在线帮助主题和教程、引入辅助、快速定位自动纠错、内置调试功能。

Nios II SBT for Eclipse 能够自动生成一个基于用户特定系统配置的 makefile 文件。Qsys 中编译 / 链接设置的任何改变都会自动映射到这个 makefile 中，包括存储器初始化文件（MIF）的选项、闪存内容、仿真器初始化文件（DAT/HEX）以及 profile 总结文件的相关选项。

3．调试

Nios II SBT for Eclipse 开发环境包含基于 GNU 的软件调试器，提供了多项调试功能，包括运行控制、调用堆栈查看、软件断点、反汇编代码查看、调试信息查看、指令集仿真器。高级调试功能包括硬件断点调试、ROM 或闪存中的代码、数据触发和指令跟踪等。

4．编程

Nios II SBT for Eclipse 提供了 Flash 编程器，用来固化硬件信息文件和 Nios II 程序代码。任何连接到 FPGA 的兼容通用闪存接口（CFI）的存储器件都可以通过 Nios II SBT Flash 编程器烧写。除 CFI 存储器外，Nios II IDE Flash 编程器能够对连接到 FPGA 的 EPCS 串行配置器件进行编程。

8.5.1　HAL 系统库

HAL（Hardware Abstraction Layer，硬件抽象层）系统库是 Nios II 与外围组件和外部设备之间的接口程序库。基于 HAL 的 Nios II 系统软件工程开发的架构如图 8-48 所示。

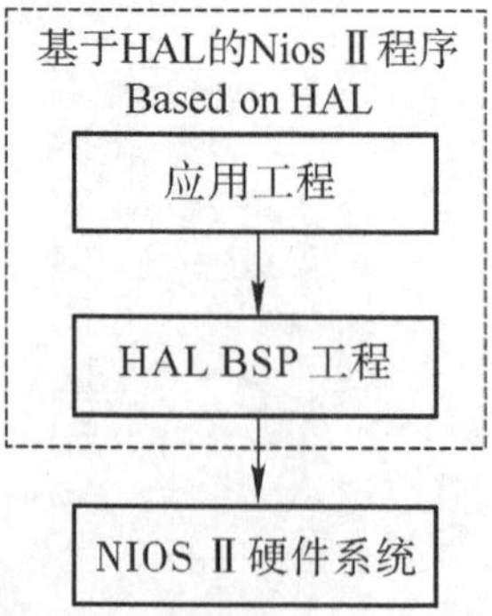

Intel 公司为许多处理器外围组件和外部设备开发了 HAL 接口，包括 UART、JTAG UART 和 LCD 等字符设备、Flash 和 EPCS 等存储设备、定时器以及 DMA 和以太网设备等。用户可以使用 HAL API（Applied Procedure Interface）库函数来访问这些

图 8-48　基于 HAL 的系统工程结构

硬件设备。例如，用 printf( )将信息发送给标准输出设备（stdout），用 usleep( )访问定时器以实现延时等。

HAL 由 Qsys 生成的 .sopcinfo 文件定义。当 Nios II 系统的硬件系统有所改变时，Nios II SBT for eclipse 会自动更新 HAL 系统库反映硬件系统配置的变化。因此，用户在开发和调试应用程序时不需要关注软硬件之间是否匹配的问题，只专注于应运用程序的编写，从而提高了软件开发效率。

1. system.h

system.h 是 HAL 库中最基本的系统文件，提供 Nios II 处理器系统组件的相关信息，如组件名称、属性、基地址和中断优先级等。

system.h 是片上系统软硬件之间桥梁。例如，等精度频率计 system.h 中关于 I/O 组件"pio_fs32b"的信息如下：

```
#define ALT_MODULE_CLASS_pio_fs32b altera_avalon_pio
#define PIO_FS32B_BASE 0x21070
#define PIO_FS32B_BIT_CLEARING_EDGE_REGISTER 0
#define PIO_FS32B_BIT_MODIFYING_OUTPUT_REGISTER 0
#define PIO_FS32B_CAPTURE 0
#define PIO_FS32B_DATA_WIDTH 32
#define PIO_FS32B_DO_TEST_BENCH_WIRING 0
#define PIO_FS32B_DRIVEN_SIM_VALUE 0
#define PIO_FS32B_EDGE_TYPE "NONE"
#define PIO_FS32B_FREQ 50000000
#define PIO_FS32B_HAS_IN 1
#define PIO_FS32B_HAS_OUT 0
#define PIO_FS32B_HAS_TRI 0
#define PIO_FS32B_IRQ -1
#define PIO_FS32B_IRQ_INTERRUPT_CONTROLLER_ID -1
#define PIO_FS32B_IRQ_TYPE "NONE"
#define PIO_FS32B_NAME "/dev/pio_fs32b"
#define PIO_FS32B_RESET_VALUE 0
#define PIO_FS32B_SPAN 16
#define PIO_FS32B_TYPE "altera_avalon_pio"
```

上述定义说明组件名为"pio_fs32b"，组件类型为"altera_avalon_pio"，组件的基地址名为"PIO_FS32B_BASE"，位宽为 32 位等信息。

在 Nios II 系统加入液晶驱动接口 lcd1602 后，Qsys 生成的 system.h 头文件中，关于液晶驱动接口的相关信息如下：

```
#define ALT_MODULE_CLASS_lcd1602 altera_avalon_lcd_16207
#define LCD1602_BASE 0x21030
#define LCD1602_IRQ -1
```

```
#define LCD1602_IRQ_INTERRUPT_CONTROLLER_ID -1
#define LCD1602_NAME "/dev/lcd1602"
#define LCD1602_SPAN 16
#define LCD1602_TYPE "altera_avalon_lcd_16207"
```

上述定义说明组件名为"lcd1602"，组件类型为"altera_avalon_lcd_16207"，组件的基地址名为"LCD1602_BASE"等信息。

2. 数据类型定义

在 HAL 系统库中，数据类型在 alt_types.h 头文件中定义。具体定义语句如下：

```
typedef signed char    alt_8;          // 定义 alt_8 为 8 位有符号整数
typedef unsigned char  alt_u8;         // 定义 alt_u8 为 8 位无符号整数
typedef signed short   alt_16;         // 定义 alt_16 为 16 位有符号整数
typedef unsigned short alt_u16;        // 定义 alt_u16 为 16 位无符号整数
typedef signed long    alt_32;         // 定义 alt_32 为 32 位有符号整数
typedef unsigned long  alt_u32;        // 定义 alt_u32 为 32 位无符号整数
typedef long long      alt_64;         // 定义 alt_64 为 64 位有符号整数
typedef unsigned long long alt_u64;    // 定义 alt_u64 为 64 位无符号整数
```

根据上述类型定义，用户在应用程序中可以直接使用 alt_8/u8、alt_16/u16、alt_32/u32 或者 alt_64/u64 定义有符号变量和无符号变量。例如，等精度频率计中用于存储标准计数器和测频计数器计数值的变量定义为

```
alt_u32 fscnt_dat,fxcnt_dat;   // 32 位无符号整型变量
```

3. 定时器的应用

定时器是常用的处理器外围组件，用于系统定时和软件延时等应用场合。

usleep()是 HAL 系统库中应用定时器实现软件延时的函数，其语法格式为

```
int usleep(int delay_time);
```

其中 delay_time 用于定义延时时间，单位为 μs（微秒）。例如：

```
usleep(1000);      // 延时 1ms
usleep(1000000);   // 延时 1s
```

4. 外部设备的驱动方法

Nios II 系统常用的外围设备主要有发光二极管/数码管、开关/按键、LCD 液晶屏、存储器、定时器、VGA 和异步通信接口 UART 等许多类型。

在应用程序开发中，对开关/按键、发光二极管/数码管等通用输入/输出设备（PIO）的编程比较简单，可以直接应用 Nios II 的 I/O 操作函数进行读写：

```
IORD(BASE,REGNUM)
IOWR(BASE,REGNUM,DATA)
```

其中 BASE 为组件的基地址，REGNUM 为组件内部寄存器的序号或偏移量，DATA 是需要输出的数据。

Nios II 的 I/O 操作函数中含有组件内部寄存器的序号或者偏移量，不方便记忆，因此

HAL 库中的 PIO 寄存器头文件 "altera_avalon_pio_regs.h" 中定义了更为直观形象的指令形式：

```
#define IORD_ALTERA_AVALON_PIO_DATA(base) IORD(base,0)
#define IOWR_ALTERA_AVALON_PIO_DATA(base,data) IOWR(base,0,data)
```

其中 base 为组件的基地址，0 为寄存器的偏移量，对应于 PIO 端口的读 / 写，如表 8-9 所示，data 是需要输出的数据。读操作时，需要将从 PIO 端口读入的数值存到预先定义好的变量中，例如：

```
FScnt_dat = IORD_ALTERA_AVALON_PIO_DATA(PIO_FS32B_BASE)
```

表示将 32 位计数器 pio_fs32b 的计数值存入变量 FScnt_dat 中。

关于液晶显示的操作包括指令的读 / 写和数据的读 / 写共四种。HAL 库中的液晶接口组件 LCD 16207 内部寄存器的定义和偏移量如表 8-10 所示。

表 8-10　液晶接口组件内部寄存器定义

RS	RW	操作寄存器	偏移量（offset）	说明
0	0	命令寄存器	0	写命令
0	1	状态寄存器	1	读状态
1	0	数据寄存器	2	写数据
1	1	数据寄存器	3	读数据

同样，在 HAL 的液晶接口组件头文件 "altera_avalon_lcd_16207.h" 中，将指令和数据的读写操作定义为便于记忆的指令形式：

```
#define IOWR_ALTERA_AVALON_LCD_16207_COMMAND(base,data) IOWR(base,0,data)
#define IORD_ALTERA_AVALON_LCD_16207_STATUS(base)      IORD(base,1)
#define IOWR_ALTERA_AVALON_LCD_16207_DATA(base,data)   IOWR(base,2,data)
#define IORD_ALTERA_AVALON_LCD_16207_DATA(base)        IORD(base,3)
```

因此，向液晶 lcd1602 中写入指令和数据的语句可以简单地表示为

```
IOWR_ALTERA_AVALON_LCD_16207_COMMAND(lcd1602_BASE,data);
IOWR_ALTERA_AVALON_LCD_16207_DATA(lcd1602_BASE,data);
```

其中 _BASE 表示组件的基地址，data 为需要写入的指令或数据。

8.5.2　软件开发流程

软件开发包含三项主要任务：一是创建软件工程；二是编辑源程序，编译生成可执行代码；三是运行和调试应用程序。

软件开发的具体流程如下：

1. 启动 Nios II SBT for Eclipse

在 Quartus II 主界面下，选择 Tools 菜单栏下的 Nios II Software Build Tools for Eclipse，启动软件开发环境，如图 8-49 所示。

图 8-49　启动软件开发环境（1）

　　另外，也可以从 Qsys 的 Tools 菜单中，选择 Nios II Software Build Tools for Eclipse 启动软件开发环境，如图 8-50 所示。

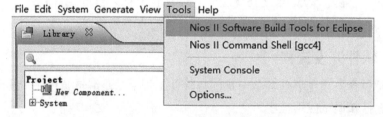

图 8-50　启动软件开发环境（2）

　　对于 Windows 操作系统，还可以点击"开始"、选择"所有程序"、Altera <version>、Nios II EDS <version> 和 Nios II <version> Software Build Tools for Eclipse 启动软件开发环境，其中"<version>"表示安装的 Quartus II 套件的具体版本号，如"13.0.1.232"。

2. 设置软件工程目录

开发环境启动后,需要在弹出的 Workspace Launcher 对话框中设置软件工程目录。建议设置软件工程目录为"Quartus II 工程目录 \software",如图 8-51 所示,以方便工程管理。单击 OK 按钮进入 Nios II SBT for Eclipse 主界面。

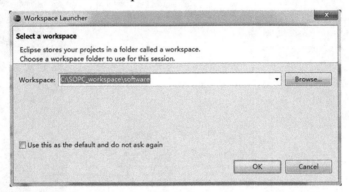

图 8-51 设置软件工程目录

软件开发环境的主界面包括左侧的项目管理(Project Explorer)区、中心的程序编辑区和下方的信息区等主要区域,如图 8-52 所示。右侧的 Welcome 标签页建议在使用时关掉,以扩大程序编辑区的有效范围。

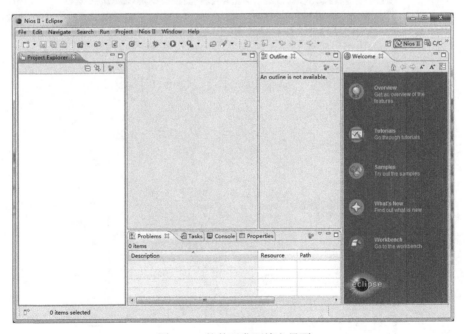

图 8-52 软件开发环境主界面

3. 新建软件工程

在 File 菜单栏中,选择 New,单击 Nios II Application and BSP from Template,如图 8-53 所示,将进入图 8-54 所示的新建软件工程向导页面。

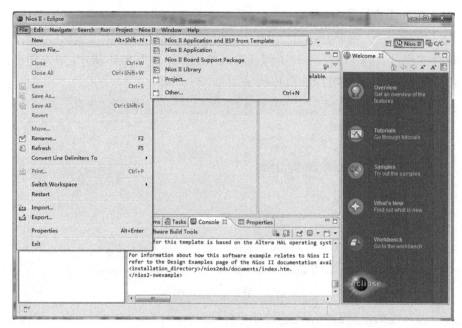

图 8-53　启动软件工程向导

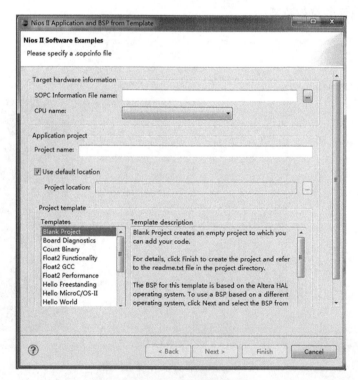

图 8-54　软件工程向导页面

4. 添加处理器硬件信息文件

在软件工程向导页面的 Target hardware information 栏下，点击 SOPC Information File name 右侧的 ⋯ 按钮，查找 Quartus II 工程目录下已经设计好的 Nios II 系统信息文件（SOPC_ freqer.sopcinfo），找到后选择并单击 Open 按钮，添加硬件信息文件到 SOPC Information File name 中，这时软件工程向导将自动显示在 Qsys 中定义的 Nios II 处理器名称信息，如图 8-55 所示。这时，应用程序开发将与 Nios II 硬件系统相关联。

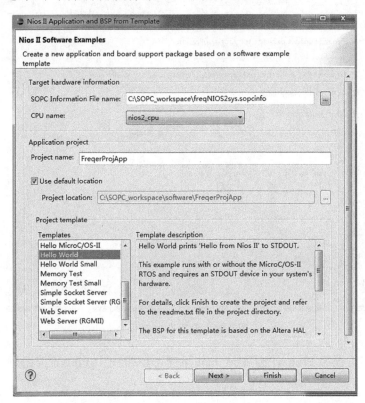

图 8-55　设置工程名和硬件信息

需要强调的是，在指定 SOPC Information File name 时，Nios II SBT for eclipse 默认打开最近一次选择 sopcinfo 文件的路径，所以软件开发者必须仔细核对当前 Quartus II 工程路径，选择正确的 sopcinfo 文件，否则创建的软件工程和硬件系统不匹配，会在后续下载程序时出现无法下载，或者下载之后程序运行不正常的情况。

5. 设置软件工程名并选择工程模板

在 Project name 框中，设置软件工程名。例如，设置对于频率计软件工程名为 FreqerProjApp。

在工程向导的 Project template 的 Templates 列表中有多个示例模板可供选择。用户在创建软件工程时，可以选择工程模板，在模板上的基础上编辑自己的应用程序。这种方法不仅速度快，而且能够应用已经设置好编译参数和库文件，而不需要重新指定。若选择空白模板（Blank Project），则需要开发人员编写所有的应用程序代码，并设置编译参数和库文件。

为方便初学者熟悉软件开发流程，本节选择最简单的 Hello World 工程模板。单击 Next 按钮进入建立软件工程板级支持包（Board Support Package，简称 BSP）工程页面。

6. 建立软件工程 BSP

软件工程板级支持包 BSP 工程页面，如图 8-56 所示。

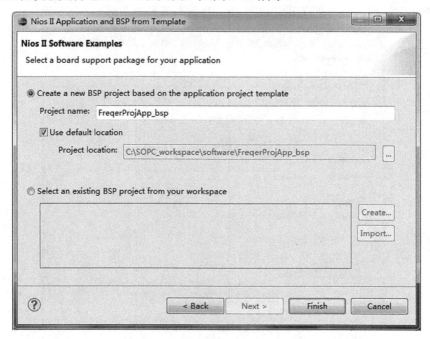

图 8-56　设置 BSP 工程名

保持 BSP 工程名 FreqerProjApp_bsp 不变，单击图中 Finish 按钮进入图 8-57 软件工程页面。

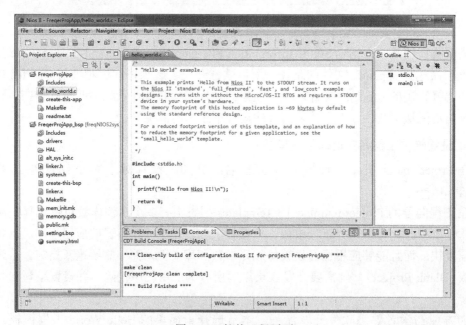

图 8-57　软件工程页面

从图中可以看出，工程管理窗口中出现两个工程：FreqerProjApp 和 FreqerProjApp_bsp，其中 FreqerProjApp 是频率计应用工程，基于 C/C++ 开发，而 FreqerProjApp_bsp 是频率计应用工程的板级支持包，用于描述 Qsys 硬件系统的相关信息。

7. 编译工程

选择工程管理器（Project Explorer）中软件工程名（FreqerProjApp），然后点击 Project 菜单栏下的 Build Project 命令编译工程，或者直接右击软件工程名 FreqerProjApp，在弹出的菜单中选择 Build Project 启动编译过程。

在编译过程中，在 Console 消息栏出现了图 8-58 所示的错误信息。从信息可以看出，在 Qsys 中设置的 40 KB 片上存储器 onchip_mem 容量还不满足最简单的 Hello World 工程需求！ Nios II SBT for Eclipse 在生成可执行代码文件 FreqerProjApp.elf 的过程中，程序代码地址（0x2a298）已经超出了 onchip_mem 的地址范围。

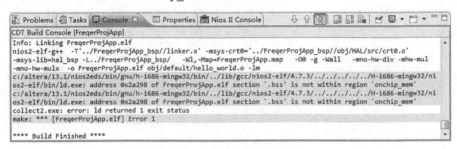

图 8-58　编译错误信息提示

解决这个问题有三种方案：一是返回 Qsys 修改处理器系统组件参数，增加片上存储器 onchip_mem 的容量；二是修改 BSP 中的软件编译选项以减少可执行代码的占用空间；三是选择 Hello_world_small 工程模版重新建立工程。

对于第一种解决方案，片上存储器的容量受 FPGA 芯片存储总容量的限制。若返回 Qsys 将片上存储器 onchip_mem 的容量修改为 80 KB，重新分配组件地址后生成 Nios II 处理器模块文件 freqNIOS2sys.qsys，并在顶层设计电路中更新处理器符号 freqNIOS2sys.bsf 后重新编译顶层设计文件，然后返回 Nios II SBT for Eclipse，更新 BSP 后再次编译软件工程，则编译完成后控制台显示的信息如图 8-59 所示。从图中可以看出，编译所生成的可执行文件 FreqerProjApp.elf 的代码和初始化数据共占用 33 KB 的空间，剩余 39 KB 的片上存储空间用作堆栈。

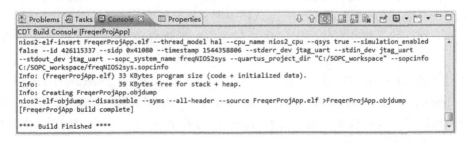

图 8-59　控制台编译结果信息

对于第二种解决方案，修改 BSP 中软件编译选项以减小代码量的方法和步骤如下：

（1）在工程管理器中，右击工程名（FreqerProjApp），在弹出的快捷菜单中选择 Nios II 栏下的 BSP Editor 选项，此时弹出图 8-60 所示的软件工程 BSP 页面。

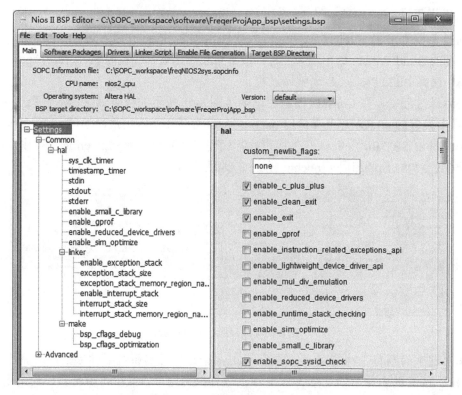

图 8-60　工程 BSP 设置页

（2）单击 Main 标签栏下的 Settings，可以看到图 8-60 所示的软件工程编译默认的设置选项，其中 enable_c_plus_plus 表示支持 C++，enable_clean_exit 表示主函数 main()返回时先清 I/O 缓冲区，然后再调用系统函数 _exit()。由于嵌入式系统通常不会从 main()返回，因此禁用 enable_clean_exit 时从 main()返回仅调用 _exit()，从而能够节约程序空间。

HAL 为处理器的外围组件和外部设备提供了两种版本驱动库：一种是标准版本，执行速度快、代码量大；二是小封装版本。选择 Hello World 模板时，HAL 默认选择标准版本。如果启用 enable_reduced_device_drivers 选择使用小封装版本，则能够减少代码量。

另外，嵌入式系统开发仅使用部分 C 程序库，因此 HAL 还提供了经过裁剪的 ANSI C 标准库，代码量小，可以通过选择 enable_small_c_library 启用。

通过上述分析可知，在工程 BSP 中启用 enable_reduced_device_drivers 和 enable_small_c_library，如图 8-61 所示，同时禁用 enable_c_plus_plus 和 enable_clean_exit 能够减少生成的代码量。点击 BSP 页面下方的 Generate 按钮更新 BSP 设置，然后关闭 BSP 页面返回到 Nios II SBT for Eclipse。

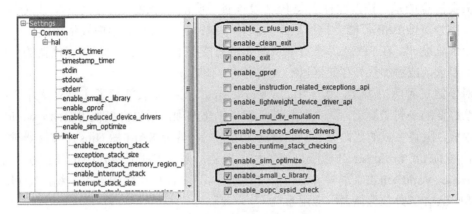

图 8-61　修改工程 BSP 设置

（3）点击 Project 菜单栏下的 Clean 命令，弹出如图 8-62 所示窗口，选中"Clean projects selected below"或"Clean all projects"清除以前编译生成的文件和信息，点击 OK 按钮重新启动软件工程编译过程。

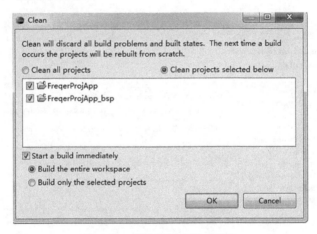

图 8-62　清除编译文件和信息

编译完成后，在控制台（console）消息页中显示图 8-63 所示的编译完成（Build Finished）消息。重新打开 Problems 消息页，发现错误信息已经没有了。

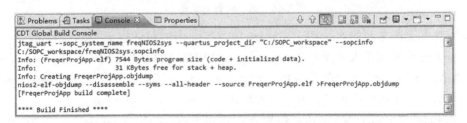

图 8-63　控制台编译结果信息

从控制台的信息可以看到，软件编译所生成的可执行文件 FreqerProjApp.elf 的代码和初始化数据只占用了 7544 字节片上存储空间，40 KB 片上存储器容量剩余 31 KB 可以做堆栈使用。

需要注意的是，修改软件工程 BSP 设置必须明确每个选项的含义以及对生成代码的影响，因为更改 BSP 可能会导致后续的软件下载或程序运行过程中发生错误。对于复杂的片上系统设计，在 FPGA 片上存储资源充足的情况下，建议通过增加存储器的容量来满足工程要求，或添加片外存储器以扩大系统的存储容量。

对于第三种解决方案，由于 Hello_world_small 工程模版精简了底层支持库，仅包含了一些必要的小封装驱动库，并且打开了编译优化选项，所以直接使用 Hello_world_small 工程模版，编译生成的代码量小。如果只使用 FPGA 片上 RAM 做 Nios II 存储器时，建议直接使用 Hello_world_small 模版创建工程。但是，基于 Hello_world_small 创建的工程受限于 Hello_world_small 工程模版提供库的性能，不适合高性能的应用系统，特别是对于使用 SDRAM 等外部存储器的应用系统。

8. 运行程序

编译成功后，就可以将可执行代码 .elf 下载到目标开发板上运行了。

（1）点击软件开发环境的 Run 菜单栏下的 Run Configurations，将弹出图 8-64 所示的运行配置对话框。

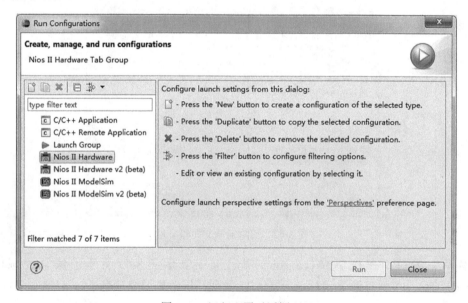

图 8-64　运行配置对话框（1）

（2）双击上图左侧的 Nios II Hardware 项，在弹出的对话框中 Project Name 和 Project ELF file name 栏分别填入工程名（FreqerProjApp）和相应的可执行代码文件（FreqerProjApp.elf），如图 8-65 所示。当系统有多项运行配置时，还可以修改左侧 Nios II Hardware 下的配置名称以区别不同的配置项。单个配置默认名为 New_configuration。

（3）切换到 Target Connection 标签页，点击 Refresh Connections，刷新 JTAG 连接，如图 8-66 所示。

如果在 Target Connection 标签页上方出现"Connectioned system ID has not found on target at expected base address"错误信息，表示系统 ID 不匹配时，则可以在 System ID checks 栏下的"Ignore mismatched system ID"和"Ignore mismatched system timestamp"前打钩忽略该错误信息。

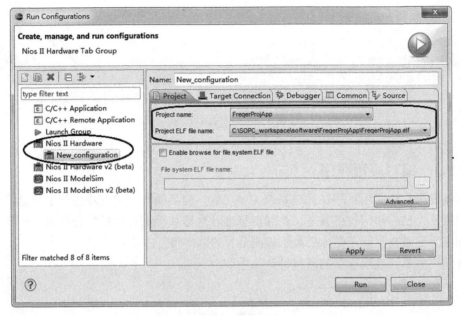

图 8-65 运行配置对话框(2)

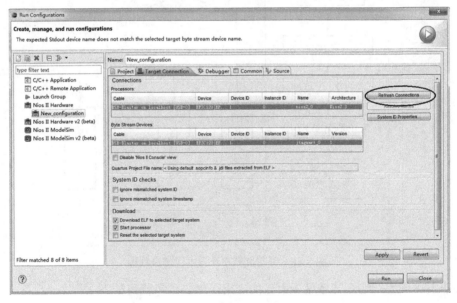

图 8-66 运行配置对话框(3)

(4)完成运行配置后,先点击图 8-66 右下角的 Apply 按钮确认运行配置,然后再点击 Run 按钮启动程序下载、系统复位和运行程序过程。

程序下载完成后自动运行,在 Nios II 控制窗口会显示"Hello from Nios II!",如图 8-67 所示,表示程序运行成功了。

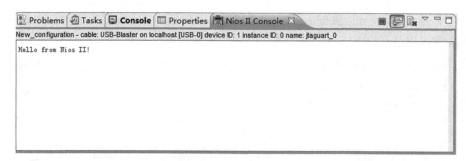

图 8-67　程序运行结果

8.5.3　编写应用程序

等精度频率计应用程序在完成系统初始化后，需要循环完成三项任务：一是依次为计数器提供复位信号和门控信号；二是读取标准计数器和测频计数器的计数值，计算被测信号的频率；三是在驱动液晶分档显示被测信号的频率值。

等精度频率计应用程序的流程设计如图 8-68 所示。

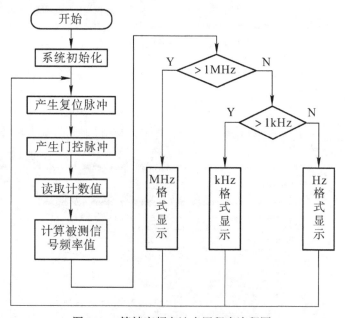

图 8-68　等精度频率计应用程序流程图

按照上述流程，编写等精度频率计的应用程序。参考代码如下：

```
/* ------------------------------------------
* Nios II Software for freqency-measurement system.
------------------------------------- -----  */
#include <stdio.h>                // 标准 I/O 头文件
#include <unistd.h>               // 包含 usleep
#include "system.h"               // 系统头文件
```

```c
#include "altera_avalon_pio_regs.h"          // PIO 寄存器头文件
#include "altera_avalon_lcd_16207_regs.h"    // 液晶接口组件寄存器头文件
#include "alt_types.h"     // 数据类型定义头文件
#include "sys/alt_irq.h"  // 中断定义头文件


#define FS_freq 100000000  // 定义标准频率为100MHz
// 液晶初始化子程序
void LCD_init(void)
{
  // 打开液晶
  IOWR_ALTERA_AVALON_PIO_DATA(LCD1602_ON_BASE,1);
  usleep(10000);
  // 初始化
  IOWR_ALTERA_AVALON_LCD_16207_COMMAND(LCD1602_BASE,0x38);
  usleep(2000);
  IOWR_ALTERA_AVALON_LCD_16207_COMMAND(LCD1602_BASE,0x0c);
  usleep(2000);
  IOWR_ALTERA_AVALON_LCD_16207_COMMAND(LCD1602_BASE,0x01);
  usleep(2000);
  IOWR_ALTERA_AVALON_LCD_16207_COMMAND(LCD1602_BASE,0x06);
  usleep(2000);
  IOWR_ALTERA_AVALON_LCD_16207_COMMAND(LCD1602_BASE,0x80);
  usleep(2000);
  }
// 显示字符串子程序
void LCD_SHOW_str(unsigned char y0,unsigned char x,char *Text)
  { int i;
    unsigned char pos=0;
    switch(y0)
    {
      case 0: pos=0x80+x; break;    // 显示在第1行
      case 1: pos=0xc0+x; break;    // 显示在第2行
      default: break;
    }
    IOWR_ALTERA_AVALON_LCD_16207_COMMAND(LCD1602_BASE,pos);
    for ( i=0; i<strlen(Text); i++ )
    {
    usleep(10000);
```

```
            IOWR_ALTERA_AVALON_LCD_16207_DATA(LCD1602_BASE,Text[i]);
        }
    }
// 显示频率值子程序
void LCD_disp_freq(unsigned char y0,unsigned char x,alt_u32 FX_freq)
    {
      char str_char[11];
      str_char[0]=(FX_freq/ 100000000)+'0';
         // 整数百位
      str_char[1]=(FX_freq%100000000/10000000)+'0' ;    // 整数十位
      str_char[2]=(FX_freq%10000000/1000000)+'0';       // 整数个位
      str_char[3]='.';        // 小数点
      str_char[4]=FX_freq%1000000/100000+'0';    // 十分位
      str_char[5]=FX_freq%100000/10000+'0';      // 百分位
      str_char[6]=FX_freq%10000/1000+'0'; // 千分位
      str_char[7]=FX_freq%1000/100+'0';    // 万分位
      str_char[8]=FX_freq%100/10+'0';       // 十万分位
      str_char[9]=FX_freq%10+'0';
      str_char[10]='\0';

      LCD_SHOW_str(y0,x,str_char);
    }


      alt_u32 FScnt_dat,FXcnt_dat; // 定义 32 位无符号整数，用于保存计数值
      float FXtmp;      // 定义实型数，保存频率计算结果
// 主程序
int main( )
{/* 主程序中所有 printf( )函数用于调试，用于跟踪程序运行，分析可能存在问题。
 /* 调试完成后，删除所有 printf( )函数重新进行编译以减小代码量
    printf("Hello from Nios II!\n");   // 在控制台显示信息，表示主程序开始运行
    LCD_init( );     // 液晶初始化
    LCD_SHOW_str(0,0,"Fx:");     // 显示待测信号标记
    IOWR_ALTERA_AVALON_PIO_DATA(CNT_CLR_N_BASE,0);  // 设置复位信号无效
    IOWR_ALTERA_AVALON_PIO_DATA(CNT_GATE_BASE,0);    // 设置门控信号无效

    while（1）    // 主循环
    {       // 产生复位脉冲，作用时间为 1ms
```

```
usleep( 1000 );
IOWR_ALTERA_AVALON_PIO_DATA( CNT_CLR_N_BASE, 1 );
printf( "counter reset active!\n" );
usleep( 1000 );
IOWR_ALTERA_AVALON_PIO_DATA( CNT_CLR_N_BASE, 0 );
// 产生计数门控信号,作用时间为 1 秒
usleep( 1000 );
IOWR_ALTERA_AVALON_PIO_DATA( CNT_GATE_BASE, 1 ) ;
printf( "counter gate active!\n" );
usleep( 1000000 );
IOWR_ALTERA_AVALON_PIO_DATA( CNT_GATE_BASE, 0 );
// 读取计数值
usleep( 1000 );
FScnt_dat = IORD_ALTERA_AVALON_PIO_DATA( PIO_FS32B_BASE );
printf( "FS_counter_data:%lu\n", FScnt_dat );
FXcnt_dat = IORD_ALTERA_AVALON_PIO_DATA( PIO_FX32B_BASE );
printf( "FX_counter_data:%lu\n", FXcnt_dat );
usleep( 1000 );
// 计算频率值
FXtmp = ( float )FXcnt_dat * FS_freq /( float ) FScnt_dat;
printf( "FXtmp_data:%lu\n", ( alt_u32 )FXtmp );
// 分档显示
if (( alt_u32 )FXtmp > 999999 )      // 以 MHz 为单位显示频率值
    {LCD_disp_freq( 0, 3, ( alt_u32 )( FXtmp ));
      LCD_SHOW_str( 0, 13, "MHz" );   }
else if( ( alt_u32 )FXtmp > 999 )   // 以 kHz 为单位显示频率值
            { LCD_disp_freq( 0, 3, ( alt_u32 )( FXtmp*1000 ));
              LCD_SHOW_str( 0, 13, "kHz" );  }
          else                      // 以 Hz 为单位显示频率值
            { LCD_disp_freq( 0, 3, ( alt_u32 )( FXtmp*1000000 ));
              LCD_SHOW_str( 0, 13, " Hz" );  }
            }
    return 0;
}
```

用上述程序代码替换 Hello_world.c 中的源代码后,等精度频率计应用软件的工程信息如图 8-69 所示。

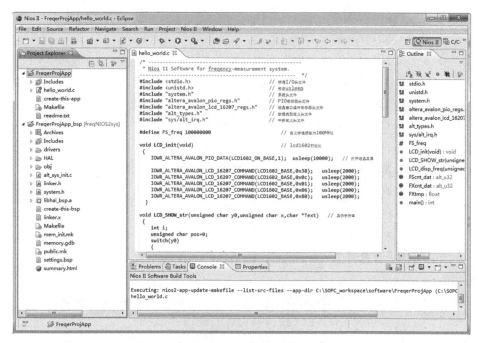

图 8-69　软件工程架构

点击 Project 菜单栏下的 Clean 命令清除以前的编译文件重新启动编译过程，或者右击工程管理器（Project Explorer）中软件工程名（FreqerProjApp），在弹出的菜单中选择 Clean Project 清除以前的编译结果后点击 Build Project 重新启动编译。

编译完成后，控制台反馈图 8-70 所示的编译汇总信息。从图中可以看到，频率计的应用程序代码共占用 15 KB 的存储空间，剩余 24 KB 的片上存储空间可作堆栈使用。

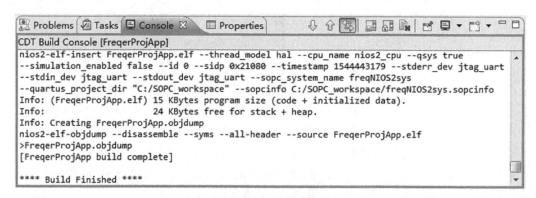

图 8-70　编译汇总信息

编译成功后，点击 Run 菜单栏下的 Run as 后选择 Nios II Hardware，或者按上节开发流程中"运行程序"的方法将应用程序加载到开发板调试运行。

测量 40 MHz 信号时，Nios II 控制台反馈的程序运行信息如图 8-71 所示。

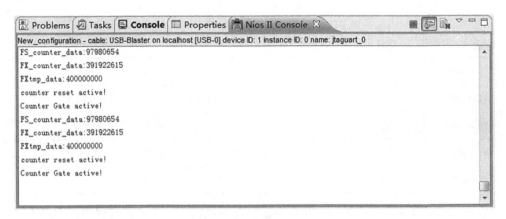

图 8-71　应用程序运行信息

当应用程序需要调试时，在工程管理器中右击工程名（FreqerProjApp），在弹出的快捷菜单中选择 Debug As 栏下的 Nios II Hardware，在弹出的 Confirm Perspective Switch 对话框中选择 YES，就进入图 8-72 所示的 Nios II 调试界面，然后通过点击界面右上角的 Nios II Deb... 按钮来切换调试页面和 C/C++ 应用程序页面。

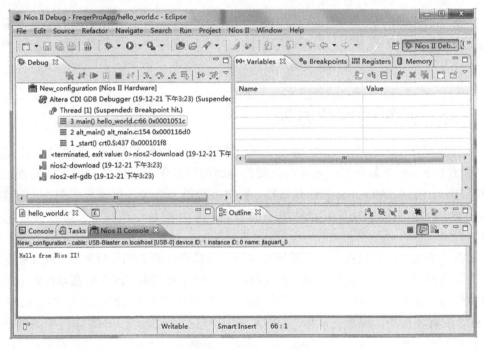

图 8-72　Nios II 调试界面

调试时，Nios II SBT for Eclipse 先下载应用程序，然后在主函数 main（）处设置断点并准备开始执行程序。用户可以通过表 8-11 所示调试命令的按钮或者快捷方式来控制和跟踪程序的执行。需要设置断点时，在代码左侧的空白处双击鼠标或点击鼠标右键选择 Toggle Breakpoint。

表 8-11　调试命令

命令	图标	快捷方式	功　能
Step Into		F5	单步跟踪时进入子程序
Step Over		F6	单步跟踪时执行子程序，但不进入程序
Step Return		F7	从子程序中返回
Resume		F8	从当前代码处开始执行
Terminate		Alt+F2	停止调试

另外，Nios II SBT for Eclipse 还提供了多种调试窗口。在调试过程中，用户通过选择 Window 菜单栏下 Show View 中的 Variables、Registers 和 Memory 等命令（或者在调试窗口中选择相应的图标切换页面）查看变量或表达式的值，或者查看寄存器或存储器中的内容。

应用程序调试完成后，将程序代码中所有的"printf( )"函数删除后重新进行编译以生成不含任何调试信息的可执行文件 .elf，与硬件信息文件 .sof 一起固化到 EPCS 配置器件中，以实现片上系统的独立运行。

需要特别强调的是，在调试过程中，如果更改了 Nios II 处理器系统的配置，那么就需要及时更新软件工程 BSP，以保证应用软件开发环境与 Nios II 硬件系统的配置严格保持一致，否则会出现程序编译或代码运行错误。

8.6　片上系统的固化方法

Intel 公司的 FPGA 基于 SRAM 工艺的查找表实现可编程逻辑。应用 JTAG 配置方式将配置文件 .sof 下载到 FPGA 中时，硬件电路的设计信息存储在 FPGA 内部查找表的 SRAM 中。由于 SRAM 为易失性存储器，断电后数据会丢失，所以应用 JTAG 配置方式直接配置 FPGA 不能长期保存硬件电路的设计信息，适合于产品研发阶段硬件电路的测试。

如果需要永久保存硬件电路，就需要将设计信息固化到 FPGA 外部的 EPCS 配置器件中。通常有两种方法：一是应用 AS 方式将编程文件 .pof 写入 EPCS 配置器件中；二是将配置文件 .sof 转换为 JTAG 间接配置文件 .jic，然后应用 JTAG 间接配置方式将 .jic 文件写入 EPCS 配置器件中。编程完成后，FPGA 在加电时会主动读取 EPCS 器件中的配置数据并加载到 FPGA 内部查找表的 SRAM 中，所以无论是应用 AS 编程方式还是应用 JTAG 间接配置方式都能使 FPGA 在启动后立即获得硬件电路的设计信息。通常把这种能够长期保存电路设计信息的编程方式称为固化。

但是，第 3 章 3.1.5 节中讲述的 AS 编程和 JTAG 间接配置方式适用于固化硬件电路。对于片上系统来说，不但需要固化硬件电路，而且还需要保存应用程序代码，才能成为独立的系统。那么，如何实现片上系统软硬件信息的固化呢？

下面仍以嵌入式等精度频率计为例，说明片上系统软硬件的固化方法。

要实现片上系统固化，需要完成 4 项任务：

（1）在 Nios II 系统中添加 EPCS 控制器组件，重新生成处理器模块。

（2）更新 SOPC 顶层设计电路，重新综合生成新的硬件配置文件。

（3）修改软件工程 BSP，重新编译生成新的可执行代码文件。

（4）应用 Quartus II 编程器或者 Flash 编程器进行固化。

下面详细讲述各任务的具体内容和方法。

8.6.1 添加 EPCS 控制器组件

实现片上系统固化，首先需要在 Nios II 系统中加入 EPCS 控制器组件，设置好相关参数后重新生成 NiosII 处理器模块。

具体的方法和步骤如下：

1. 在 Nios II 系统中添加 EPCS 控制器组件

在 Nios II 系统中添加 EPCS 控制器组件的具体步骤如下：

（1）打开 Qsys 并加载 Nios II 处理器系统文件 freqNIOS2sys.qsys。

选择 Qsys 资源库中的 Memories and Memory Controllers 项，然后依次展开 External Memory Interfaces 和 Memory Interfaces。选择 Flash 栏下的 EPCS/EPCQx1 Serial Flash Controller 组件，如图 8-73 所示，点击 Add... 按钮添加到处理器系统（freqNIOS2sys.qsys）中。修改组件名称为 epcs_controller。

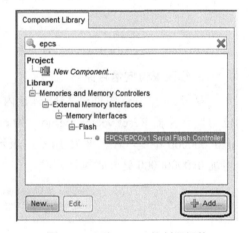

图 8-73　添加 EPCS 控制器组件

需要注意的是，在添加 epcs_controller 时，组件窗口下方显示 "Info: epcs_controller: Dedicated AS interface is not supported, signals are exported to top level design." 的提示信息，表明 epcs_controller 组件不支持 AS 编程方式，需要将 EPCS 控制器组件的端口信号引出到 SOPC 顶层设计文件中。

（2）在系统组件的连线区，将 epcs_controller 的时钟 clk 与时钟源的 clk 端口相连，复位端 reset 与时钟源的 reset_n 端口和 jtag_debug_module_reset 端口相连，同时将 epcs_controller 的 epcs_control_port 同时与 nios2_cpu 的 data_master 和 instruction_master 相连，如图 8-74 所示，表示将 EPCS 配置器件既用作数据存储器，又用作程序存储器。

双击 EPCS 控制器组件的 Conduit 行、Export 列中的 Double-click to export 导出控制器组件接口 epcs_controller_external，以便在顶层设计电路中锁定外部 EPCS 配置器件。

（3）连接 epcs_controller 中断源到 nios2_cpu 中断接口，并设置 epcs_controller 中断优级最高、system_time 组件次之，而 jtag uart 组件最低，如图 8-74 所示。

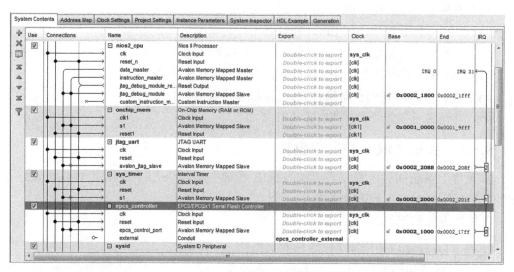

图 8-74　连接 EPCS 控制器组件

2. 修改复位向量存储器

双击 nios2_cpu 组件进入 Nios II 内核参数设置页。在 Core Nios II 标签页下，修改复位向量存储器 Reset vector memory 为 epcs_controller.epcs_control_port，偏移量 offset 保持 0x00000000 不变，如图 8-75 所示，表示系统加电后，Nios II 处理器将从 EPCS 配置器件地址 0x00000000 处开始执行程序。

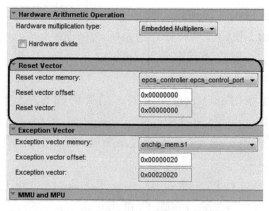

图 8-75　修改系统复位向量存储器

3. 分配组件地址

完成了 EPCS 控制器组件的添加、连接与参数配置后，为了使组件在访问时互不冲突，还需要重新分配组件的基地址。

在分配基地址之前，首先需要锁定 EPCS 控制器组件的基地址为 0x0，如图 8-76 所示，然后分配基地址。具体方法是将 epcs_controller 的基地址设置为 0x0 后，单击地址前面的锁按钮进行加锁，然后选择 Qsys 的 System 菜单栏下的 Assign Base Addresses 项，重新分配组件基地址。

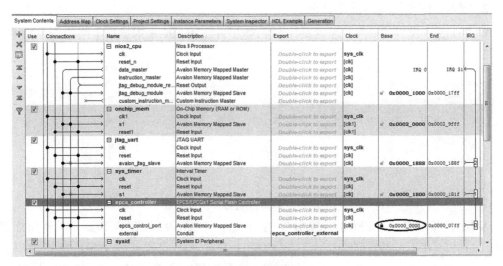

图 8-76　重新分配基地址

4. 重新生成处理器系统文件

保存 Nios II 系统文件，然后在 Qsys 的 Generate 菜单栏中，单击 Generate... 重新启动生成过程。生成完成后，Qsys 提示生成成功信息，单击 Close 按钮关闭消息框，再关闭 Qsys 返回 Quartus II 主界面。

8.6.2　更新顶层设计电路

添加了 EPCS 控制器组件的 Nios II 处理器系统生成完成之后，还需要更新顶层设计电路，并编译、综合与适配以生成新的硬件工程配置文件。

1. 更新 Nios II 处理器模块

打开顶层设计文件（SOPC_freqer.bdf），选中 freqNIOS2sys.qsys 模块后右击鼠标，选择 Update Symbol or Block... 命令更新处理器模块。对处理器模块新增的 ECPS 控制器组件的 4 个端口添加 I/O 标志并命名，如图 8-77 所示。

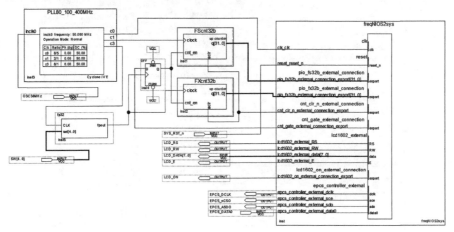

图 8-77　更新顶层电路设计

2. 锁定 EPCS 控制器组件引脚

DE2-115 开发板的 EPCS 配置器件与 EP4CE115F29 FPGA 的接口电路如图 8-78 所示。

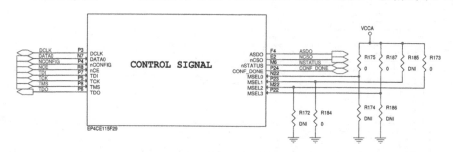

图 8-78　EPCS 配置器件接口电路

从图中可以看出，EPCS 配置器件的 DCLK、DATA0、ASDO 和 nCSO 分别连接到 EP4CE115F29 FPGA 器件的 P3、N7、F4 和 E2 引脚，因此需要将 EPCS 控制器组件的 epcs_controller_external_dclk、data0、sdo 和 sce 分别锁定到 P3、N7、F4 和 E2 引脚上。

在 Qaurtus II 主界面下，选择 Assignment 菜单栏下的 Pin Planner 命令锁定 EPCS 控制器组件引脚，具体信息如图 8-79 所示。

Node Name	Direction	Location	I/O Bank	VREF Group	Fitter Location	I/O Standard
EPCS_nCSO	Output	PIN_E2	1	B1_N0	PIN_E2	2.5 V (default)
EPCS_DCLK	Output	PIN_P3	1	B1_N2	PIN_P3	2.5 V (default)
EPCS_DATA0	Bidir	PIN_N7	1	B1_N2	PIN_N7	2.5 V (default)
EPCS_ASDO	Output	PIN_F4	1	B1_N0	PIN_F4	2.5 V (default)

图 8-79　EPCS 控制器组件引脚锁定信息

3. 设置配置器件信息

在 Quartus II 主界面下，选择 Assignments 菜单下的 Device 命令，弹出图 8-80 所示的器件信息设置对话框。

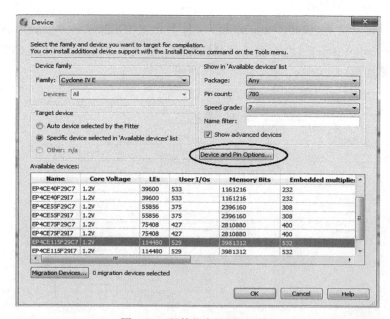

图 8-80　器件信息设置对话框

点击图中的 Device and Pin Options 按钮,进入图 8-81 所示的器件与引脚信息设置对话框。

点击对话框左侧 category 中的 Configuration, 切换到配置器件设置对话框, 在 Use configuration device 前打"√",表明需要使用配置器件,并选择配置器件的型号为(DE2-115 开发板的串行配置器件)EPCS64,如图 8-81 所示。

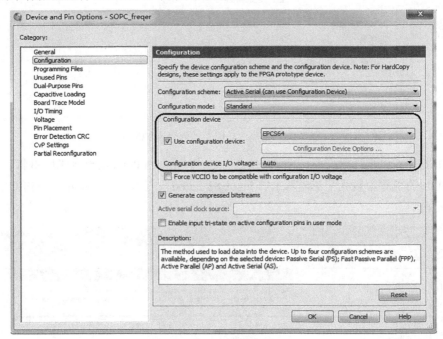

图 8-81 设置配置器件

点击器件与引脚设置对话框左侧 category 中的 Dual-Purpose Pins,切换到双功能引脚设置对话框,如图 8-82 所示。

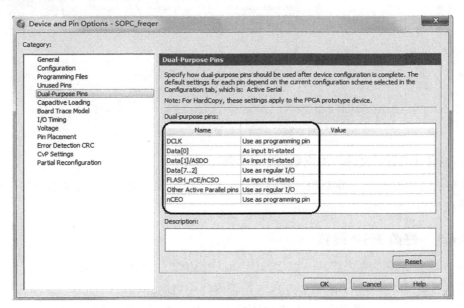

图 8-82 双功能窗口设置对话框

将上图中的双功能引脚全部设置为普通 I/O 口（Used as Regular I/O），如图 8-83 所示。

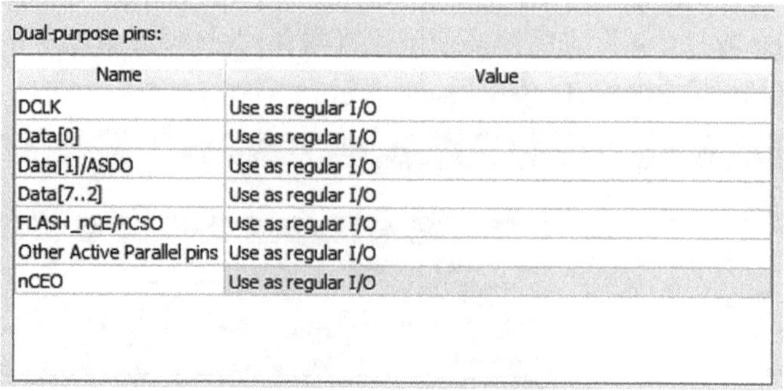

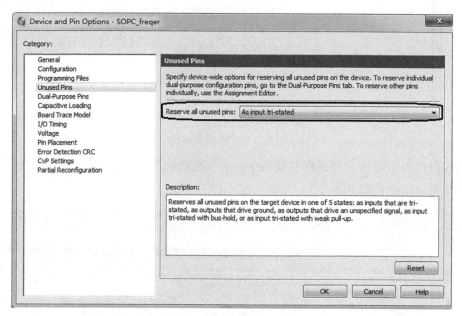

图 8-83　设置双功能引脚为普通 I/O 口

点击器件和引脚设置页窗口左侧 category 中的 Unused Pins，切换到未用引脚设置窗口，并将未用到的引脚设置为三态输入（As input tri-stated），如图 8-84 所示。点击 OK 按钮返回 Quartus II。

图 8-84　未用引脚设置为三态输入

4. 编译顶层设计文件，生成新的配置文件

上述工作完成之后，重新编译顶层设计文件，以生成含有 EPCS 控制器组件的频率计硬件系统配置文件 SOPC_freqer.sof。

8.6.3　修改 BSP 设置

硬件系统更新完成之后，还需要返回 Nios II SBT for Ecilipse，修改工程板级支持包（BSP）的设置，以指定应用程序从 EPCS 配置器件中启动。

选择 Quartus II 主界面中 Tools 菜单下的 Nios II Software Build Tools for Eclipse，启动

软件开发环境，加载频率计软件工程 FreqerProjApp。

在工程管理器 Project Explorer 中，右击工程名（FreqerProjApp），在弹出的菜单中选择 Nios II 栏下的 BSP Editor 命令，如图 8-85 所示，启动板级支持包编辑器。

图 8-85　启动板级支持包编辑器

在 Nios II BSP Editor 的 Main 标签页下，选择窗口左侧 Advanced 栏下 hal 中的 linker 后，在右侧的 allow_code_at_reset 和 enable_alt_load 选项前打"√"，如图 8-86 所示，其中 allow_code_at_reset 表示将程序代码编译到 EPCS 配置器件的地址段，enable_alt_load 表示程序代码从 EPCS 配置器件中加载。点击 Generate 重新生成 BSP 后返回。

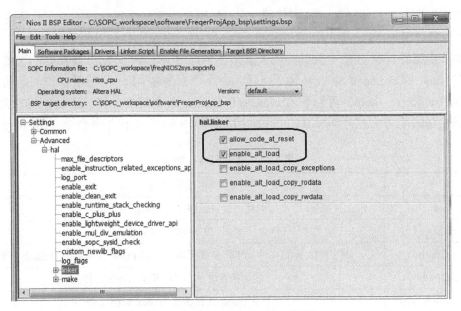

图 8-86　修改 BSP hal.linker 设置

点击 Project 菜单栏下的 Clean 命令，清除以前的编译文件和信息，重新启动编译过程，或者右击工程管理器（Project Explorer）中软件工程名（FreqerProjApp），在弹出的菜单中选择 Clean Project 命令，清除以前的编译结果后点击 Build Project 重新启动编译过程，以生成新的可执行代码文件 FreqerProjApp.elf。

8.6.4　应用编程器进行固化

系统固化既可以应用 Nios II SBT for Ecilipse 中 Flash 编程器进行固化，还可以应用 Quartus II 编程器进行固化。

应用 Flash 编程器进行固化时，需要先通过 Quartus II 编程器将硬件配置文件 .sof 加载到 FPGA 中，然后再通过 Nios II SBT for Eclipse 中的 Flash 编程器将软硬件信息数据写入 EPCS 配置器件中。这种应用 Quartus II 编程器和 Flash 编程器的固化方法对批量工程来说相当麻烦，因为需要同时使用 Quartus II 和 Nios II SBT for Eclipse。因此，本节讲述只应用 Quartus II 编程器进行固化的方法，以方便批量工程应用。

应用 Quartus II 编程器实现片上系统固化，需要完成 3 项工作：

（1）在 Nios II Command Shell 环境下，使用命令将硬件配置文件（.sof）和可执行代码文件（.elf）分别转换为存储器文件（.flash），然后再将可执行代码存储器文件转换为数据文件（.hex）；

（2）将硬件配置文件 .sof 和可执行代码数据文件 .hex 合并转换成 JTAG 间接配置文件（.jic）；

（3）应用 Quatus II 编程器将间接配置文件 .jic 写入 EPCS 配置器件中。

下面详细讲述应用 Quartus II 编程器实现片上系统固化的方法与步骤。

1. 将配置文件 .sof 和可执行文件 .elf 转换为数据文件 .hex

将硬件配置文件 .sof 和可执行代码文件 .elf 转换为数据文件 .hex，该文件需要在 Nios II 命令行窗口下进行。

本节使用的 Nios II 命令及其功能说明如表 8-12 所示。关于 Nios II 命令的详细使用信息可在 Nios II Command Shell 环境下，输入命令"命令名 --help"查看。例如，输入命令"nios2-elf-objcopy --help"可以查看 nios2-elf-objcopy 命令的具体格式和详细的使用信息，或者阅读 Intel 官方文档"Nios II Command-Line Tools.pdf"查找相关命令介绍内容。

表 8-12　常用 Nios II 命令

命令	功能说明
cd	更换当前目录路径（change directory）
ls	文件列表（list）
sof2flash	将 FPGA 配置文件 .sof 转换成可以编程到 Flash 存储器中的 .flash 文件
elf2flash	将可执行文件 .elf 转换成 .flash 文件
nios2-elf-objcopy	将 .flash 文件转换为 .hex 数据文件

为了操作方便，建议先在 C 盘上根目录下新建一个名为"SOPC_temp"的子目录，然后将工程目录（SOPC_workspace）中 output_files 子目录下的硬件配置文件"SOPC_freqer.sof"和 software 子目录下 FreqerProjApp 中的可执行代码文件"FreqerProjApp.elf"复制到新建的SOPC_temp 目录下，如图 8-87 所示。

图 8-87　SOPC_temp 目录内容

具体转换的方法和步骤如下：

（1）点击 Windows 桌面左下方的"开始"按钮，选择"所有程序"→"Altera <version>"→"Nios II EDS <version>"→"Nios II <version> Command Shell"，如图 8-88 所示，启动图 8-89 所示的 Nios II 命令行环境，其中"<version>"为 Quartus II 版本号，如"13.0.1.232"或"13.0sp1"。

另外，还可以在软件开发环境下，通过右击工程名（FreqerProjApp）在弹出的菜单中选择 Nios II 栏下的 Nios II Command Shell... 命令启动命令行环境。

图 8-88　启动 Nios II 命令行环境

图 8-89　Nios II 命令行窗口

（2）在 Nios II 命令行窗口中，输入命令

```
cd c:/SOPC_temp
```

将当前工作目录（c:/altera/13.0sp1）切换到 C 盘上新建的 SOPC_temp 目录。输入文件显示命令"ls"，在 Nios II 命令行窗口中就可以看到图 8-87 所示的两个文件了，如图 8-90 所示。

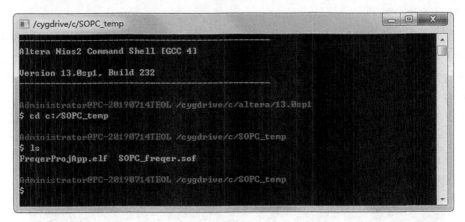

图 8-90　文件列表

（3）在 Nios II 命令行窗口中，输入命令

```
sof2flash --input=SOPC_freqer.sof --output=hwimage.flash --epcs --verbose
```

将硬件配置文件 SOPC_freqer.sof 转换为 hwimage.flash 文件。转换命令和过程信息如图 8-91 所示。

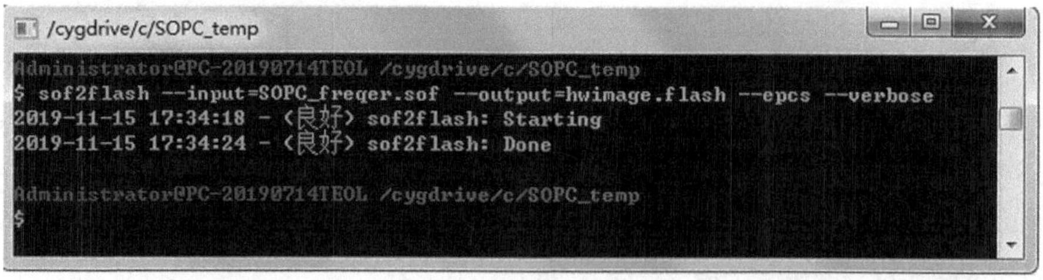

图 8-91 将 sof 文件转换为 flash 文件的命令和过程信息

（4）在 Nios II 命令行窗口中，输入命令

```
elf2flash --input=FreqerProjApp.elf --output=swimage.flash --epcs
--after=hwimage.flash --verbose
```

将可执行文件 FreqerProjApp.elf 转换为 swimage.flash 文件。转换命令和过程信息如图 8-92 所示。

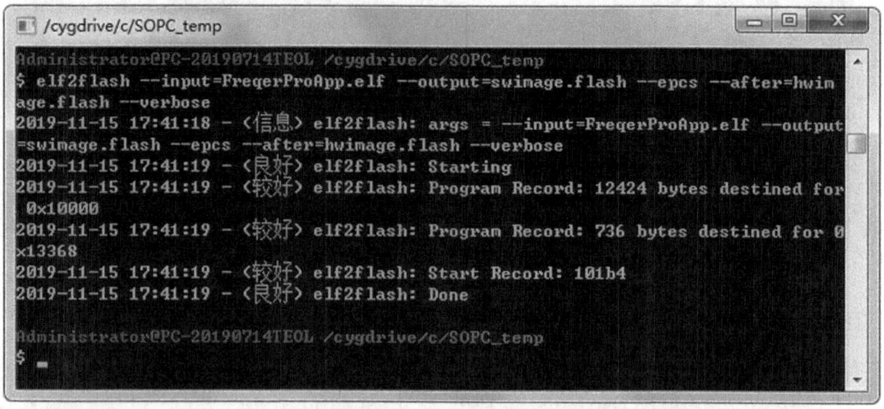

图 8-92 将 elf 文件转换为 flash 文件的命令和过程信息

（5）输入命令

```
nios2-elf-objcopy --input-target srec --output-target ihex swimage.
flash swimage.hex
```

将生成的 swimage.flash 文件再转换为 .hex 数据文件，输出文件名保持 swimage.hex 不变，如图 8-93 所示。

图 8-93 将 flash 文件转换为 hex 数据文件

实际上，第 3~5 步的工作可以应用 Nios II 批处理命令一次性完成。

在当前目录 SOPC_temp 下新建名为 "make_hex.sh" 的批处理脚本文件，文件内容为：

```
sof="SOPC_freqer.sof"
```

```
elf="FreqerProjApp.elf"
sof2flash --input=$sof --output=hwimage.flash --epcs --quiet
elf2flash --input=$elf --output=swimage.flash --epcs --after=hwimage.
flash --quiet
nios2-elf-objcopy --input-target srec --output-target ihex swimage.
flash swimage.hex
```

其中"--quiet"表示处理时不显示过程信息。

批处理脚本文件建立完成后，在 Nios II 命令行窗口中，直接输入命令"sh make_hex.sh"即可完成上述转换工作。

转换工作完成之后，关闭 Nios II Command Shell 命令行窗口。

2. 生成 JTAG 间接配置文件 .jic

将硬件配置文件 .sof 和生成的数据文件 swimage.hex 转换为 JTAG 间接配置文件，具体的步骤如下：

（1）在 Quartus II 主界面下，选择 File 菜单栏下的 Convert Programming Files 命令，弹出图 8-94 所示的编程文件转换窗口。

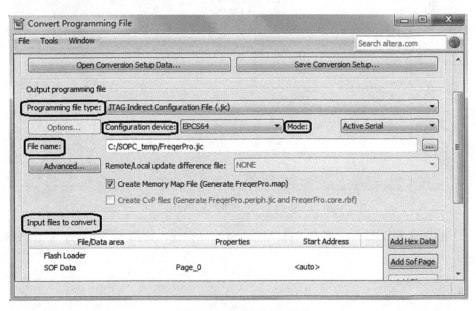

图 8-94　编程文件转换窗口

在转换窗口的 Programming file type 栏中选择 JTAG Indirect Configuration File（.jic），在 Mode 栏选择 Active Serial 模式，在 Configuration device 栏选择 DE2-115 开发板的配置器件型号 EPCS64，并将 File name 栏的输出文件名修改为 FreqerPro.jic（也可以保持默认的输出文件名 output_file.jic 不变）。

（2）在 Input files to convert 栏中，选中 Flash Loader 行，并点击右侧的 Add Device... 按钮，如图 8-95 所示，以添加装载 Flash Loader 的器件。

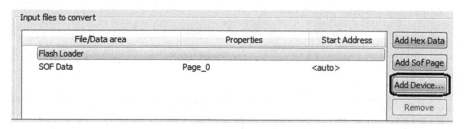

图 8-95　添加装载 Flash Loader 的器件

（3）在弹出的添加器件窗口中，依次选中 Cyclone IV E 和 EP4CE115（DE2-115 开发板的 FPGA 类型和型号），如图 8-96 所示，表示要将 Flash Loader 装载到 EP4CE115 FPGA 中，然后点击 OK 按钮返回编程文件转换窗口。

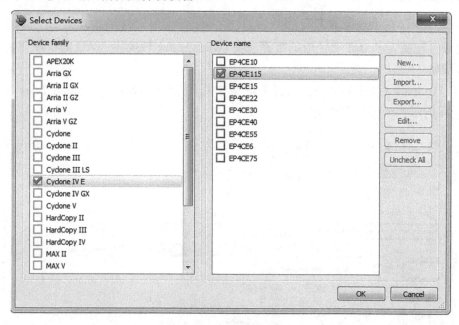

图 8-96　选择 FPGA 器件

（4）选中 SOF Data 行，再点击右侧的 Add File 按钮，如图 8-97 所示，以添加 SOF 数据文件。

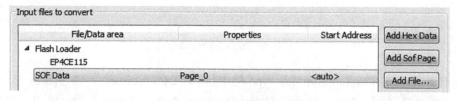

图 8-97　添加硬件配置文件 .sof

（5）在弹出的窗口中，选中 SOPC_temp 目录下的"SOPC_freqer.sof"，如图 8-98 所示，表示添加的 SOF 数据文件为硬件配置文件"SOPC_freqer.sof"，点击 Open 按钮添加后返回。

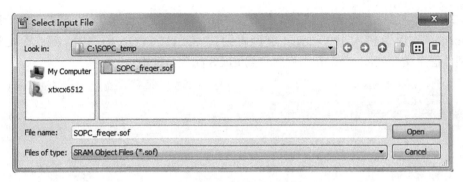

图 8-98　添加硬件配置文件

（6）点击图 8-97 右侧的 Add Hex data 按钮，在弹出的窗口中选择 Relative addressing，然后将 Nios II 命令行环境下生成的 swimage.hex 文件添加到需要转换的文件列表中，如图 8-99 所示。

图 8-99　添加 .hex 数据文件

（7）点击图 8-99 下方的 Generate 按钮，启动 JTAG 间接配置文件生成过程。生成完成后弹出图 8-100 所示的转换成功提示窗口，点击 OK 按钮关闭消息框，再点击 Close 关闭编程文件转换窗口。

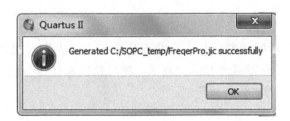

图 8-100　转换成功提示信息

3. 应用 JTAG 间接配置方式将 .jic 文件写入配置器件中

点击 Quartus II 主界面 Tools 栏下的 Programmer 命令，打开 Quartus II 编程器，应用 JTAG 模式，点击 Add Files 按钮添加 SOPC_temp 目录下的间接编程文件 FreqerPro.jic。添

加 .jic 文件后，出现两个编程文件，如图 8-101 所示，第一个是 Factory default enhanced SFL image，作用为 FLASH Loader，将配置到 EP4CE115 FPGA 器件中，第二个是频率计的软硬件信息文件 FreqerPro.jic，将固化到 EPCS 配置器件中。

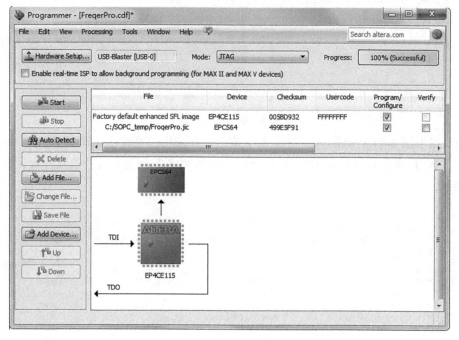

图 8-101　固化系统软硬件信息

在 Programming/Configuration 选项下打钩，然后点击 Start 按钮启动编程过程。编程完成后，将开发板断电重启，嵌入式频率计软硬件就会自动加载到 FPGA 中运行了。

需要说明的是，当系统固化完成后，每次开发板加电后，硬件信息会自动配置到 FPGA 中，软件代码会自动加载中 Nios II 中运行。但是，当应用程序需要重新调试时，就需要打开软件工程 BSP，将图 8-86 中 "allow_code_at_reset" 和 "enable_alt_load" 选项前的 "√" 去掉，重新生成新的 BSP，使得编译后的可执行代码能够在片上存储器中运行。

思考与练习

8.1　按 8.3~8.5 节中等精度频率计片上系统设计原理，完成嵌入式等精度频率计的设计，并下载到 DE2-115 开发板进行性能测试，填写表题 8-1。若要求频率测量误差不大于 0.1%，分析频率计的有效测频范围。

表题 8-1　嵌入式等精度频率计测量结果分析

信号源频率 /kHz	测量值	测量误差 /%	信号源频率 /Hz	测量值	测量误差 /%
400000			6103.515625		
100000			1525.8789		

续表

信号源频率 /kHz	测量值	测量误差 /%	信号源频率 /Hz	测量值	测量误差 /%
25000			381.4697		
6250			95.3674		
1562.5			23.842		
390.625			5.96		
97.65625			1.49		
24.4140625			0.372529		

8.2 设计片上系统，能够驱动单个数码管并依次循环显示自然数序列(0~9)、奇数序列(1、3、5、7、9)、音乐序列(0~7)和偶数序列(0、2、4、6、8)。并在开发板上进行验证。

8.3 构建图题 8-3 所示的片上系统，能够驱动 8 个发光二极管显示流水灯，然后在图题 8-3 所示系统的基础上，增加功能开关 DIR，用于控制流水灯的循环方向(顺时针或逆时针)。再增加功能按键 BUTTON 以控制单灯、双灯和三个灯循环的切换，并编写相应的驱动程序。最后在开发板上进行验证。

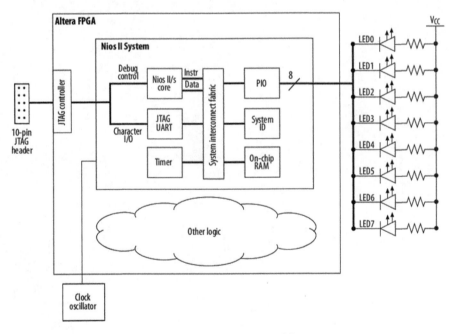

图题 8-3　流水灯片上系统

8.4* 参考等精度频率计应用程序代码，调整频率显示格式，能以 Hz、十 Hz、百 Hz、kHz、十 kHz、百 kHz 和 MHz 为单位显示频率数值。重新填写表题 8-1。若要求频率测量误差不大于 0.1%，分析频率计的有效测频范围。

8.5* 设计脉冲参数测量仪，能够测量矩形脉冲的频率和占空比。设脉冲信号的频率范围为 10 Hz ～ 10 MHz，占空比范围为 10% ～ 90%。要求频率和占空比测量的误差均不大于 0.1%。

8.6* 设计一个相差测量仪，能够测量两个同频矩形脉冲序列的相差。设脉冲序列的频率范围为 10 Hz ～ 10 MHz，占空比范围为 10% ～ 90%。要求相差测量的误差不大于 1℃。

8.7* 设计设计温度测量与显示片上系统，要求被测温度范围 0 ～ 99℃，精度不低于 1℃。片上系统的总体设计框图参考图题 8.7，其中温度传感器可选用 LM35，A/D 转换器可选用 ADC0809。LM35 的功能与应用参考器件资料。

图题 8.7 温度测量片上系统结构框图

参考文献

[1] 潘松，黄继业，渊明.EDA 技术实用教程 -Verilog HDL 版 [M]. 5 版 . 北京：科学出版社 .2013.

[2] 刘睿强，童贞理，尹洪剑编著 .Verilog HDL 数字系统设计与实践 [M]. 北京：电子工业出版社 .2011.

[3] Richard E. Haskell Darrin M. Hanna 著，郑利浩等译 .FPGA 数字逻辑设计教程 - Verilog [M]. 北京：电子工业出版社 .2010.

[4] 林灶生，刘绍汉编著 . Verilong FPGA 芯片设计 [M]. 北京：北京航空航天大学出版社 . 2006.

[5] 康磊 , 张燕燕 . Verilog HDL 数字系统设计 - 原理、实例及仿真 [M]. 西安：西安电子科技大学出版社 .2012.

[6] 任爱锋，张志刚编著 .FPGA 与 SOPC 设计教程—DE2-115 实践 [M]. 西安：西安电子科技大学出版社 .2018.

[7] 赵吉成，王智勇编著 .Xilinx FPGA 设计与实践教程 [M]. 西安：西安电子科技大学出版社 .2012.

[8] 何宾 .EDA 原理及 Verilog 实现 [M]. 北京：清华大学出版社，2010.

[9] 华为公司 .Verilog HDL 入门教程 . 2004.

[10] 华为公司 . 大规模逻辑设计指导书 . 2000.

附录 A　Quartus II 13.0 安装指南

Quartus II 是 Intel 公司的 EDA 综合开发环境,能够完成从设计输入、编译与综合、仿真、适配到编程下载的全部设计流程。

Quartus II 13.0 版支持 Windows 32/64 位操作系统,可以在 Windows 7/8 和 Windows 10 环境下进行安装。

Quartus II 13.0 版支持 Intel 公司的 max II/V 系列 CPLD、cyclone I ～ IV/V、stratix I ～ II/III ～ IV/V 和 arria II ～ IV/V 系列 FPGA,同时支持软核 / 硬核片上系统设计,满足当前高校 EDA 课程本科教学需要。

A.1　Quartus II 13.0 版的组成

Quartus 13.0 包含 Quartus II 软件安装应用程序、Modelsim 仿真软件安装应用程序和 DSPBuilder 插件安装应用程序以及器件库,主要文件如表 A-1 所示,其中器件库根据需要选装。

表 A-1　Quartus 13.0 套件主要文件

文 件 名	文件大小	功　能	说明
QuartusSetup -13.0.1.232.exe	1.67 GB	Quartus II 主安装应用程序	必装
QuartusHelpSetup-13.0.1.232.exe	355.77 MB	Quartus II 帮助文件安装应用程序	选装
ModelSimSetup-13.0.1.232.exe	779.32 MB	Modelsim 仿真软件安装应用程序	选装
DSPBuilderSetup-13.0.1.232.exe	76.29 MB	Matlab DSP 插件安装应用程序	选装
QuartusProgrammerSetup -13.0.1.232.exe	136.62 MB	Quartus 编程器独立安装应用程序	选装
DeviceInstall-13.0.1.232.exe	7.35 MB	器件库独立安装应用程序	—
max-13.0.1.232.qdz	6.79 MB	max II/V 器件库	选装
cyclone-13.0.1.232.qdz	573.51 MB	cyclone I ～ IV 器件库	选装
cyclonev-13.0.1.232.qdz	747.93 MB	cyclone V 器件库	选装
stratix-13.0.1.232.qdz	253.42 MB	stratix I/II、Hardcopy II 器件库	选装
stratixiv-13.0.1.232.qdz	734.32 MB	stratix III/IV、Hardcopy III/IV 器件库	选装
stratixv-13.0.1.232.qdz	2.08 G	stratix V 器件库	选装
arria-13.0.1.232.qdz	619.08 MB	arria GX/II 器件库	选装
arriav-13.0.1.232.qdz	1.42 GB	arria V 器件库	选装
arriavgz-13.0.1.232.qdz	1.43 GB	arria V GZ 器件库	选装

A.2　Quartus II 13.0 版的安装

在安装 Quartus II 之前，建议先将计算机上的杀毒软件以及防护软件关掉，因为杀毒软件和防护软件可能会将 Quartus II 中的部分安装文件误认为是病毒而隔离或者删除，从而导致安装失败。

Quartus II 13.0 版的具体安装步骤如下：

（1）双击主文件"QuartusSetup-13.0.1.232.exe"开始安装，等待文件解压完成后，会自动弹出图 A-1 所示的安装初始界面，点击 Next 按钮继续。

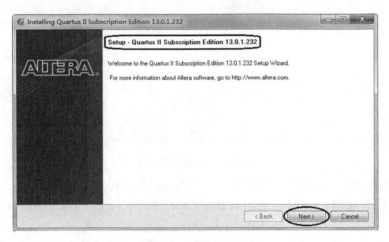

图 A-1　安装初始界面

（2）选择接受软件安装协议，如图 A-2 所示，点击 Next 按钮继续。

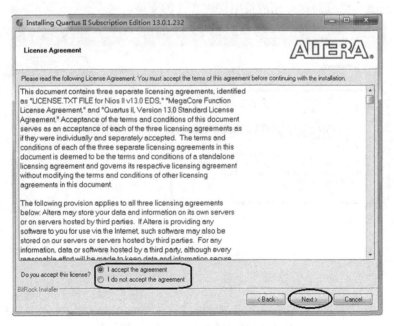

图 A-2　安装协议界面

（3）设置软件安装路径。Quartus II 默认的安装路径如图 A-3 所示。如果需要重新指定安装盘和安装目录，应特别注意：新设置的安装路径中不能包含汉字和空格！并且保证安装盘有足够的剩余空间来安装 Quartus II（具体大小与选装的器件库有关），点击 Next 按钮继续。

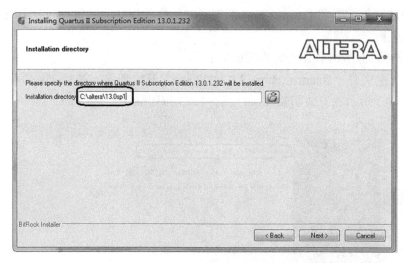

图 A-3　设置安装路径

（4）选择需要安装的组件和器件库，其中器件库至少应安装一个。如果在 64 位 Windows 系统下安装，应在"Quartus II Software 64-bit support[962MB]"前打钩，如图 A-4 所示。

需要注意，如果选择安装"Modelsim-Altera Edition"版仿真软件，则应确保有相应的使用许可文件（license），否则建议安装"Modelsim-Altera Starter Edition"。同样，选择安装"DSP Builder"也应确保有相应使用许可文件的支持。

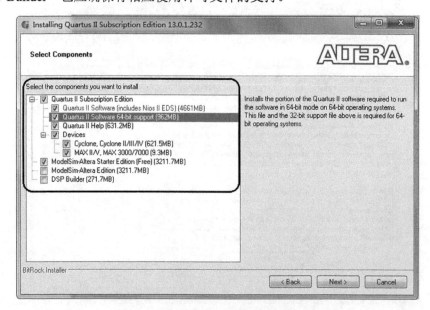

图 A-4　选择需要安装的组件和器件库

　　需要说明，图中只选装了 max 系列 CPLD 和 cyclone 系列 FPGA 器件库，能够满足高校 EDA 教学和学生课外实践需求。对于在首次没有安装的器件库，以后还可以运行套件中的"DeviceInstall-13.0.1.232.exe"应用程序独立进行安装。

　　（5）选择完成后，点击图 A-4 中的 Next 按钮，主安装程序将依次解压和安装 Quartus II 软件和器件库，以及 Modelsim 仿真软件，如图 A-5 所示。安装过程时间比较长，需要耐心等待。

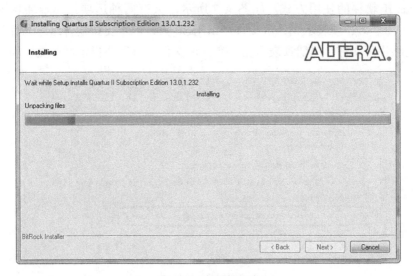

图 A-5　安装进行中

　　（6）安装完成时，会弹出图 A-6 所示的安装完成信息页面。建议在"Create shortcuts on Desktop"选项前打钩，选择在桌面上生成 Quartus II 快捷方式，以方便使用。同时，根据个人意愿选择是否将软件使用过程中的信息反馈给 Intel 公司，点击 OK 按钮完成安装。

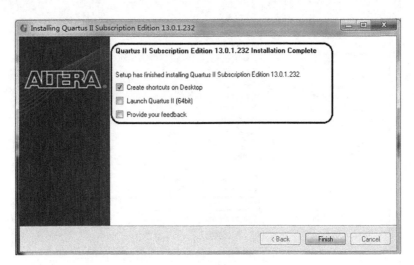

图 A-6　安装完成信息页面

A.3 添加使用许可文件

Quartus II 安装完成后，还需要添加使用许可文件（license）后才能正常使用。

添加使用许可文件的具体步骤如下：

（1）双击桌面 Quartus II 图标，启动 Quartus II 13.0。首次运行 Quartus II 时，需要选择 Quartus II 软件的使用方式，如图 A-7 所示，共有四种选项。第一项表示需要购买 Quartus II 软件；第二项表示无许可文件，试用 30 天，但不支持器件编程与配置；第三项表示使用网络许可文件；第四项表示已经有许可文件，只需要指定许可文件的路径。

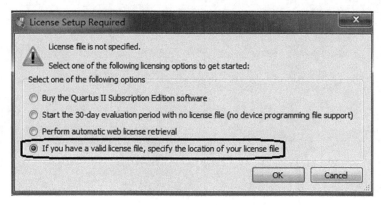

图 A-7　选择软件使用方式

（2）有 Quartus II 的使用许可文件时，则应选择第四项，如图 A-7 所示。点击 OK 按钮弹出添加许可文件界面，其中安装计算机的网卡号（Network Interface Card ID）如图 A-8 所示。

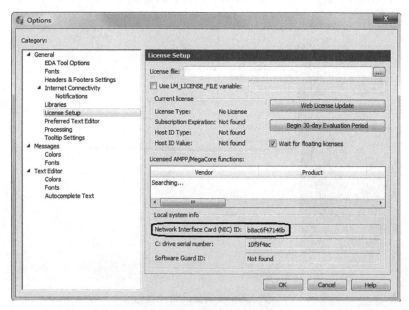

图 A-8　添加许可文件界面

（3）点击图 A-8 中的浏览按钮▦，在电脑中查找存放的许可文件"license.dat"，如图 A-9 所示，点击"打开"按钮。

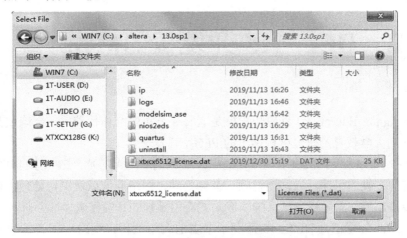

图 A-9　查找使用许可文件

（4）添加许可文件后，Quartus II 的使用许可信息如图 A-10 所示。点击 OK 按钮完成软件安装过程。

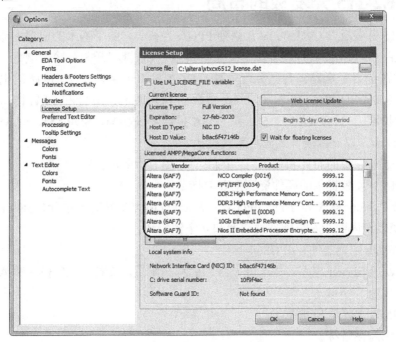

图 A-10　软件使用许可信息

必须确保许可 license.dat 文件中"HOSTID="项中网卡号和安装 Quartus II 软件的计算机网卡号相同，否则为无效的许可文件。可以用文本编辑软件（如记事本）打开许可文件 license.dat，检查文件中的"HOSTID="的网卡号是否与安装计算机的网卡号相同。

上述工作完成后，就可以使用 Quartus II 13.0 软件了。

附录 B DE2-115 开发板的应用

DE（Design & Education）系列开发板是 Altera 公司的合作伙伴——台湾友晶科技公司（Terasic）面向大学教育及研究机构推出的 FPGA 开发平台。

DE2-115 开发板基于 Intel 公司 Cyclone IV E 系列 FPGA 芯片 – EP4CE115F29C7 设计，集成了丰富的多媒体组件，为移动视频、音频处理、网络通信以及图像处理提供了灵活可靠的外围接口，能够满足视音频系统和嵌入式应用系统的开发需求。

另外，友晶公司还为 DE2-115 开发了丰富的应用例程，帮助使用者迅速理解和掌握基于 DE2-115 数字视音频产品的设计和验证。

B.1 DE2-115 开发板的布局

DE2-115 开发板以 Cyclone IV E 系列 FPGA 为核心，除了基本的电源电路和 FPGA 编程与配置电路外，FPGA 芯片还外围扩展了时钟电路、按键和开关量输入电路、发光二极管、数码管以及液晶显示电路、音频处理电路、VGA 接口电路以及 TV 编解码电路、网卡接口电路和 USB 接口电路，同时将 FPGA 空余的 I/O 口通过 40 针和 14 针接口引出，以方便用户进行扩展。另外，DE2-115 还为 FPGA 扩展了 SRAM、SDRAM、FLASH 等多种存储芯片和 SD 卡，以支持嵌入式应用系统设计。

DE2-115 开发板的布局和相关组件的说明如图 B-1 所示。

DE2-115 开发板提供的硬件资源主要包括：

- Altera Cyclone® IV 4CE115 FPGA，提供了 114 480 个逻辑单元，3888Kb 的内部存储资源以及内嵌 266 个硬件乘法器和 4 个锁相环。
- 串行 Flash 配置器件 – EPCS64
- 板载 USB Blaster 电路，用于开发板的编程与配置，支持 JTAG 模式和 AS 模式
- 2MB 高速 SRAM
- 2×64MB 大容量 SDRAM
- 8MB 快闪存储器
- SD 卡插槽
- 4 个按键开关 KEY3~0
- 18 个滑动开关 SW17~0
- 18 个红色发光二极管 LEDR17~0
- 9 个绿发光二极管 LEDG8~0
- 50MHz 有源晶振，为 FPGA 提供时钟

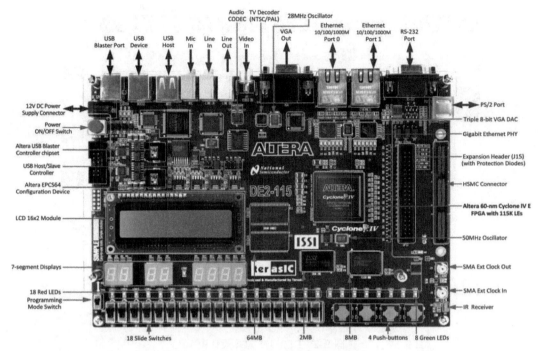

图 B-1　DE2-115 开发板布局图

- 24 位 CD 品质音频解码器 CODEC
- VGA DAC 芯片 - 带有 VGA 输出接口
- TV 解码器和 TV 输入接口
- 2 千兆位以太网 PHY - 带 RJ45 连接器
- USB 主从控制器 - 带有 A 类和 B 类 USB 接口
- RS-232 收发器 - 带 9 针连接器
- PS/2 鼠标 / 键盘接口
- IR 收发器
- 2 个 SMA 接头，用于外部时钟输入 / 输出
- 1 个 40 针 I/O 扩展口
- 1 个 HSMC 连接器
- 16×2 字符液晶显示屏

除了上述硬件组件外，DE2-115 光盘中提供了用于评估各组件的软件工具 ControlPanel，同时还提供了用于验证 DE2-115 开发板功能的典型应用实例。

B.2　DE2-115 开发板的硬件资源

DE2-115 开发板的系统设计框图如图 B-2 所示。为了给用户提供最大的便利性，所有的组件都直接连接到 Cyclone IV E FPGA 器件。使用者通过开发 FPGA 配合外部组件来实现应用系统设计。

下面简要介绍 DE2-115 开发板的各功能组件以及相应的引脚锁定信息。

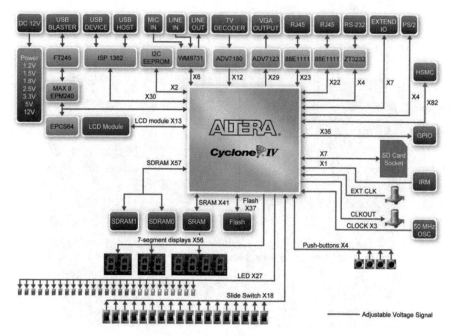

图 B-2　DE2-115 总体设计图

1. USB Blaster 编程与配置电路

DE2-115 开发板集成一个串行 Flash 配置器件 EPCS64，用于固化 Cyclone IV E FPGA 芯片的配置信息。每当开发板加电时，EPCS 器件中的配置数据会自动加载到 FPGA 中。用户使用 Quartus II 通过图 B-3 所示的 USB Blaster 编程与配置电路既可以配置 FPGA，还可以更新 EPCS 器件中的配置数据。

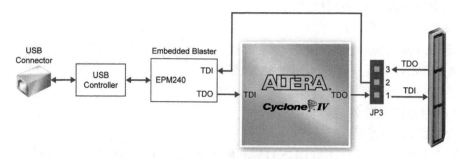

图 B-3　DE2-115 开发板配置电路结构图

需要注意，使用 USB Blaster 配置 FPGA 时，DE2-115 开发板上的 JTAG 链必须形成一个回路，这样 Quartus II 软件才可以正确检测到 JTAG 链上的 FPGA/CPLD 器件。

当 DE2-115 开发板上的 JP3 的第 1、2 引脚短接时，旁路（bypass）开发板上 HSMC 接口的 JTAG 信号，直接在 DE2-115 开发板上形成 JTAG 链路，这时，只有 DE2-115 上的 Cyclone IV E FPGA 会被 Quartus II 检测到。如果用户需要通过 HSMC 接口配置其他 FPGA 器件时，就应将 JP3 的第 2、3 脚短接从而使能（enable）HSMC 接口上的 JTAG 链。

DE2-115 开发板出厂时，JP3 默认短接在第 1、2 脚位置。

　　DE2-115 开发板支持 JTAG 配置和 AS 编程两种下载方式。

　　（1）JTAG 配置方式。JTAG 配置方式通过 Quartus II 和 USB Blaster 将配置文件 .sof 下载到 FPGA 器件中。配置的原理如图 B-4 所示。

　　需要注意的是，应用 JTAG 配置方式需要将编程与配置开关（SW19）拨到 RUN 的位置。

　　JTAG 配置方式的优点是快速方便，缺点是开发板断电后配置信息会丢失，适用于产品研发过程中软硬件的调试与测试。

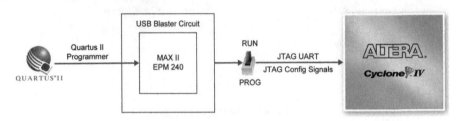

图 B-4　JTAG 配置方式

　　（2）AS 编程方式。AS 编程（Active Serial Programming）方式用于将编程文件 .pof 写入 EPCS 配置器件中。编程的原理如图 B-5 所示。

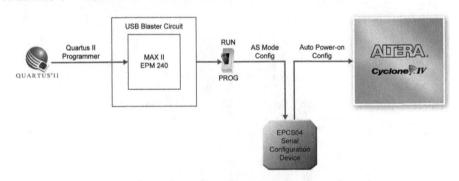

图 B-5　AS 编程方式

　　需要注意的是，应用 AS 编程方式编程 EPCS 配置器件时，需要将编程与配置开关（SW19）需要拨到 PROG 的位置。编程完成后，再将 SW19 重新拨回 RUN 位置。开发板断电重启后，FPGA 会自动将 EPCS 配置器件中的数据配置到内部查找表的 SRAM 中。

　　AS 编程方式的优点是开发板断电后配置信息不会丢失，适用于产品研发完成后，需要永久保存设计信息的场合。缺点是编程速度慢，并且由于配置器件的编程次数有限，长期使用 AS 编程模式可能会导致 EPCS 器件的损坏。

2. 按键和开关电路

　　DE2-115 开发板提供了 4 个按键：KEY3、KEY2、KEY1 和 KEY0，用于产生脉冲输入信号，可作为 FPGA 内部电路的时钟或者复位信号。当按键没有被按下时输入为高电平，按下时则输入为低电平，即按键能够产生负脉冲。

　　DE2-115 开发板的每个按键都经过施密特电路进行消抖后送入 Cyclone IV E FPGA，如图 B-6 所示。按键电路与 Cyclone IV E FPGA 引脚的连接信息已在图 B-6 中标出。

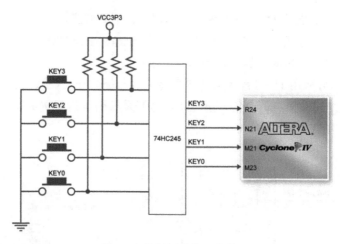

图 B-6　按键开关接口电路

另外，DE2-115 开发板还提供了 18 个滑动开关（slide switch）SW0~SW17，每个开关都直接连接到 Cyclone IV E FPGA 芯片上，如图 B-7 所示，可以作为开关量输入。当拨动开关处于 DOWN 位置（靠近开发板边缘）时，输入为低电平，处于 UP 位置时，则输入为高电平。

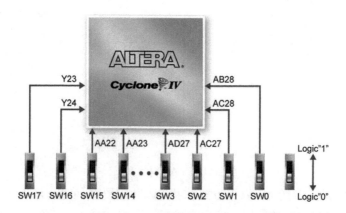

图 B-7　拨动开关接口电路

滑动开关 SW0~SW17 与 Cyclone IV E FPGA 引脚的连接信息如表 B-1 所示。

表 B-1　滑动开关引脚连接信息表

开关名	引脚号	开关名	引脚号	开关名	引脚号
SW0	PIN_AB28	SW6	PIN_AD26	SW12	PIN_AB23
SW1	PIN_AC28	SW7	PIN_AB26	SW13	PIN_AA24
SW2	PIN_AC27	SW8	PIN_AC25	SW14	PIN_AA23
SW3	PIN_AD27	SW9	PIN_AB25	SW15	PIN_AA22
SW4	PIN_AB27	SW10	PIN_AC24	SW16	PIN_Y24
SW5	PIN_AC26	SW11	PIN_AB24	SW17	PIN_Y23

3. 发光二极管

DE2-115 开发板提供了 18 个红色发光二极管 LEDR0~LEDR17 和 9 个绿色发光二极管 LEDG0 ～ LEDG8，用于显示二值信息。18 个红色 LED 位于 18 个滑动开关的正上方，8 个绿色 LED 位于按键（KEY0 ～ KEY3）的上方，第 9 个绿色 LED 位于两组七段数码管的中间。每个 LED 都直接由 Cyclone IV E FPGA 驱动，FPGA 输出高电平时点亮 LED，输出低电平时 LED 熄灭。

LED 与 Cyclone IV E FPGA 的接口电路如图 B-8 所示，引脚连接信息如表 B-2 所示。

图 B-8　LED 接口电路

表 B-2　LED 引脚连接信息

LED 名	引脚号	LED 名	引脚号	LED 名	引脚号
LEDG0	PIN_E21	LEDR0	PIN_G19	LEDR9	PIN_G17
LEDG1	PIN_E22	LEDR1	PIN_F19	LEDR10	PIN_J15
LEDG2	PIN_E25	LEDR2	PIN_E19	LEDR11	PIN_H16
LEDG3	PIN_E24	LEDR3	PIN_F21	LEDR12	PIN_J16
LEDG4	PIN_H21	LEDR4	PIN_F18	LEDR13	PIN_H17
LEDG5	PIN_G20	LEDR5	PIN_E18	LEDR14	PIN_F15
LEDG6	PIN_G22	LEDR6	PIN_J19	LEDR15	PIN_G15
LEDG7	PIN_G21	LEDR7	PIN_H19	LEDR16	PIN_G16
LEDG8	PIN_F17	LEDR8	PIN_J17	LEDR17	PIN_H15

4. 数码管组件

DE2-115 开发板配有 8 个共阳数码管，分为三组，用来显示数字或特殊的字符信息。数码管的每个引脚都直接由 Cyclone IV E FPGA 驱动。当 FPGA 输出低电平时，对应的字段点亮，输出高电平时则不亮。每个数码管的 a ～ g 段依次编号为 0 ～ 6，如图 B-9 所示。

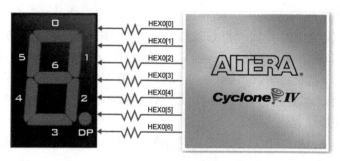

图 B-9　数码管接口电路

8 个数码管与 FPGA 引脚的连接信息表 B-3 所示。

表 B-3　七段数码管引脚连接信息

字段名	引脚名	字段名	引脚名	字段名	引脚名	字段名	引脚名
HEX0[0]	PIN_G18	HEX1[0]	PIN_M24	HEX2[0]	PIN_AA25	HEX3[0]	PIN_V21
HEX0[1]	PIN_G22	HEX1[1]	PIN_Y22	HEX2[1]	PIN_AA26	HEX3[1]	PIN_U21
HEX0[2]	PIN_E17	HEX1[2]	PIN_W21	HEX2[2]	PIN_Y25	HEX3[2]	PIN_AB20
HEX0[3]	PIN_L26	HEX1[3]	PIN_W22	HEX2[3]	PIN_W26	HEX3[3]	PIN_AA21
HEX0[4]	PIN_L25	HEX1[4]	PIN_W25	HEX2[4]	PIN_Y26	HEX3[4]	PIN_AD24
HEX0[5]	PIN_J22	HEX1[5]	PIN_U23	HEX2[5]	PIN_W27	HEX3[5]	PIN_AF23
HEX0[6]	PIN_H22	HEX5[6]	PIN_U24	HEX2[6]	PIN_W28	HEX3[6]	PIN_Y19
HEX4[0]	PIN_AB19	HEX5[0]	PIN_AD18	HEX6[0]	PIN_AA17	HEX7[0]	PIN_AD17
HEX4[1]	PIN_AA19	HEX5[1]	PIN_AC18	HEX6[1]	PIN_AB16	HEX7[1]	PIN_AE17
HEX4[2]	PIN_AG21	HEX5[2]	PIN_AB18	HEX6[2]	PIN_AA16	HEX7[2]	PIN_AG17
HEX4[3]	PIN_AH21	HEX5[3]	PIN_AH19	HEX6[3]	PIN_AB17	HEX7[3]	PIN_AH17
HEX4[4]	PIN_AE19	HEX5[4]	PIN_AG19	HEX6[4]	PIN_AB15	HEX7[4]	PIN_AF17
HEX4[5]	PIN_AF19	HEX5[5]	PIN_AF18	HEX6[5]	PIN_AA15	HEX7[5]	PIN_AG18
HEX4[6]	PIN_AE18	HEX5[6]	PIN_AH18	HEX6[6]	PIN_AC17	HEX7[6]	PIN_AA14

5. 时钟电路

　　DE2-115 开发板配有 50 MHz 有源晶振电路，经过时钟缓冲器后将低抖动的时钟信号分配给 FPGA，如图 B-10 所示。这些时钟信号用来为 FPGA 内部的数字系统提供时钟。另外，开发板还配有两个 SMA 连接头，用来接收外部输入时钟信号或者将系统的时钟信号输出到 FPGA 芯片外部。另外，所有的时钟输入都连接到 FPGA 内部的锁相环（PLL）模块上，用户可以通过定制锁相环输出所需频率的时钟信号。

　　时钟缓冲器及 SMA 与 FPGA 芯片的引脚连接信息在图中已经标出。

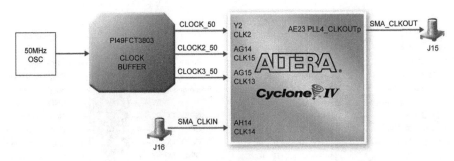

图 B-10　时钟接口电路

6. 液晶接口电路

DE2-115 开发板配有一个 16×2 字符液晶屏，内置英文字库，发送命令控制字到显示控制器可以在液晶屏上显示字符信息。

液晶屏的接口电路如图 B-11 所示，其中 LCD_ON 用于打开液晶显示屏。液晶显示屏与 Cyclone IV E FPGA 芯片的连接信息已在图中标出。

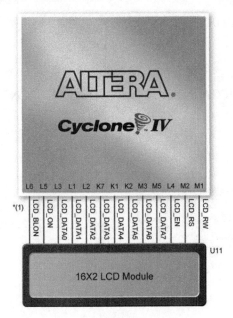

图 B-11　液晶接口电路

需要说明的是，DE2-115 使用的液晶屏不含背光单元，因此使用者在工程中设置 LCD_BLON 信号是无效的。

7. GPIO 扩展接口

DE2-115 提供了一个 40 针的通用 I/O 扩展口（GPIO）JP5，其中有 36 个针直接与 Cyclone IV E FPGA 的 I/O 口相连，作为开发板的扩展 I/O 口。JP5 同时还提供 +5V 和 +3.3V 电源端和两个接地连接端，如图 B-12 所示。

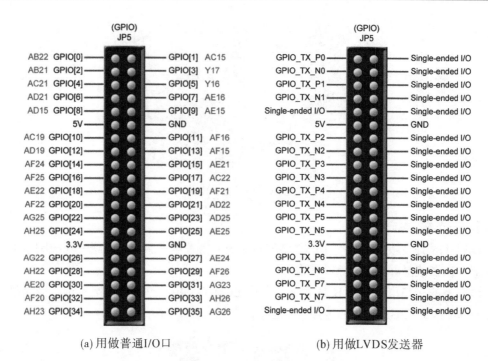

(a) 用做普通I/O口　　　　　　　　　(b) 用做LVDS发送器

图 B-12　GPIO 扩展接口

GPIO 接口的每根 I/O 线上都设有由两个钳位二极管和一个电阻构成的保护电路，如图 B-13 所示，用来保护 FPGA 不会因过高或者过低的外部输入电压而损坏。

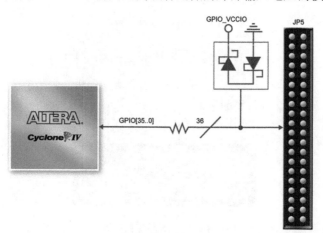

图 B-13　GPIO 保护电路

使用扩展接口时，GPIO 上的 I/O 电平可以通过 JP6 在 3.3 V、2.5 V、1.8 V 或者 1.5 V 中进行选择。由于 GPIO 连接在 FPGA 的 Bank 4 上，而 Bank 4 的 I/O 电平由 JP6 控制，因此用户通过设置 VCCIO4 的电压来控制 Bank 4 上的电平标准。

JP6 在开发板上的位置如图 B-14 所示，设定电平标准的信息如表 B-4 所示。用户在使用不同类型的 GPIO 子板时，要特别注意子板的 I/O 电平标准要和 DE2-115 母版的设定相匹

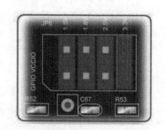

图 B-14　JP6

配。如果失配，例如使用 3.3V 电压 I/O 标准的子板连接到 GPIO 电压设定为 1.8V 的 DE2-115，则子板无法正常工作。

表 B-4　使用 JP6 设定 GPIO 电平标准

JP6 跳线设置	VCCIO4 供电电压 /V	GPIO 扩展口电平标准 /V
1、2 短接	1.5	1.5
3、4 短接	1.8	1.8
5、6 短接	2.5	2.5
7、8 短接	3.3	3.3（默认设置）

GPIO 所连接的 FPGA 引脚属于通用 I/O 口。如果将 GPIO 上的 I/O 口作为 LVDS 发送器使用时，则需要外接图 B-15 所示的电阻网络，其中电阻 Rs 的出厂默认值为 47 Ω，而电阻 Rp 默认没有安装。将 GPIO 的 I/O 用作 LVDS 发送器时，需要在 Rs 的位置上安装 170 Ω 的电阻，同时在 Rp 的位置上安装 120 Ω 的电阻。另外，在 Quartus II 软件中，相关的差分对 I/O 标准必须设定为 LVDS_E_3R。

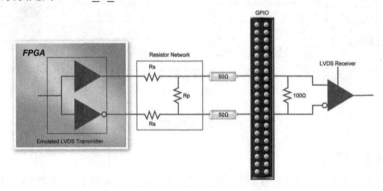

图 B-15　GPIO 用作 LVDS 发送器

8. 14 针扩展接口

DE2-115 开发板提供一个 14 针的扩展接口 JP4，其中有 7 根直接连接到 Cyclone IV E FPGA 芯片，如图 B-16 所示，并且提供了 3.3 V 的电源和 6 根接地端。扩展接口上的 I/O 电平标准为 3.3V。扩展接口的引脚连接信息如表 B-5 所示。

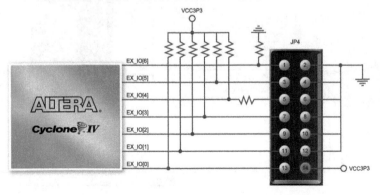

图 B-16　14 针扩展接口

表 B-5　14 针扩展接口引脚连接信息

接口名	引脚名	接口名	引脚名
EX_I/O[0]	PIN_J10	EX_I/O[4]	PIN_F14
EX_I/O[1]	PIN_J14	EX_I/O[5]	PIN_E10
EX_I/O[2]	PIN_H13	EX_I/O[6]	PIN_D9
EX_I/O[3]	PIN_H14		

9. RS-232 接口电路

DE2-115 开发板使用了 ZT3232 收发器芯片和 DB9 接口用于 RS-232 通信。RS-232 接口电路如图 B-17 所示，与 Cyclone IV E FPGA 引脚的连接信息已在图中标出。

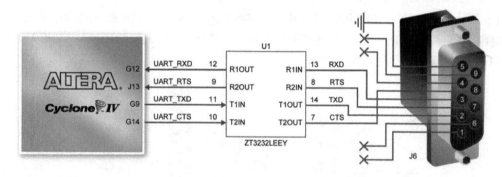

图 B-17　RS-232 接口

10. VGA 接口电路

DE2-115 开发板提供了用于视频输出的 VGA 接口。VGA 接口电路如图 B-18 所示，其中 VGA 行、场同步信号直接由 Cyclone IV E FPGA 芯片驱动，AD 公司的 ADV7123 三通道 10 位（仅高 8 位连接到 FPGA）高速视频 DAC 芯片用来将 FPGA 输出的 R、G、B 数字视频信号转换为三基色模拟信号。ADV7123 最高支持 1280×1024 SVGA 标准，带宽可达 100 MHz。

VGA 接口与 FPGA 引脚的连接信息如表 B-6 所示。

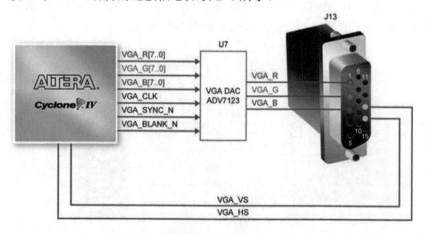

图 B-18　VGA 接口

表 B-6　VGA 接口引脚连接信息

信号名	引脚名	信号名	引脚名	信号名	引脚名	信号名	引脚名
VGA_HS	PIN_G13	R[0]	PIN_E12	G[0]	PIN_G8	B[0]	PIN_B10
VGA_VS	PIN_C13	R[1]	PIN_E11	G[1]	PIN_G11	B[1]	PIN_A10
VGA_SYNC_N	PIN_C10	R[2]	PIN_D10	G[2]	PIN_F8	B[2]	PIN_C11
VGA_BLANK_N	PIN_F11	R[3]	PIN_F12	G[3]	PIN_H12	B[3]	PIN_B11
—	—	R[4]	PIN_G10	G[4]	PIN_C8	B[4]	PIN_A11
—	—	R[5]	PIN_J12	G[5]	PIN_B8	B[5]	PIN_C12
—	—	R[6]	PIN_H8	G[6]	PIN_F10	B[6]	PIN_D11
—	—	R[7]	PIN_H10	G[7]	PIN_C9	B[7]	PIN_D12

11. PS/2 接口

DE2-115 包含一个标准的 PS/2 接口，如图 B-19 所示，可以用来外接 PS/2 鼠标或键盘。PS/2 接口与 FPGA 引脚的连接信息已在图中标出。

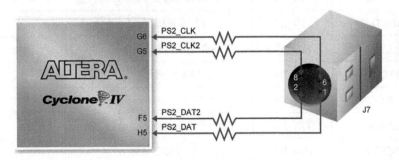

图 B-19　PS/2 接口

另外，用户还可以通过图 B-20 所示的 Y 型连接电缆将鼠标和键盘同时连接到 DE2-115 开发板的 PS/2 口。关于 PS/2 鼠标 / 键盘接口的使用方法可查阅 DE2-115 光盘资料或者网络相关资料。

图 B-20　Y 型连接电缆

12. 24 位音频编解码芯片

DE2-115 开发板使用 WM8731 音频编解码器（CODEC），如图 B-21 所示，提供 24 位高品质的音频接口。WM8731 支持麦克风输入、线路输入和线路输出，采样率在 8kHz ～ 96kHz 可调。用户可以通过连接到 FPGA 上的 I²C 总线配置 WM8731。WM8731 编解码器的详细资料可以参考其数据手册，也可以在制造商的网站下载，或者在 DE2-115 光盘里的 DE2_115_datasheets\Audio CODEC 目录下面找到。

音频编解码芯片 WM8731 与 FPGA 引脚的连接信息如表 B-7 所示。

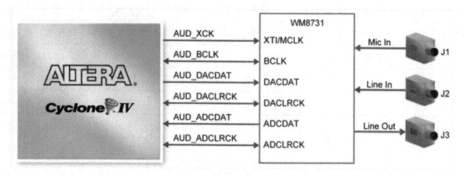

图 B-21　音频编解码电路接口

表 B-7　音频编解码电路引脚连接信息

信号名	引脚名	描述	I/O 电平标准 /V
AUD_ADCLRCK	PIN_C2	音频编解码器 ADC LR 时钟	3.3
AUD_ADCDAT	PIN_D2	音频编解码器 ADC 数据	3.3
AUD_DACLRCK	PIN_E3	音频编解码器 DAC LR 时钟	3.3
AUD_DACDAT	PIN_D1	音频编解码器 DAC 数据	3.3
AUD_XCK	PIN_E1	音频编解码器片时钟	3.3
AUD_BCLK	PIN_F2	音频编解码器位流时钟	3.3
I2C_SCLK	PIN_B7	I2C 时钟	3.3
I2C_SDAT	PIN_A8	I2C 串行数据	3.3

13. TV 编码器

DE2-115 开发板使用 ADV7123 配合 Cyclone IV E FPGA 实现数字图像处理，可以组成一个专业品质的 TV 编码器。实现 TV 编码器的方案如图 B-22 所示。

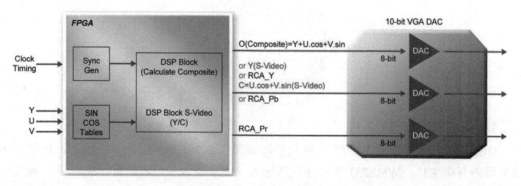

图 B-22　TV 编码应用电路

14. TV 解码器

DE2-115 开发板配有 TV 视频解码芯片 ADV7180,可以自动检测符合电视标准（NTSC/ PAL/SECAM）的输入模拟基带信号，并将其数字化为兼容 ITU-R BT.656 的 4:2:2 分量视频数据。ADV7180 兼容各种视频设备，包括 DVD 播放器，磁带机，广播级视频源以及安全、监控类摄像头。

ADV7180 的控制寄存器可以通过 I^2C 总线来访问，而 I^2C 总线直接连接到 Cyclone IV E FPGA 芯片，如图 B-23 所示。TV 解码芯片的 I^2C 总线读、写地址分别为 0x41/0x40。TV 解码器芯片与 FPGA 相关引脚的连接信息如表 B-8 所示。

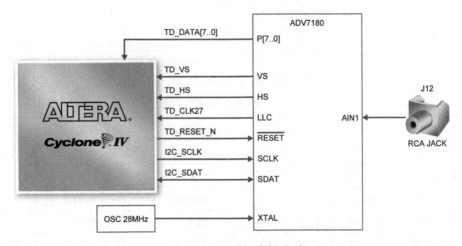

图 B-23　TV 解码接口电路

表 B-8　TV 解码接口引脚连接信息

信号名	引脚名	说明	信号名	引脚名	说明
TD_DATA[0]	PIN_E8	解码器数据 D0	TD_DATA[7]	PIN_F7	解码器数据 D7
TD_DATA[1]	PIN_A7	解码器数据 D1	TD_HS	PIN_E5	行同频信号
TD_DATA[2]	PIN_D8	解码器数据 D2	TD_VS	PIN_E4	场同步信号
TD_DATA[3]	PIN_C7	解码器数据 D3	TD_CLK27	PIN_B14	时钟输入
TD_DATA[4]	PIN_D7	解码器数据 D4	TD_RESET_N	PIN_G7	复位端
TD_DATA[5]	PIN_D6	解码器数据 D5	I2C_SCK	PIN_B7	I2C 时钟
TD_DATA[6]	PIN_E7	解码器数据 D6	I2C_DAT	PIN_A8	I2C 数据

15. USB 接口

DE2-115 开发板通过 USB 控制器 ISP1362 同时提供 USB 主 / 从接口。主 / 从设备控制器完全符合 USB 2.0 规范，支持全速（12Mbit/s）以及低速（1.5Mbit/s）两种模式。

USB 接口电路如图 B-24 所示，引脚连接信息如表 B-9 所示。ISP1362 芯片的详细资料可以参考芯片数据手册，用户可以到制造商的网站下载，或者在 DE2-115 系统光盘里面的 DE2_115_datasheet\USB 文件夹下面找到。USB 应用中最具挑战性的 USB 设备驱动的开发范例可以在光盘中找到，展示了如何为 Nios II 处理器开发软件驱动。

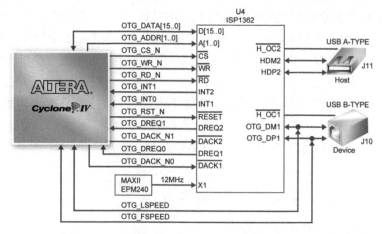

图 B-24　USB 接口电路

表 B-9　USB 接口引脚连接信息

信号名	引脚名	信号名	引脚名	信号名	引脚名
OTG_DATA[0]	PIN_J6	OTG_DATA[10]	PIN_G1	OTG_WR_N	PIN_A4
OTG_DATA[1]	PIN_K4	OTG_DATA[11]	PIN_G2	OTG_RST_N	PIN_C5
OTG_DATA[2]	PIN_J5	OTG_DATA[12]	PIN_G3	OTG_INT[0]	PIN_A6
OTG_DATA[3]	PIN_K3	OTG_DATA[13]	PIN_F1	OTG_INT[1]	PIN_D5
OTG_DATA[4]	PIN_J4	OTG_DATA[14]	PIN_F3	OTG_DACK_N[0]	PIN_C4
OTG_DATA[5]	PIN_J3	OTG_DATA[15]	PIN_G4	OTG_DACK_N[0]	PIN_D4
OTG_DATA[6]	PIN_J7	OTG_ADDR[0]	PIN_H7	OTG_DREQ[0]	PIN_J1
OTG_DATA[7]	PIN_H6	OTG_ADDR[1]	PIN_C3	OTG_DREQ[1]	PIN_B4
OTG_DATA[8]	PIN_H3	OTG_CS_N	PIN_A3	OTG_FSPEED	PIN_C6
OTG_DATA[9]	PIN_H4	OTG_RD_N	PIN_B3	OTG_LSPEED	PIN_B6

16. 网络接口

DE2-115 开发板通过两个 Marvell 88E1111 以太网 PHY 芯片为用户提供网络接口，如图 B-25 所示。88E1111 芯片支持 GMII/MII/RGMII/TBI MAC 接口标准和 10/100/1000Mb/s 传输速率。以太网芯片与 FPGA 引脚的连接信息如表 B-10 所示。

表 B-10　网络接口引脚连接信息

信号名	引脚名	信号名	引脚名
ENET0_GTX_CLK	PIN_A17	ENET1_GTX_CLK	PIN_C23
ENET0_INT_N	PIN_A21	ENET1_INT_N	PIN_D24
ENET0_LINK100	PIN_C14	ENET1_LINK100	PIN_D13
ENET0_MDC	PIN_C20	ENET1_MDC	PIN_D23

续表

信号名	引脚名	信号名	引脚名
ENET0_MDIO	PIN_B21	ENET1_MDIO	PIN_D25
ENET0_RST_N	PIN_C19	ENET1_RST_N	PIN_D22
ENET0_RX_CLK	PIN_A15	ENET1_RX_CLK	PIN_B15
ENET0_RX_ROL	PIN_E15	ENET1_RX_ROL	PIN_B22
ENET0_RX_CRS	PIN_D15	ENET1_RX_CRS	PIN_D20
ENET0_RX_DATA[0]	PIN_C16	ENET1_RX_DATA[0]	PIN_B23
ENET0_RX_DATA[1]	PIN_D16	ENET1_RX_DATA[1]	PIN_C21
ENET0_RX_DATA[2]	PIN_D17	ENET1_RX_DATA[2]	PIN_A23
ENET0_RX_DATA[3]	PIN_C15	ENET1_RX_DATA[3]	PIN_D21
ENET0_RX_DV	PIN_C17	ENET1_RX_DV	PIN_A22
ENET0_RX_ER	PIN_D18	ENET1_RX_ER	PIN_C24
ENET0_TX_CLK	PIN_B17	ENET1_TX_CLK	PIN_C22
ENET0_TX_DATA[0]	PIN_C18	ENET1_TX_DATA[0]	PIN_C25
ENET0_TX_DATA[1]	PIN_D19	ENET1_TX_DATA[1]	PIN_A26
ENET0_TX_DATA[2]	PIN_A19	ENET1_TX_DATA[2]	PIN_B26
ENET0_TX_DATA[3]	PIN_B19	ENET1_TX_DATA[3]	PIN_C26
ENET0_TX_EN	PIN_A18	ENET1_TX_EN	PIN_B25
ENET0_TX_ER	PIN_B18	ENET1_TX_ER	PIN_A25
ENETCLK_25	PIN_A14		

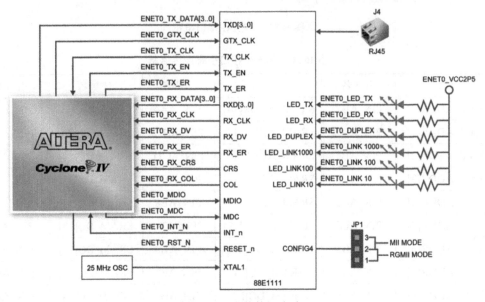

图 B-25 网络接口电路

17. IR 模块

DE2-115 开发板配备有一个红外接收（IR）模组，仅兼容 38 kHz 载波脉宽调制模式。使用附带的 uPD6121G 芯片编码的遥控器可以产生与接收器匹配的调制信号。

IR 接口电路如图 B-26 所示，IRDA_RXD 连接在 FPGA 的 Y15 引脚上。

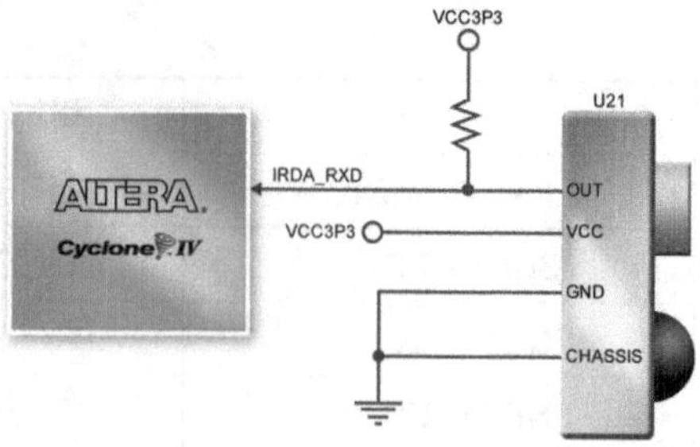

图 B-26　IR 接口电路

18. 存储芯片及 SD 卡

DE2-115 为 FPGA 扩展了 SRAM、SDRAM、FLASH 等多种存储芯片和 SD 卡，以支持嵌入式应用系统设计。

1. SRAM

DE2-115 开发板配有一片 2 MB 容量、16 比特位宽的 SRAM 芯片，在 3.3V 标准 I/O 电平标准下最高工作频率为 125 MHz，可以在高速多媒体数据处理应用中用做数据缓存。SRAM 接口电路如图 B-27 所示，与 FPGA 引脚的连接信息如表 B-11 所示。

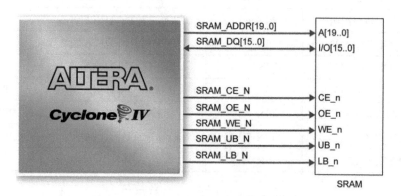

图 B-27　SRAM 接口电路

表 B-11　SRAM 接口引脚连接信息

信号名	引脚名	信号名	引脚名	信号名	引脚名
SRAM_ADDR[0]	PIN_AB7	SRAM_ADDR[14]	PIN_AA4	SRAM_DQ[8]	PIN_AD1
SRAM_ADDR[1]	PIN_AD7	SRAM_ADDR[15]	PIN_AB11	SRAM_DQ[9]	PIN_AD2
SRAM_ADDR[2]	PIN_AE7	SRAM_ADDR[16]	PIN_AC11	SRAM_DQ[10]	PIN_AE2
SRAM_ADDR[3]	PIN_AC7	SRAM_ADDR[17]	PIN_AB9	SRAM_DQ[11]	PIN_AE1
SRAM_ADDR[4]	PIN_AB6	SRAM_ADDR[18]	PIN_AB8	SRAM_DQ[12]	PIN_AE3
SRAM_ADDR[5]	PIN_AE6	SRAM_ADDR[19]	PIN_T8	SRAM_DQ[13]	PIN_AE4
SRAM_ADDR[6]	PIN_AB5	SRAM_DQ[0]	PIN_AH3	SRAM_DQ[14]	PIN_AF3
SRAM_ADDR[7]	PIN_AC5	SRAM_DQ[1]	PIN_AF4	SRAM_DQ[15]	PIN_AG3
SRAM_ADDR[8]	PIN_AF5	SRAM_DQ[2]	PIN_AG4	SRAM_OE_N	PIN_AD5

续表

信号名	引脚名	信号名	引脚名	信号名	引脚名
SRAM_ADDR[9]	PIN_T7	SRAM_DQ[3]	PIN_AH4	SRAM_WE_N	PIN_AE8
SRAM_ADDR[10]	PIN_AF2	SRAM_DQ[4]	PIN_AF6	SRAM_CE_N	PIN_AF8
SRAM_ADDR[11]	PIN_AD3	SRAM_DQ[5]	PIN_AG6	SRAM_LB_N	PIN_AD4
SRAM_ADDR[12]	PIN_AB4	SRAM_DQ[6]	PIN_AH6	SRAM_UB_N	PIN_AC4
SRAM_ADDR[13]	PIN_AC3	SRAM_DQ[7]	PIN_AF7	—	—

2．SDRAM

DE2-115 开发板配有 32 位、64MB SDRAM 内存，由两片 16 位、64 MB 容量的 SDRAM 芯片并联运用而成，使用 3.3V LVCMOS 信号电平标准。两片 SDRAM 共用地址和控制信号线。SDRAM 接口电路如图 B-28 所示，与 FPGA 引脚连接信息如表 B-12 所示。

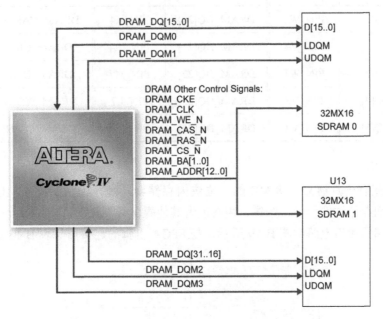

图 B-28　SDRAM 接口电路

表 B-12　SDRAM 接口引脚连接信息

信号名	引脚名	信号名	引脚名	信号名	引脚名
DRAM_ADDR[0]	PIN_R6	DRAM_DQ[6]	PIN_V1	DRAM_DQ[25]	PIN_R7
DRAM_ADDR[1]	PIN_V8	DRAM_DQ[7]	PIN_U3	DRAM_DQ[26]	PIN_R1
DRAM_ADDR[2]	PIN_U8	DRAM_DQ[8]	PIN_Y3	DRAM_DQ[27]	PIN_R2
DRAM_ADDR[3]	PIN_P1	DRAM_DQ[9]	PIN_Y4	DRAM_DQ[28]	PIN_R3
DRAM_ADDR[4]	PIN_V5	DRAM_DQ[10]	PIN_AB1	DRAM_DQ[29]	PIN_T3

信号名	引脚名	信号名	引脚名	信号名	引脚名
DRAM_ADDR[5]	PIN_W8	DRAM_DQ[11]	PIN_AA3	DRAM_DQ[30]	PIN_U4
DRAM_ADDR[6]	PIN_W7	DRAM_DQ[12]	PIN_AB2	DRAM_DQ[31]	PIN_U1
DRAM_ADDR[7]	PIN_AA7	DRAM_DQ[13]	PIN_AC	DRAM_BA[0]	PIN_U7
DRAM_ADDR[8]	PIN_Y5	DRAM_DQ[14]	PIN_AB3	DRAM_BA[1]	PIN_R2
DRAM_ADDR[9]	PIN_Y6	DRAM_DQ[15]	PIN_AC2	DRAM_DQM[0]	PIN_U2
DRAM_ADDR[10]	PIN_R5	DRAM_DQ[16]	PIN_M8	DRAM_DQM[1]	PIN_W4
DRAM_ADDR[11]	PIN_AA5	DRAM_DQ[17]	PIN_L8	DRAM_DQM[2]	PIN_K8
DRAM_ADDR[12]	PIN_Y7	DRAM_DQ[18]	PIN_P2	DRAM_DQM[3]	PIN_N8
DRAM_DQ[0]	PIN_W3	DRAM_DQ[19]	PIN_N3	DRAM_RAS_N	PIN_U6
DRAM_DQ[1]	PIN_W2	DRAM_DQ[20]	PIN_N4	DRAM_CAS_N	PIN_V7
DRAM_DQ[2]	PIN_V4	DRAM_DQ[21]	PIN_M4	DRAM_CKE	PIN_AA6
DRAM_DQ[3]	PIN_W1	DRAM_DQ[22]	PIN_M7	DRAM_CLK	PIN_AE5
DRAM_DQ[4]	PIN_V3	DRAM_DQ[23]	PIN_L7	DRAM_WE_N	PIN_V6
DRAM_DQ[5]	PIN_V2	DRAM_DQ[24]	PIN_U5	DRAM_CS_N	PIN_T4

3．FLASH

开发板配有一片容量为 8 MB 的 8 位快闪存储器芯片，使用 3.3V CMOS 电平标准，可以用于长期存储软件程序、图像、声音或者其他媒体数据。

快闪存储器接口电路如图 B-29 所示，与 FPGA 引脚的连接信息表 B-13 所示。

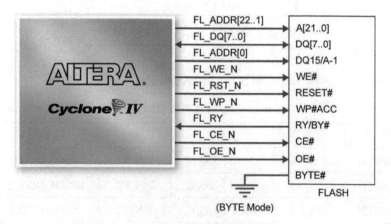

图 B-29　Flash 接口电路

表 B-13　Flash 接口引脚连接信息

信号名	引脚名	信号名	引脚名	信号名	引脚名
FL_ADDR[0]	PIN_AG12	FL_ADDR[13]	PIN_AD8	FL_DQ[3]	PIN_AH10
FL_ADDR[1]	PIN_AH7	FL_ADDR[14]	PIN_AC8	FL_DQ[4]	PIN_AF11
FL_ADDR[2]	PIN_Y13	FL_ADDR[15]	PIN_Y10	FL_DQ[5]	PIN_AG11
FL_ADDR[3]	PIN_Y14	FL_ADDR[16]	PIN_AA8	FL_DQ[6]	PIN_AH11
FL_ADDR[4]	PIN_Y12	FL_ADDR[17]	PIN_AH12	FL_DQ[7]	PIN_AF12
FL_ADDR[5]	PIN_AA13	FL_ADDR[18]	PIN_AC12	FL_CE_N	PIN_AG7
FL_ADDR[6]	PIN_AA12	FL_ADDR[19]	PIN_AD12	FL_OE_N	PIN_AG8
FL_ADDR[7]	PIN_AB13	FL_ADDR[20]	PIN_AE10	FL_RST_N	PIN_AE11
FL_ADDR[8]	PIN_AB12	FL_ADDR[21]	PIN_AD10	FL_RY	PIN_Y1
FL_ADDR[9]	PIN_AB10	FL_ADDR[22]	PIN_AD11	FL_WE_N	PIN_AC10
FL_ADDR[10]	PIN_AE9	FL_DQ[0]	PIN_AH8	FL_WP_N	PIN_AE12
FL_ADDR[11]	PIN_AF9	FL_DQ[1]	PIN_AF10		
FL_ADDR[12]	PIN_AA10	FL_DQ[2]	PIN_AG10		

4．E²PROM

DE2-115 开发板还配有 I²C 接口 32Kb 容量 E²PROM，一般用来存储如版本信息，IP 地址等描述性信息。E²PROM 接口电路如图 B-30 所示。

I²C 总线信号 EEP_I2C_SCLK 和 EEP_I2C_SDAT 连接 FPGA 的引脚分别为 PIN_D14 和 PIN_E14。

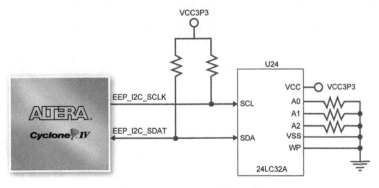

图 B-30　E2PROM 接口电路

5．SD 卡

DE2-115 开发板提供了 SD 卡所需的硬件接口电路，如图 B-31 所示，以适应嵌入式应用系统对大容量外部存储器的需求。用户可以自行开发控制器以 SPI 或 SD 卡 4/1 比特模式来读写 SD 卡。SD 卡接口电路与 FPGA 引脚的连接信息如表 B-14 所示。

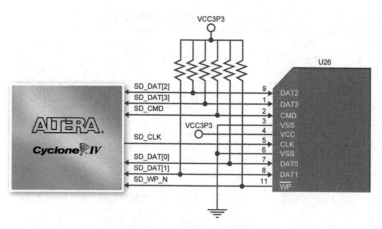

图 B-31　SD 卡接口电路

表 B-14　SD 卡接口引脚连接信息

信号名	引脚名	信号名	引脚名
SD_DAT[0]	PIN_AE14	SD_CLK	PIN_AE13
SD_DAT[1]	PIN_AF13	SD_CMD	PIN_AD14
SD_DAT[2]	PIN_AB14	SD_WP_N	PIN_AF14
SD_DAT[3]	PIN_AC14		